"十三五"职业教育国家规划教材

"互联网+"新形态教材

发电厂继电保护装置

（第2版）

主　编　张　励

副主编　余海明　王春民　胡衍志

　　　　冯　伦　张　磊　袁玉桃

　　　　陈炳森　许郁煌

主　审　甘齐顺　曾　晶

黄河水利出版社

·郑州·

内 容 提 要

本书是"十三五"职业教育国家规划教材,是按照教育部关于"十三五"职业教育国家规划教材编写基本要求及继电保护员职业标准编写完成的。本书共分 7 个学习项目,内容主要有继电保护的基本知识、继电保护元件与装置、输电线路保护的整定与调试、电力变压器保护的整定与调试、发电机保护的整定与调试、母线保护的整定与调试、发电厂自动装置。为方便教学,全书配套 PPT 教学课件、微课等教学资源,大部分知识点、技能点制作了微课、视频、动画等数字资源,以二维码的形式在教材的相关内容中呈现,方便学生利用移动设备随扫随学。

本书可作为高职高专院校发电厂及电力系统专业的教材,也可作为发电厂、变电站、电气类相关课程的培训教材,还可作为电力工程技术人员的培训教材和参考资料。

图书在版编目(CIP)数据

发电厂继电保护装置/张励主编. —2 版. —郑州:
黄河水利出版社,2022.12
"十三五"职业教育国家规划教材
ISBN 978-7-5509-3482-5

Ⅰ.①发… Ⅱ.①张… Ⅲ.①发电厂-继电保护装置
-高等职业教育-教材 Ⅳ.①TM774

中国版本图书馆 CIP 数据核字(2022)第 245295 号

组稿编辑:简　群　电话:0371-66026749　E-mail:931945687@ qq. com
韩莹莹　　　　　66025553　　　　hhslhyy@ 163. com

出 版 社:黄河水利出版社　　　　　　　　　　网址:www. yrcp. com
地址:河南省郑州市顺河路黄委会综合楼 14 层　邮政编码:450003
发行单位:黄河水利出版社
发行部电话:0371-66026940、66020550、66028024、66022620(传真)
E-mail:hhslcbs@ 126. com
承印单位:河南承创印务有限公司
开本:787 mm×1 092 mm　1/16
印张:16. 75
字数:390 千字　　　　　　　　　　　　　印数:1—2 100
版次:2019 年 1 月第 1 版　　　　　　　　印次:2022 年 12 月第 1 次印刷
2022 年 12 月第 2 版
定价:56. 00 元

第2版前言

本书以习近平新时代中国特色社会主义思想为指导,坚持正确政治方向和价值导向,全面贯彻落实党的二十大精神,紧密对接国家发展重大战略需求,不断更新升级,更好服务于创新人才培养,确保习近平新时代中国特色社会主义思想和党的二十大精神进教材落实到位,发挥铸魂育人实效。

本书是根据《教育部办公厅关于公布"十三五"职业教育国家规划教材书目的通知》(教职成厅函〔2020〕20号)以及中共中央办公厅、国务院办公厅印发的《关于推动现代职业教育高质量发展的意见》(2021年10月)等文件精神,组织编写的"十三五"职业教育国家规划教材。

本书第1版于2019年1月出版发行,并成功入选"十三五"职业教育国家规划教材。

本书自出版以来,因其通俗易懂、全面系统、应用性知识突出、可操作性强等特点,受到全国高职高专院校电力类专业师生及广大电力专业从业人员的喜爱。随着我国经济建设的发展,新设备、新材料、新技术、新方法不断推广应用;同时,职业教育的发展也促使课程教学手段、方法不断更新,需要有新体例的教材与之相适应。编者对原教材内容进行了全面修订、补充和完善,为方便教学,本教材植入了大量微课、视频、音频、动画等二维码数字资源。

本书由校企双元合作开发,编写团队中既有学院教师,又有在电力企业从事继电保护工作的专家,且这些专家都是学院的兼职教师,不但具有丰富的实践经验,而且还有较强的教学培训水平。教材中引入了电力生产现场继电保护案例,最新的职业标准,新设备、新技术和新方法,致力于学习型工作任务的实施,通过工作过程获取相关的专业知识、技能与经验。本书内容与电力生产现场结合紧密,完全符合生产实际,实践性、实用性强,具有很好的针对性和可操作性,能最大限度地满足学生能力目标培养的要求。

本书深入挖掘本课程所蕴含的思想政治教育元素和所承载的思想政治教育功能,使党的"二十大精神"进教材、进课堂、进头脑;紧紧围绕政治认同、家国情怀、职业素养、做人做事的道理等重点优化课程思政内容,结合课程特点进行中国特色社会主义和社会主义核心价值观教育,以专业知识、技能为载体,将思政教学目标巧妙融入教学,将育人主线贯穿始终,最终实现知识传授和价值观传授同频共振。

本书编写人员及编写分工如下:项目一、项目二、项目三由湖北水利水电职业技术学院张励编写,项目四由湖北水利水电职业技术学院张励、冯伦编写,项目五由湖北水利水电职业技术学院余海明、胡衍志编写,项目六由湖北水利水电职业技术学院王春民编写,项目七由湖北水利水电职业技术学院胡衍志编写;工程实例由国能长源恩施水电开发有限公司张磊、袁玉桃和湖北水利水电职业技术学院周子絜编写;微课、动画、视频、音频等二维码数字资源由湖北水利水电职业技术学院张励、王春民、胡衍志、余海明、冯伦,广西水利电力职业技术学院陈炳森,福建水利电力职业技术学院许郁煌制作完成。本书由张励担任主编,并负责统一规划和统稿;由余海明、王春民、胡衍志、冯伦、张磊、袁玉桃、陈炳森、许郁煌担任副主编;由湖北水利水电职业技术学院甘齐顺、曾晶担任主审。

　　本书在编写过程中引用了大量的规范、教材、专业文献和资料,在此,向有关作者表示诚挚的谢意!

　　由于编者水平有限,书中难免存在不足之处,恳请读者批评指正,不胜感谢!

编　者

2022 年 10 月

本书互联网全部资源

目 录

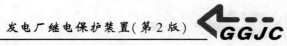

项目一　继电保护的基本知识

【知识目标】

掌握电力系统的工作状态；

掌握继电保护的任务；

掌握继电保护的工作原理和基本要求。

【技能目标】

掌握对继电保护的认知；

掌握对继电保护"四性"的判断、评价；

熟悉继电保护工作的特点及研究思路。

【思政目标】

使学生了解继电保护专业在国民经济建设中的重要性，培养学生的职业使命感与责任感；

培养学生认真仔细、刻苦钻研新技术、爱护设备、安全生产、团结协作的精神；

引导学生树立"宜未雨而绸缪，毋临渴而掘井"的观念，及时消除电力系统各种隐患，防患于未然。

【项目导入】

继电保护与电力系统的工作状态有着极其密切的关系，处于随时待命状态。继电保护相当于电力系统的"外科医生"，对电力系统实施精准"切除手术"，即只切除故障部分，保全电力系统其他部分的完好。

本项目的学习重点是掌握继电保护的任务、工作原理和基本要求。其中，继电保护的"四性"是分析和研究继电保护的基础，也是贯穿全课程的一个基本线索。掌握对保护"四性"的判断、评价对后面的学习起着至关重要的作用。

■ 任务一　继电保护的任务和作用

众所周知，电能是现代工业生产的主要能源和动力。现代社会的信息技术和其他高新技术无一不是建立在电能应用的基础之上的。因此，电能在现代工业生产及整个国民经济生活中的应用极为重要。

码 1-1　微课-继电保护的任务

党的二十大强调：加强重点领域安全能力建设，确保粮食、能源资源、重要产业链供应链安全。电力系统的安全可靠运行与人民生活息息相关，一旦出现故障，将对工业生产和人民生活造成严重后果。因此，电能不能中断，可靠性要求极高。而继电保护的工作与电

力系统的工作状态又有着极其密切的关系。

电力系统是发电、输电、配电、用电组成的一个实时的、复杂的系统。目前,电能难以大容量存储,电能的生产与消耗几乎是时刻保持着平衡。因此,电能不能中断,可靠性要求极高。继电保护的工作与电力系统的工作状态有着极其密切的关系。

【任务分析】

1. 分析电力系统的工作状态。

2. 能准确说出继电保护的任务和作用。

【知识链接】

电力系统一次设备是指发电厂和变电所中直接与生产和输配电能有关的设备,包括发电机、变压器、断路器、隔离开关、母线、互感器、电抗器、移相电容器、避雷器、输配电线路等。

电力系统二次设备是指对一次电气设备进行测量、控制、保护、调节等的辅助设备,如继电保护、信号装置、测量仪表、控制开关、控制电缆、操作电源和小母线等(从电流互感器 TA、电压互感器 TV 获得成正比的"小信号",额定电压 100 V,额定电流 1 A 或 5 A)。

一次设备与二次设备的作用如图 1-1 所示。

图 1-1　一次设备与二次设备的作用

一、电力系统的工作状态

根据不同的运行条件,可以将电力系统工作状态分为正常运行状态、不正常运行状态、故障状态,如图 1-2 所示。

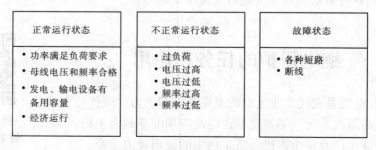

图 1-2　电力系统的工作状态

(一)正常运行状态

正常运行状态是指电力系统的电压、波形、频率等各项指标都在标准要求的范围内,电气参数、电能质量符合规定要求,电力系统结构有较高的可靠性和经济性的运行状态。

最关键的指标是 $U_N \leqslant \pm 10\%$ (国际电工委员会 IEC 标准), $\Delta f \leqslant \pm 0.2$ Hz,潮流限制等。

(二)不正常运行状态

不正常运行状态是指电力系统中的电气元件的正常工作遭到破坏,电气元件的运行参数偏离了正常允许的工作范围,但并没有发生故障的运行状态。在变、配电所及企事业用电单位中最为常见的不正常运行状态有:变压器过负荷,变压器内部绕组匝间短路,发电机突然甩负荷引起频率升高,系统无功缺损导致频率降低,电动机过负荷、低电压运行、断相运行,电气元件温度过高,中性点非直接接地电网发生单相接地故障等。运行实践表明,不正常运行状态如不及时排除,则可能导致发生故障。

正常运行状态和大部分的不正常运行状态可以由以下措施予以调节和控制:

(1)有功、无功潮流和电压、频率的调整——调整发电机出力、变压器分接头、负荷等;

(2)自动化装置——备用电源自动投入(简称备自投)、自动准同期、自动按低频减载、低压减载、自动解列、过电压检测等。

(三)故障状态

故障状态是指系统或者其中一部分的正常工作遭到破坏,并造成对用户少送电或电能质量降低到设备不能正常工作,甚至造成人身伤亡和电气设备的损坏。故障状态主要有短路和断线,其中最危险的故障就是各种形式的短路故障。

短路故障是指不同电位导电部分之间的不正常短接或者带电部分与大地之间短接,通常分为三相短路、两相短路、单相接地短路、单相接中性点短路、两相接地短路和两相短路接地 6 种形式,如图 1-3 所示。其中三相短路的后果最为严重。

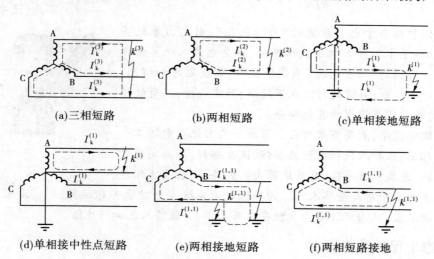

(注:虚线表示短路电流路径)

图 1-3 短路故障的六种基本形式

发生短路时,通过短路回路的短路电流要比正常运行时的负荷电流大若干倍甚至几十倍。电力系统中电气元件发生短路可能引起的后果如下:

(1)故障点通过很大的短路电流,此电流引起的电弧可能烧毁故障元件。

(2)电力系统中部分地区电压大量下降,破坏用户工作的稳定性或影响产品质量;破坏系统并列运行的稳定性,产生振荡,甚至使整个系统瓦解。

(3)故障元件和某些非故障元件由于通过很大的短路电流而产生热效应和电动力,使电气元件遭到破坏和损伤,从而缩短其使用寿命。

当设备发生短路时,通常希望在几十毫秒的时间以内切除故障,这就必须靠自动装置来完成切除故障的任务,实现这种功能的自动装置就是继电保护装置。由于继电保护的特殊性,所以将其从自动化装置中"分离"出来,进行专门的研究与分析。

二、继电保护的任务

继电保护的基本任务如下:

(1)当电力系统发生故障时,继电保护应能自动、迅速、有选择性地将故障元件从电力系统中切除,使故障元件免于继续遭到破坏,保证其他无故障元件迅速恢复正常运行。

(2)当电力系统出现异常运行状态时,能反映电气元件的不正常运行状态,并根据运行维护的条件而动作于信号,以便值班员及时处理,或由装置自动进行调整,或将那些继续运行就会引起损坏或发展成为事故的电气设备予以切除。

(3)继电保护装置还可以与电力系统中的其他自动化装置配合,在条件允许时,采取预定措施,缩短事故停电时间,尽快恢复供电,从而提高电力系统运行的可靠性。

【课程思政】

君子弃瑕以拔才,壮士断腕以全质。

——唐·窦皋《述书赋下》

继电保护相当于电力系统的"外科医生",对电力系统实施精准"切除手术",即只切除故障部分,保全电力系统其他部分的完好。所谓的"壮士断腕"不能随便断,需要思考和辨别。正常运行时不能断;异常运行时也不能断,只能告警;只有故障时才能断,而且还不能影响其他部分。

守好输电线路,点亮万家灯火。习近平总书记在党的二十大报告中指出:维护人民根本利益,增进民生福祉,不断实现发展为了人民、发展依靠人民、发展成果由人民共享,让现代化建设成果更多更公平惠及全体人民。为确保电力系统安全健康可靠运行,则需要配置合理的继电保护装置,从而保障电力系统安全可靠供应,服务人民美好生活。

三、继电保护的作用

(1)自动迅速地监测到各类故障,有选择性地借助断路器将故障元件从电力系统中切除,使故障元件免于继续遭到破坏,其他非故障电气元件迅速恢复正常运行。

(2)反映电气元件的不正常运行状态,发出不同的报警信号,以便值班人员及时做出

相应的处理。

继电保护是电力系统的重要组成部分,是保证系统安全、可靠运行的主要措施之一。虽然电力系统出现故障的概率较低,但继电保护必须时时刻刻护卫电力系统,在没有继电保护的情况下,电力系统不能直接投入使用,两者类似于军队与国家安全的关系。微机保护屏和微机继电保护装置如图1-4所示。

图1-4　微机保护屏和微机继电保护装置

四、有关继电保护的几个概念

(1)继电器:是单个元件,继电保护装置采用的一种基础元件(将在项目二任务一中具体介绍)。

(2)继电保护装置:反映电力系统中电气设备发生的故障或不正常运行状态,并动作于断路器跳闸或发出信号的一种自动装置。

(3)继电保护技术:包括电力系统故障分析、继电保护原理及设计、配置整定、运行维护及调试等技术。

(4)继电保护:是继电保护技术与继电保护装置的总称,泛指继电保护技术以及由各种继电保护装置构成的继电保护系统,包括继电保护的原理设计、配置、整定、调试等技术及相关设备。

五、继电保护工作的特点

根据继电保护在电力系统中的作用及其对电力系统安全连续供电的重要性,要求继电保护具有一定的性能和特点,并且对继电保护工作者也提出相应的要求。继电保护工作的主要特点如下:

(1)电力系统是由很多复杂的一次主设备和二次保护、控制、调节、信号等辅助设备组成的一个有机整体。继电保护工作责任重大,每次事故均要求继电保护人员参与分析,责任与技术水平的提高是共存的。

（2）理论要求高。继电保护工作人员应熟悉各种设备的原理、性能,进行参数计算和故障状态分析,较多地应用如下知识:电工原理、电机学、电力系统稳态/暂态分析、经济调度、安全控制、电力系统规划设计原则、运行方式制定的依据等。其中,又以电工原理和暂态分析为基础,还需要分析和思考周全、缜密。

码 1-2 继电
保护员国家职
业技能标准

（3）电力系统继电保护是一门综合性的学科,它奠基于理论电工、电机学和电力系统分析等基础理论,计算机、通信、新技术与新材料的应用等这些学科的发展都促进了继电保护的发展。在研究继电保护过程中,不仅要研究被保护元件的特征及其差异,提出继电保护的原理,还要不断地关注其他学科和技术的发展。

（4）继电保护是一门理论和实践并重的学科,需要科学性与工程技巧相结合。为掌握继电保护装置的性能及其在电力系统故障时的动作行为,既需运用所学课程的理论知识对系统故障情况和保护装置动作行为进行分析,还需对继电保护装置进行实验室实验、数字仿真分析、在电力系统动态模型上实验、现场人工故障实验以及现场条件下的试运行。

六、继电保护研究的主要思路

（1）首先分析特征,即分析内部故障与其他工况的区别,再提取不同工况下物理量的差异,然后形成原理、判据、方法。

（2）研究影响因素,并提出对策。研究影响因素需要理论基础,分析各种各样的情况,还需要认真、细致、善于积累,寻找对策时需要对电力系统的安全稳定进行利弊权衡。

其实电力系统还有很多异常工况,相当复杂,教材中难以全面涉及,需要在工作实践中加以总结、积累。正是这些复杂的异常工况处理,更充分体现了继电保护行业的技术水平。

【课程思政】

宜未雨而绸缪,毋临渴而掘井。

——朱用纯《治家格言》

为了保证电力系统的安全可靠运行,我们除了要依靠继电保护,同时还要注意改善电网的结构及运行方式、提高输电线路的避雷水平及防污闪能力、加强系统运行维护、提高工作人员的业务能力和综合素质等。

【任务实施】

（1）学员接受任务,根据给出的相关知识通过学习以及查阅相关资料,自行完成任务的内容。

（2）各小组成员之间、各小组之间互相检查,发现问题,提出意见。

（3）老师检查各小组及个人完成的任务，提出问题，给出成绩。

【课堂训练与测评】

（1）简述电力系统的运行状态有哪几种。

（2）简述继电保护的任务。

【拓展提高】

请大家在网络上搜索市场上继电保护装置的生产厂家，并在下次课上分组展示。

■ 任务二　继电保护的基本原理与分类

为完成继电保护的基本任务，必须正确区分正常运行状态、不正常运行状态和故障状态，寻找这三种运行状态下的可测参量（电气量和非电气量）的"差异"。根据可测参量的不同差异，可以构成不同原理的继电保护。

【任务分析】

1. 熟悉保护的基本图形符号、继电保护原理框图，初步具有读图的能力。

2. 分析图1-5中继电保护的工作原理。

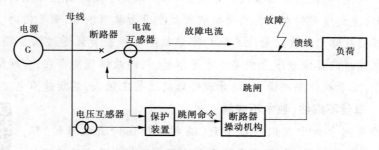

图1-5　继电保护与断路器工作的回路示意图

【知识链接】

一、继电保护的基本原理

继电保护的基本原理是：以被保护线路或设备故障前后某些突变的物理量为信息量，当其测量值达到一定数值（整定值）时，启动逻辑控制环节，发出相应的跳闸脉冲或信号。

对于常规的模拟继电保护装置，一般包括测量元件、逻辑元件和执行元件。原理方框图如图1-6所示。

码1-3　微课-
继电保护的
基本原理

（1）测量元件：将保护对象的有关电气量（如电流、电压、温度、压力等），经互感器变换输送到继电保护装置，进行测量或计算，并与给定的整定值（根据电力系统的结构、参数及运行条件、整定计算的原则计算或根据运行经验给出）进行比较，得到用于判断保护是否该动作的一个结果，给出"是""非""大于""等于"或一组逻辑信号，

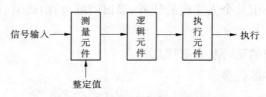

图 1-6　继电保护的原理方框图

以判断是否发生了故障或不正常运行,由此判断是否应该输出相应的信号启动逻辑元件。

(2)逻辑元件:根据测量元件输出量的大小、性质、组合方式进行逻辑判断,判断被保护对象的运行状态,以决定保护装置是否应该由执行元件动作。

(3)执行元件:依据前面环节判断得出的结果,作出相应的处理措施。如:故障时,保护动作于跳闸;异常时,保护动作于发信号;正常运行时,不动作等。

为保证继电保护的正确动作,保护装置必须输入被保护对象(如馈线)的有关电气量(如电压、电流),经过测量比较及相应的逻辑判断,最终确定保护装置是否应该使断路器跳闸或发出告警信号,并通过执行元件完成保护装置所担负的任务(跳闸或告警信号)。

【案例分析】　一条馈电线路的保护案例如图 1-5 所示。电流互感器装设在线路出口处,采集本线路的电流;电压互感器装设在母线出口处,采集本线路所在母线的电压。当馈线上发生故障时,流过线路的电流由负荷电流突然上升为故障电流,需要借助于继电保护装置跳开断路器使故障点失去能量来源以切除该故障。保护装置通过测量经电压互感器、电流互感器所获得的母线电压及线路电流等信息,判断故障确实存在,向断路器操动机构发出跳闸命令,后者执行跳闸操作,跳开断路器的三相主触头,切断故障电流。

【课程思政】　单丝不成线,独木不成林

从刚才的案例分析中我们可以看到,继电保护在切除故障的"队伍"中只是团队的一份子。电压互感器及电流互感器相当于感受短路故障的"眼睛",对于电压电流等电气量要"看"(测量)得清。断路器提供了感受故障的"手脚",用来切断故障回路,完成故障隔离的执行。但断路器本身并没有故障判断功能,它们需要听从来自于保护装置的"命令"。保护装置提供了感受故障的"大脑",但作为一个弱电元件,它不可能亲自完成故障隔离任务。断路器操动机构,是使断路器触头按指定操作顺序和方式实现接触与脱离的机构,其作用相当于"枪的扳机"。

码 1-4　微课-案例分析

因此继电保护装置只是继电保护系统的一个重要组成部分,需要它与其他相关设备团结协作,它们相互之间的联系(也称为"二次回路")对于继电保护系统也至关重要。

二、继电保护的分类

继电保护可根据保护对象、保护原理、故障类型、保护技术、保护作用等分类,如图 1-7 所示。

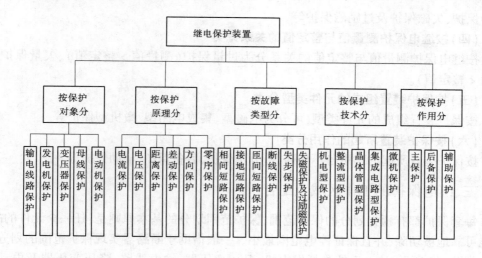

图1-7　继电保护的分类

（一）按保护装置反映的物理量分类

1.反映电气量的继电保护

（1）利用故障时电流增大构成的过电流保护。

（2）利用故障时电压降低构成的低电压保护。

（3）利用故障时测量阻抗发生变化构成的阻抗（距离）保护,例如正

常运行时是负荷阻抗,短路时是短路阻抗,测量阻抗变小。

码1-5　微课-
继电保护的分类

（4）利用故障时电压与电流之间相位角的变化则可以构成方向保护,例如正常运行

时：$\arg\dfrac{\dot{U}}{\dot{I}}\approx 20°$,线路正方向三相短路时：$\arg\dfrac{\dot{U}}{\dot{I}}=60°\sim85°$。

（5）利用正常运行与内部故障时,两侧元件流入电流与流出的关系发生变化,就可以
构成各种差动保护。例如正常运行时：流入电流＝流出电流,内部故障时：流入
电流≠流出电流。

（6）利用正常运行时只有正序分量,发生不对称故障时有负序、零序分量出现（两相
短路时有负序分量出现,接地短路时有零序分量出现）,构成序分量保护。

2.反映非电气量的继电保护

（1）反映变压器油箱内部油气流速度的瓦斯保护。

（2）反映变压器及电动机绕组温度变化的温度保护。

（3）反映电力变压器绕组温度过高的过负荷保护。

（二）按保护装置的保护对象分类

按不同的被保护对象设计相应的成套保护装置,独立安装运行,以便于设备的操作、
检修维护等,如：发电机保护、输电线路保护、变压器保护、母线保护、电动机保护等。

（三）按保护装置所反映故障类型分类

按保护所反映故障类型分为相间短路保护、接地短路保护、匝间短路保护、断线保护、

失步保护、失磁保护及过励磁保护等。

(四)按继电保护测量值与整定值的关系分类

按继电保护测量值与整定值的关系分为过量保护(测量值>整定值)、欠量保护(测量值<整定值)。

(五)按保护装置组成的元件类型分类

按保护装置组成的元件类型,可分为电磁型、集成电路型、微机型保护等。

(六)按保护装置所起的作用分类

按保护装置所起的作用各不相同,可分主保护、后备保护、辅助保护等。

三、继电保护的工作区域及配合

每套保护都有预先划分的保护范围,保护范围划分的基本原则是:任一个元件的故障都能可靠地被切除,并且保证停电范围最小。一般借助于断路器实现保护范围的划分。

如图1-8所示,这个系统包括发电机、升压变压器、输电线路、降压变压器及电动机,代表了电力系统的发电、变电、输电、配电、用电等各个环节。虽然保护的基本原理类似,但五类保护(发电机、变压器、输电线路、母线、电动机保护)还是有明确的区分,都需要针对各自的保护对象进行保护方案的设计。同时,每个保护区的保护除了完成保护各自保护对象的主要任务,还兼作相邻设备的后备保护。

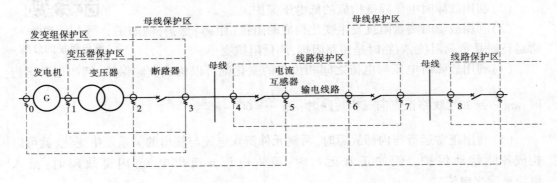

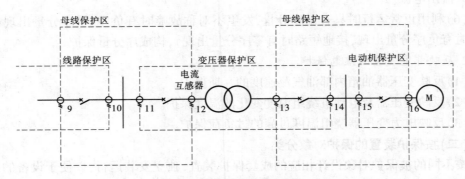

0~16元件全部为电流互感器

图1-8　保护区域的划分

某些保护的保护区域之间存在重叠,这样做的目的就是力图使电力系统中的任何需要保护的区域都有相应的主保护存在。

　　以互感器4、5相关的线路保护为例,该线路保护区域从理论上应从本侧母线开始,至对侧母线终止。工程实际中,由于线路保护必须取得电流互感器的电流,实质上其最理想的范围应从互感器4开始,至互感器7终止。如果取互感器5开始,至互感器6终止,则保护区域就不包括两端的断路器了,而现场的情况恰恰如此。实质上,从断路器到互感器的电气距离相对于输电线路的长度是非常短的。但从保护区域的角度,这种方案使得线路断路器被排除于线路保护的保护区之外,如图1-9(a)所示。

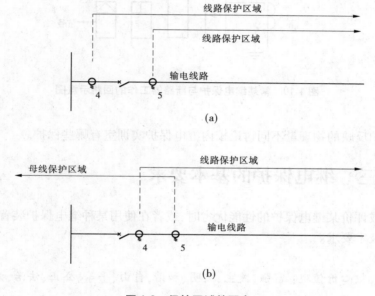

图1-9　保护区域的配合

　　在现场应用中,多采用图1-9(b)所示的互感器配置方式。当故障发生于母线至互感器4之间时,由母线保护动作跳开线路断路器。当故障发生于互感器4与互感器5之间时,则线路保护与母线保护都将动作于跳闸。当故障发生于互感器5之后的输电线路上时,则只有线路保护动作。

【任务实施】

　　(1)继电保护的工作回路示意图如图1-10所示,包括TA、二次电缆、保护装置、信号设备、工作电源、电流继电器KA、时间继电器KT、中间继电器KM、信号继电器KS等。

　　结合前面的知识点,分组讨论图中继电保护工作原理及各元件的作用。

　　(2)各小组成员之间、各小组之间互相检查,发现问题,提出意见,进行自评与互评。

　　(3)老师检查各小组及个人完成的任务,评价总结。

【课堂训练与测评】

　　(1)简述继电保护的原理。

　　(2)画出继电保护的原理框图。

　　(3)简述继电保护的类型。

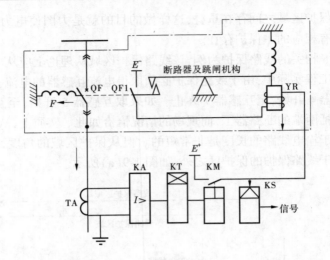

图1-10　常规继电保护与断路器工作的回路示意图

【拓展提高】

根据保护反映的物理量不同讨论校内继电保护实训室有哪些保护。

■ 任务三　继电保护的基本要求

在选择或评价某继电保护的性能优劣时,或者在使用某种继电保护装置时,需要它们满足一定的技术要求。

【课程思政】

社会主义核心价值观:富强、民主、文明、和谐,自由、平等、公正、法治,爱国、敬业、诚信、友善。

继电保护也有它的核心价值观——四个基本要求。

【任务分析】

准确描述继电保护的基本要求,确定图1-11中在不同的短路点 k_1、k_2、k_3 短路时相应的跳闸开关。

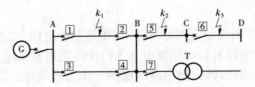

图1-11　单侧电源网络

码1-6　动画-
选择性说明

【知识链接】

电力系统继电保护在技术上应满足四个基本要求,即选择性、速动性、灵敏性和可靠性。对于不同使用条件,应进行综合考虑。

一、选择性(selectivity of protection)

定义:电力系统中某电气元件发生故障时,由距离故障点最近的保护装置动作将故障元件从电力系统中切除,使停电范围尽可能缩小,以保证其他非故障部分继续运行。当故障设备或线路的保护或断路器拒绝动作时,才允许由相邻设备、线路的保护或断路器失灵保护切除故障。

码 1-7 微课-
选择性

举例分析:如图 1-12 所示单侧电源网络中,当 k_3 点发生短路故障时,应由故障线路 WL1 上的保护 7 和 5 动作,将故障线路 WL1 切除,这时变电所 B 则仍可由非故障线路 WL2 继续供电。当 k_4 点发生短路故障时,应由保护 4 动作,使断路器 QF4 跳闸,将故障线路 WL4 切除,这时只有 WL4 停电。由此可见,继电保护有选择性的动作可将停电范围限制到最小,甚至可以做到不中断对用户的供电。

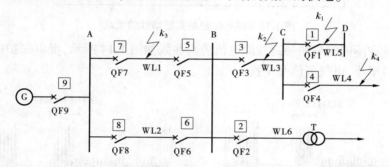

图 1-12 单侧电源网络中,有选择性动作的说明

运行经验表明,继电保护装置和断路器都有拒绝动作的可能,因而在考虑电气元件的继电保护装置配置时,一般都要求装设主保护和后备保护,必要时还要增设辅助保护。

(1)主保护是指能满足电力系统稳定运行和设备安全要求,以最快的速度有选择性地切除被保护元件的故障的主要保护装置。

(2)后备保护是指当主保护或断路器拒绝动作时,用比主保护动作时限长的时限切除故障元件的保护装置。后备保护又可分为远后备和近后备两种方式:远后备是当主保护或断路器拒绝动作时,由相邻元件的保护实现后备;近后备保护是当主保护拒绝动作时,由本元件的另一套保护实现后备。

(3)辅助保护是为补充主保护和后备保护的性能,或当主保护和后备保护退出运行而增设的简单保护。

所以,当 k_1 点发生短路故障时,距短路点最近的保护 1 应动作切除故障线路 WL5,但由于某种原因,该处的保护或断路器拒动,故障便不能消除,此时如其前面一条线路(靠近电源测)的保护 3 动作,故障也可消除。此时保护 3 所起的作用就称为相邻元件的远后备保护。同理保护 5 和 6 又应该作为保护 3 的远后备保护。如 k_1 点故障,保护 1 装设两套保护装置,即主保护和近后备保护,当主保护拒动时,可用近后备保护切除故障线路 WL5。

二、速动性(speed of protection)

定义:是指电力系统中某电气元件发生故障时,继电保护装置能快速地动作,将故障

元件从电力系统中切除,以减轻短路电流对电气设备的损坏程度。因此,在发生故障时,应力求保护装置能迅速动作切除故障。

提高保护装置速动性主要有以下优点,如图 1-13 所示。

码 1-8 　微课-
速动性和灵敏性

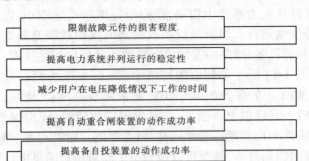

图 1-13 　提高保护装置速动性的优点

输电线路在不同时刻的短路故障电流仿真曲线如图 1-14 所示,继电保护的难处在于故障时间窗口窄小、电气量值受干扰。

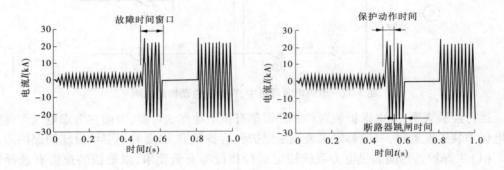

图 1-14 　输电线路在不同时刻的短路故障电流仿真曲线

$$故障切除的总时间 = 保护装置的动作时间 + 断路器跳闸时间$$

现代快速保护的固有跳闸时间,一般不超过 3 个工频周期,即 60 ms。而现代断路器的固有跳闸时间,一般不超过 5 个工频周期,即 100 ms。总体而言,故障切除的总时间的最小值一般不超过 8 个工频周期,即 160 ms。220 kV 及以上系统,要求故障切除的总时间 ≤30 ms。

我们要让保护尽可能快地动作,但并不需要也无必要过分地、不计成本地去追求保护的速动性。但下列情况必须快速切除故障:

(1)发电厂或变电站母线故障;

(2)大容量发电机、变压器和电动机内部故障;

(3)电网并列运行的重要联络线发生的故障等。

三、灵敏性（sensitivity of protection）

定义：是指继电保护装置对其保护范围内发生故障或不正常运行状态的反应能力。

任意运行方式下，被保护设备范围内发生故障，不论故障点的位置、类型、是否有过渡电阻等，都希望保护装置能够敏锐感觉、正确动作。保护装置的灵敏性，通常用灵敏系数 K_{sen} 来衡量，灵敏系数越大，则保护的灵敏度就越高，反之就越低。

灵敏系数应根据不利的运行方式和故障类型来计算。在继电保护整定计算中，通常考虑电力系统中两种最不利的运行方式，即最大运行方式和最小运行方式。所谓最大运行方式是指在被保护对象末端短路时，系统的等值阻抗最小（$X_s = X_{s.min}$），通过保护装置的短路电流最大的运行方式；最小运行方式是指在同样的短路情况下，系统的等值阻抗最大（$X_s = X_{s.max}$），通过保护装置的短路电流最小的运行方式。一般来说，一个系统在尽可能小的运行方式下，满足继电保护装置的灵敏性要求是有困难的，因此通常根据实际可能出现的最小运行方式进行计算。

对于反应故障时参数增大而动作的继电保护装置，其灵敏系数 K_{sen} 的计算公式如下：

$$K_{sen} = \frac{保护区末端金属性短路时故障的最小计算值}{保护装置的动作参数的整定值}$$

对于反应故障时参数降低而动作的继电保护装置，其灵敏系数 K_{sen} 的计算公式如下：

$$K_{sen} = \frac{保护装置的动作参数的整定值}{保护区末端金属性短路时故障的最大计算值}$$

实际上，短路大多情况是非金属性的，而且故障参数在计算时会有一定的误差，因此必须要求 $K_{sen} > 1$。

四、可靠性（reliability of protection）

定义：继电保护装置的可靠性包括安全性（security of protection）和信赖性（dependability of protection），是对继电保护最根本的要求。所谓安全性是要求继电保护在不需要它动作时可靠不动作，即不发生误动。所谓信赖性是要求继电保护在规定的保护范围内发生了应该动作的故障时可靠动作，即不拒动。

码 1-9　微课-
可靠性

一旦继电保护发生拒动或误动等错误行为，势必给电力系统造成停电范围或时间扩大、电气设备损坏加重甚至系统失去稳定性等严重的影响。

$$正确动作率 = \frac{保护装置正确动作次数}{保护装置总动作次数} \times 100\%$$

影响可靠性的内在因素有：装置本身的质量，包括元件好坏、结构设计的合理性、制造工艺水平、接线回路是否简明等。外在因素有：运行维护水平、调试是否正确、安装是否正确等。继电保护装置的任何拒动和误动，都会降低电力系统供电的可靠性。如不能满足可靠性的要求，则继电保护装置本身便成为扩大事故或直接造成事故的根源。因此，可靠性是对继电保护装置最根本的要求。

五、"四性"总结

码1-10　微课-
"四性"总结

选择性——让最靠近短路点的断路器跳闸。

速动性——尽量快。

灵敏性——有足够的故障反应能力。

可靠性——不误动、不拒动。

上述四项基本要求是互相联系而又互相矛盾的。因此,在实际工作中,要根据电网的结构和用户的性质,辩证地进行统一。例如,对某些继电保护装置来说,选择性和速动性不可能同时实现,要保证选择性,必须使之具有一定的动作时限。通常,在保证可靠性和选择性的前提下,强调灵敏性,力争速动性。"四性"是分析和研究继电保护的基础,也是贯穿全课程的一个基本线索。对"四性"中的每一项要求都应当有度,应以满足电力系统的安全运行为准则,不应片面强调某一项而忽视另一项,否则会带来不良的影响。这点需要大家在今后的学习中逐渐体会。

在电力系统中,确定继电保护装置的配置和构成方案时,除了满足上述四个基本要求,还应适当考虑经济上的合理性。我国的某些电网公司在为同一等级、同一类型的保护对象(如220 kV线路)配置保护时,不在规划设计中进行认真细致的分析比较,而是一律按最高的技术标准配置保护,对经济性较为忽视。这不仅增加了系统保护的复杂性,也增加了继电保护专业人员维护调试的工作量,从一定的意义上来说还增加了保护不正确动作的机会。

在选择或评价某继电保护的性能优劣时,或者在使用某种继电保护装置时,我们需要加以理性的思考,合理的取舍,慎用大而全、华而不实的继电保护。提高继电保护装置的免维护性能是未来继电保护的发展趋势。

【任务实施】

(1)学员接受任务,根据给出的相关知识通过学习,默写出继电保护的四个基本要求。

(2)分组讨论,确定图1-11中在不同的短路点 k_1、k_2、k_3 短路时相应的跳闸开关。

(3)各小组成员之间、各小组之间互相检查,发现问题,提出意见。

(4)老师检查各小组及个人完成的任务,提出问题,给出成绩。

【课堂训练与测评】

(1)叙述继电保护的速动性的含义和优点。

(2)叙述继电保护可靠性的含义。

(3)举例说明保护选择性的含义。

【拓展提高】

自己设计一个简单的电力系统,并确定不同点短路时相应的跳闸开关,并在下次课上展示。

任务四　继电保护的发展

随着电子技术的发展,二次回路保护再也不是传统意义上的继电器保护,继电保护只是个概念性名词。电力系统继电保护的发展经历了机电型、整流型、晶体管型和集成电路型几个阶段后,现在发展到了微机保护阶段。

【任务分析】

 1. 了解继电保护技术的发展历程。

 2. 了解我国继电保护的技术成就。

【知识链接】

一、继电保护的发展概况

  最早的继电保护装置是熔断器。熔断器简单可靠,但是它的动作精度差,配合难度大,断流能力有限,恢复供电麻烦。19 世纪 90 年代出现了装在断路器上以一次电流动作并直接作用于断路器跳闸的电磁型过电流继电器,并利用它构成过电流保护。1908 年出现了比较被保护元件两端电流大小和相位的差动保护。随着各发电厂之间并列运行和双回路供电线路、环行电网的出现,1910 年方向性电流保护开始得到应用,1920 年出现了距离保护装置。1927 年前后,出现了利用高压输电线路上高频载波电流传送和比较输电线路两端功率方向或电流相位的高频保护装置。20 世纪初,继电器开始广泛应用于电力系统的保护。到 20 世纪 50 年代,出现了利用微波传送和比较输电线路两端故障电气量的微波保护。1975 年诞生行波保护,光纤通道继电保护得到广泛应用。20 世纪 50 年代初,出现晶体管式继电保护装置,开始研究晶体管型继电保护装置,它体积小、重量轻、消耗功率小、不怕震动、动作速度快、无机械转动部分,称为电子式静态保护装置。20 世纪 70 年代晶体管型继电保护装置(静态保护装置第一代)在我国得到大量应用。20 世纪 80 年代后期出现集成电路型继电保护装置(静态保护装置第二代)。

  20 世纪 60 年代提出小型计算机继电保护设想,20 世纪 70 年代后半期出现了比较完善的微型计算机保护样机,并投入到电力系统中试运行。20 世纪 80 年代微型计算机保护在硬件结构和软件技术方面已趋成熟。从 20 世纪 90 年代开始,我国继电保护技术已进入了微型计算机保护的时代。

  国际上著名的继电保护企业有:德国西门子公司(SIEMENS)、博世公司(BOSCH)、瑞士 ABB 公司(全球 500 强企业,电力和自动化技术领域的领导厂商)、美国通用电气公司(GE)、西屋电气公司(Westing House)、艾默生电气公司、法国罗格朗公司、施耐德电气有限公司、澳大利亚奇胜公司等。图 1-15 为 ABB 公司生产的 SPAJ 140C 微机保护装置和施耐德公司生产的 Sepam 系列微机保护装置。

二、我国电力系统继电保护简介

  国内著名的继电保护相关企业有许继电气有限公司、国电南京自动化股份有限公司、南京南瑞集团公司、南京南瑞继保电气有限公司和北京四方继保自动化股份有限公司等。

  我国继电保护有影响的技术成就有:

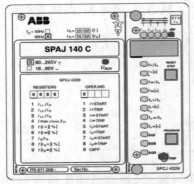
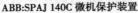

ABB:SPAJ 140C 微机保护装置　　　　　施耐德:Sepam 系列微机保护装置

图 1-15　国外的微机保护装置

(1)工频变化量保护原理———基于工频变化量保护原理和区分短路与系统振荡及特殊工况的原理,提出并建立了完整的工频变化量快速继电保护理论和技术体系。

(2)光电互感器(数字互感器)———在原理上与传统的互感器完全不同,数字互感器是利用光电子技术和光纤传感技术来实现电力系统电压、电流测量的新型互感器。

(3)人工智能技术如神经网络、遗传算法、进化规划、模糊逻辑等在我国电力系统各个领域都得到了应用,专家系统、人工神经网络和模糊控制理论逐步应用于电力系统继电保护中,为继电保护的发展注入了活力。

(4)2019 年,国网天津滨海公司工作人员在 110 kV 游乐港变电站内手持智能移动终端,在屏幕上轻轻一点,仅用十几分钟就通过远程控制继电保护实验仪、保护装置等设备,完成了 110 kV 线路间隔的保护装置检查,并自动生成报告。这标志着全国首例继电保护智能运检在滨海新区率先试点成功,实现继电保护专业由传统装备向信息装备、由经验检修向智能检修的转变。

(5)2020 年 12 月,国网定西供电公司首套搭载国产自主研发芯片的 PSL-603U 超高压输电线路成套保护装置,在 330 kV 定西变 3G1911 定纪一线(330 kV 定西变至 330 kV 成纪变)成功挂网试运行。

(6)2021 年 7 月,国内首次继电保护"区块链+定值文件"技术验证测试完成。保护装置定值远方操作面临的主要问题是如何解决信息传输过程中的安全性和可靠性。国网山东电力公司针对该问题提出采用"区块链+定值文件"方式解决远方操作过程中信息一致性问题。促进了继电保护数字化技术的发展,这在国内尚属首次。

(7)2021 年 11 月,基于多元状态感知监测技术的快速灭弧一体化保护系统经过 4 个月试运行后,在江苏苏州同里综合能源服务中心投入使用。该系统通过综合分析电流及弧光强度、温度等非电量元素,能将故障隔离时间控制在 100 ms 内,提高了继电保护动作的可靠性。

三、继电保护的新技术

（一）网络化

计算机网络作为信息和数据通信工具已成为信息时代的技术支柱，它深刻影响着各个工业领域。因继电保护的作用不只限于切除故障元件，还要保证全系统的安全稳定运行，这就要求每个保护都能共享全系统的运行和故障信息的数据，各个保护与重合闸装置在分析这些信息和数据的基础上协调动作，确保系统的安全稳定运行。实现这种系统保护的基本条件是将全系统各主要设备的保护装置用计算机网络联接起来，即实现微机保护装置的网络化，可大大提高保护性能和可靠性。

（二）保护、控制、测量、数据通信一体化

如果将保护、控制、测量、数据通信一体化的计算机装置，就地安装在室外变电站的被保护设备旁，将被保护设备的电压、电流量在此装置内转换成数字量后，通过计算机网络送到主控室，则可免除大量的控制电缆。如果用光纤作为网络的传输介质，还可免除电磁干扰。目前光电流互感器和光电压互感器已在研究试验阶段，将来必然在电力系统中得到应用。

（三）智能化

继电保护智能化是通过应用移动互联、人工智能等先进技术，将设备与设备、设备与人员、设备与环境紧密结合，用程序操作或自动操作代替原来的人工操作，实现继电保护作业的标准化、信息化和智能化。

未来的继电保护装置还可以支持无防护安装和即插即用的就地化，即使没有防护安装，也能够做到在开关场复杂环境下的强电磁干扰影响；能够节约有限的空间；在速动性、可靠性方面非常稳定。并且能做到免维护运行，还能适应各种恶劣环境，例如高温、严寒、盐碱、潮湿、高原等。

【任务实施】

（1）学员接受任务，根据给出的相关知识通过学习以及查阅相关的资料，在网络上搜索关于继电保护的新技术。

（2）各小组成员之间、各小组之间互相检查，发现问题，提出意见。

（3）老师检查各小组及个人完成的任务，提出问题，给出成绩。

【课堂训练与测评】

（1）列举几个继电保护的新技术。

（2）举例说明几个著名的继电保护企业。

【拓展提高】

举例说明校外实训基地（天楼地枕水力发电厂）所具备的几种微机继电保护装置，并在下次课上分组展示。

■ 小　结

电力系统工作状态分为：正常运行状态、不正常运行状态、故障状态。

当设备发生短路时,通常希望在几十毫秒的时间内切除故障,必须靠自动装置来完成切除故障的任务,实现这种功能的自动装置就是继电保护装置。

码1-11 "伏羲"　　码1-12 音频-
初问世,南网　　　"伏羲"
"中国芯"

继电保护装置的基本任务有:

(1)当电力系统被保护元件出现故障状态时,继电保护装置应能自动、迅速、有选择性地将故障元件从电力系统中切除,使非故障部分迅速恢复正常运行。

(2)当电力系统被保护元件出现异常运行状态时,反映电气元件的不正常运行状态,并根据运行维护的条件而动作于信号,以便值班员及时处理,或由装置自动进行调整,或将那些继续运行就会引起损坏或发展成为事故的电气设备予以切除。

(3)继电保护装置还可以与电力系统中的其他自动化装置配合,在条件允许时,采取预定措施,缩短事故停电时间,尽快恢复供电,从而提高电力系统运行的可靠性。

为完成继电保护的基本任务,必须正确区分正常运行状态、不正常运行状态和故障状态,寻找这三种运行状态下的可测参量(电气量和非电气量)的"差异"。根据可测参量(电气量)的不同差异,可以构成不同原理的继电保护。

继电保护装置主要由测量元件、逻辑元件和执行元件三部分组成。

继电保护装置在技术上应满足四个基本要求,即选择性、速动性、灵敏性和可靠性。

电力系统继电保护的发展经历了机电型、整流型、晶体管型和集成电路型几个阶段后,现在发展到了微机保护阶段。

■ 习　题

一、判断题

1.(　　)安装继电保护的最终目的是切除故障部分,保证非故障部分继续运行。

2.(　　)继电保护的灵敏系数小于1。

3.(　　)继电保护的基本任务是,当电力系统出现故障时,能自动、快速、无选择性地将故障设备从系统中切除。

4.(　　)电力系统最大运行方式,是系统在该方式下运行时,具有最小的短路阻抗值,发生短路后产生的短路电流最大的一种运行方式。

5.(　　)电力系统的运行状态分为正常运行、不正常运行、故障3种状态。

6.(　　)继电保护中的后备保护,都是延时动作的。

7.(　　)继电保护装置必须满足选择性等6个基本要求。

8.(　　)输电线路长短发生变化时,应重新调整继电保护定值。

9.(　　)对于过值保护和欠值保护,其灵敏系数的计算方法相同。

10.(　　)可靠性是对继电保护的最根本要求。

二、单项选择题

1. 下列( )不属于二次回路。
　A. 断路器控制回路　　　　　　　　　　B. 信号回路
　C. 变电所低压侧主接线　　　　　　　　D. 继电保护与自动装置回路
2. 继电保护按所起作用不同,可分为( )、后备保护和辅助保护。
　A. 主保护　　　　B. 过流保护　　　　C. 速断保护　　　　D. 零序保护
3. 继电保护应满足的四个基本要求是( )。
　A. 选择性、快速性、灵敏性、经济性　　B. 选择性、可靠性、灵敏性、可调性
　C. 选择性、可靠性、灵敏性、适用性　　D. 选择性、快速性、灵敏性、可靠性
4. 下列( )状态不属于电力系统的故障运行状态。
　A. 单相短路　　　　B. 断线　　　　　　C. 三相短路　　　　D. 过负荷
5. 继电保护装置一般由( )、逻辑元件和执行元件组成。
　A. 测量元件　　　　B. 动作元件　　　　C. 信号元件　　　　D. 报警元件
6. 下列选项中,( )是对继电保护的最根本要求。
　A. 通用性　　　　　B. 适用性　　　　　C. 经济性　　　　　D. 可靠性
7. 下列选项中,( )不是按保护装置的保护对象分类。
　A. 发电机保护　　　B. 变压器保护　　　C. 母线保护　　　　D. 断线保护
8. 下列选项中,( )不是按保护装置所反映故障类型分类。
　A. 接地故障保护　　B. 变压器保护　　　C. 相间短路保护　　D. 断线保护

三、填空题

1. 电力系统工作状态分为:_____、_____和_____。
2. TV 二次侧额定电压_____ V,TA 二次侧额定电流_____ A 或_____ A。
3. 反映故障时电流增大的保护叫_____保护,反映故障时电压降低的保护叫_____保护。

四、简答题

1. 电力系统发生故障有哪些危害?
2. 电力系统有哪三种状态? 继电保护在哪些状态下起作用?
3. 简述继电保护的任务。
4. 继电保护装置由哪几部分组成? 各部分的作用分别是什么?
5. 试述继电保护的四个基本要求的内容。
6. 什么是主保护? 什么是后备保护? 远后备、近后备有何区别?

五、综合题

画出继电保护装置的原理框图。

项目二　继电保护元件与装置

【知识目标】

　　掌握继电器的图形文字符号、作用及原理；

　　掌握电流互感器、电压互感器的接线方式；

　　掌握变换器和滤过器的原理；

　　掌握微机继电保护装置的原理。

【技能目标】

　　具有对常用继电器接线调试的能力；

　　会使用电流互感器、电压互感器，并能正确接线；

　　初步具有对微机继电保护装置进行参数设置、调试的技能。

【思政目标】

　　培养学生整定、调试工作精益求精的工匠精神；

　　引导学生具有科学思维和价值观方法论；

　　培养学生工作任务完成标准化、规范化及团结协作的精神。

【项目导入】

　　继电器是继电保护的基础元件；互感器对继电保护提供电气量；变换器将互感器二次侧的高电压、强电流转换成更低电压、弱电流，以适应保护测量元件的需要。因此，学习继电器、互感器、变换器相关知识，有助于更加直观深入地理解继电保护原理，对掌握新型微机继电保护的原理及应用方法是十分必要的。

任务一　认识继电器

　　传统的保护功能多是借助于各种继电器加以实现的。随着微机继电保护装置逐步推广，传统的继电器的数量及应用正在不断减少，但通过继电器所体现的继电保护原理并没有因此而消失，相反，其原理精髓不断得以发扬。因此，学习继电器的相关知识，有助于我们更直观地理解、掌握继电保护原理，并在此基础上，结合新型技术，掌握新型微机继电保护装置的原理及应用方法。

码2-1　微课-认识继电器

【任务分析】

　　1. 认识如图2-1所示几种常用继电器，能够识读并写出各种电磁型继电器的图文符号。

　　2. 会进行单个继电器的调试。

　　3. 初步具有常用继电器的选择、综合调试接线能力。

(a) 电流继电磁　　　(b) 电压继电器　　　(c) 时间继电器

码 2-2　图片-
各种电磁型继
电器实物图

(d) 中间继电器　　　　(e) 信号继电器

图 2-1　各种电磁型继电器实物图

【知识链接】

一、基本概念

(一) 继电器

继电器是一种能对输入条件做出响应,并能在特定条件被满足时,通过相应的电气控制回路做出触点接触动作或类似的突然变化的一种电气装置。

具体可解释为:继电器是一种当输入量(如电压、电流、温度等)达到规定值时,使被控制的输出电路导通或断开的电器。

(二) 常开触点和常闭触点

常开触点:指当继电器线圈没有输入量(未通电)时,断开的触点。

常闭触点:指当继电器线圈没有输入量(未通电)时,闭合的触点。

注意:"常"是指不带电的状态 ,而不是"正常状态"。符号如图 2-2 所示。

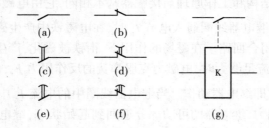

(a)常开触点;(b)常闭触点;(c)瞬时断开延时闭合常开触点;
(d)延时断开瞬时闭合常闭触点;(e)瞬时闭合延时断开常开触点;
(f)瞬时断开延时闭合常闭触点;(g)继电器的线圈与触点

图 2-2　常开触点和常闭触点

二、继电器分类及原理

(一)继电器分类

继电器种类繁多,本书仅介绍保护继电器。保护继电器按反映的物理量可分为电量继电器和非电量继电器两大类。按其构成原理可分为电磁型、感应型、整流型、晶体管型等继电器;按其反映的物理量可分为电流、电压、时间、功率方向、阻抗等继电器;按其用途又可分为测量继电器和辅助继电器等。

国产保护继电器的型号一般用汉语拼音字母来表示。第一位字母代表继电器的工作原理,第二(或第三)位字母代表继电器的用途。例如,DL 代表电磁型电流继电器,常用保护继电器型号中字母的意义见表 2-1。

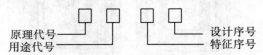

原理代号　　　　　　　　　　　　　　设计序号
用途代号　　　　　　　　　　　　　　特征序号

表 2-1　常用保护继电器型号中字母的意义

第一位(原理代号)	第二位或第三位(用途代号)
D:"电"磁型	L:电"流"继电器,FL:"负"序电"流"继电器
G:"感"应型	Y:电"压"继电器,FY:"负"序电"压"继电器
L:整"流"型	G:"功"率方向继电器,CD:"差动"继电器
B:"半"导体型	S:"时"间继电器,CH:"重合"继电器
J:"极"化或"晶"体管型	X:"信"号继电器,ZS:"中"间延"时"继电器
Z:"组"合型	Z:"中"间或"阻抗"继电器,DP:"低频"继电器
W:"微"机型	P:"平"衡继电器,D 接"地"继电器

(二)基本原理

电磁型继电器的结构和工作原理与接触器基本相同,它由电磁机构和触头系统组成。

如图 2-3 所示,当继电器线圈通入电流 $\dot{I}_r$ 时,在电磁铁中产生磁通 $\dot{\Phi}$,该磁通经过空气隙和可动衔铁形成闭合回路。在磁场的作用下,衔铁被磁化,产生电磁力 F_e(或电磁力矩 M_e)。当通过的电流足够大时,电磁力克服弹簧的反作用力 F_s,使衔铁吸向电磁铁,继电器的常开触点闭合,即继电器动作。当继电器线圈中的电流 $\dot{I}_r$ 中断或减小到一定数值时,由于弹簧的反作用力,继电器的可动部分返回到起始状态,继电器的常开触点又重新断开,即继电器返回。由于电磁力矩与电流的平方成正比,即

$$M_e = K_1 \Phi^2 = K_2 \frac{I_r^2}{\delta^2} \tag{2-1}$$

故电磁型继电器既可以做成直流式,也可以做成交流式。

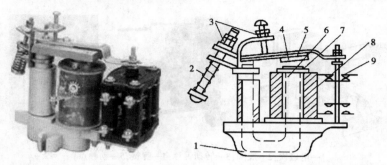

1—底座；2—反作用弹簧；3—调节螺钉；4—非磁性垫片；5—衔铁；6—铁芯；7—极靴；8—线圈；9—触头

图 2-3　电磁型继电器的实物图与基本结构图

下面介绍几种常见的电磁型继电器。

码 2-3　动画-
螺管线圈式电磁型继电器
和转动舌片式继电器

码 2-4　微课-
电流继电器

三、电磁型电流继电器

电流继电器在电流保护中作测量和启动元件，是反映电流超过某一整定值而动作的继电器。电流继电器的文字符号为 KA，图形符号如图 2-4 所示。

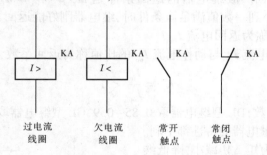

过电流　　欠电流　　常开　　常闭
线圈　　　线圈　　　触点　　触点

图 2-4　电流继电器的图形符号

常用的 DL 系列过电流继电器结构和实物如图 2-5 所示。

(一) 过电流继电器的动作电流及返回电流

电流继电器的主要参数为：

(1) 动作电流：使继电器动作的最小电流值，用 I_{op} 表示。

(2) 返回电流：使继电器返回的最大电流值，用 I_{re} 表示。

(3) 返回系数：返回电流与动作电流之比，用 K_{re} 表示。

当电流继电器线圈通入电流 I_r 时，转动舌片上就有电磁力矩 M_e 作用：

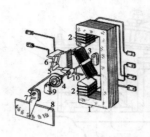

1—电磁铁；2—线圈；3—转动舌片；4—弹簧；5—动触点；
6—静触点；7—动作电流调节杆；8—标度盘；9—轴承；10—转轴

图2-5　过电流继电器的结构图及实物图

$$M_e = K_1 \Phi^2 = K_1 \left(\frac{W_r I_r}{R_m} \right)^2 = K_2 I_r^2 \qquad (2-2)$$

式中　　W_r——继电器线圈的匝数；

　　　　R_m——磁路的磁阻，空气隙不变时为常数；

　　　　K_1、K_2——系数，磁路不饱和时为常数。

由上式知，作用在继电器可动部分上的电磁力矩与 I_r 的平方成正比，与 I_r 方向无关，它企图使舌片转动。同时，在转动舌片的轴上还作用着由弹簧产生的反作用力矩 M_s 和摩擦力矩 M_f。要使继电器动作，必须满足的条件是 $M_e \geq M_s + M_f$。电流 I_r 达到一定数值满足该条件，使继电器常开触点由断开变成闭合的最小电流值，称为继电器的动作电流 I_{op}。

继电器动作后，如果减小 I_r，继电器在弹簧的作用下返回到原来的状态。返回过程中，同样有 M_e、M_s、M_f 三个力矩存在，这时 M_s 的作用方向企图使 Z 形舌片返回原来的状态，而力矩 M_e 和 M_f 的作用方向是企图阻止 Z 形舌片的返回。故继电器的返回条件是 $M_s \geq M_e + M_f$，即 $M_e \leq M_s - M_f$。当 I_r 减小到一数值满足该条件时，继电器刚好能返回，能使继电器返回到原来位置的最大电流值，称为返回电流 I_{re}。

码 2-5　微课-过电流继电器的继电特性

其中，$I_{re} < I_{op}$，返回电流 I_{re} 与动作电流 I_{op} 的比值称为返回系数，用 K_{re} 表示，即

$$K_{re} = \frac{I_{re}}{I_{op}} < 1 \qquad (2-3)$$

式中　　K_{re}——返回系数，DL 型继电器取 0.85~0.9，GL 型继电器取 0.8~0.85。

K_{re} 太大或太小对继电器的特性都不利。K_{re} 太大会使触点剩余力矩 ΔM 减小，降低继电器动作的可靠性，触点闭合时易发生抖动；K_{re} 太小，会降低过电流保护的灵敏度。

（二）过电流继电器的继电特性

由于继电器在动作过程中存在很大的剩余力矩，所以继电器从起始位置至最终位置动作是突发性的，不可能停留在中间某一个中间位置上，这种动作特性称为继电器的继电特性。继电特性曲线如图 2-6 所示。

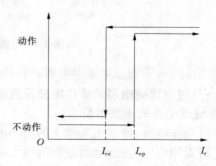

图2-6　过电流继电器的继电特性曲线

（三）电流继电器动作电流的调整方法

1. 改变继电器线圈的连接方法

如图 2-7 所示，利用连接片将继电器的上下两个线圈串联或并联，可将继电器动作电流改变一倍。因为继电器接在电流互感器二次侧，故 I_r 是不变的，当上下两个线圈串联时，继电器的总磁势为 $2I_rW$（W 为每个线圈的匝数）；当上下两个线圈并联时，每个线圈的电流仅为 $\frac{1}{2}I_r$，故此时继电器的总磁势为 I_rW。由此可见，两个线圈并联时的动作电流为两个线圈串联时的 2 倍，故把这种调整电流的方法称为"粗调"。

码 2-6　微课-动作电流的调整方法

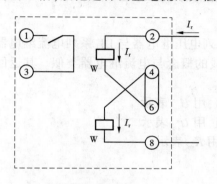

(a)线圈串联

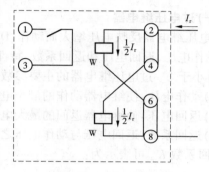

(b)线圈并联

图 2-7　DL-10 系列电流继电器内部接线图

2. 改变弹簧的反作用力矩 M_s，即改变动作电流调整把手的位置

当将调整把手由左向右移动时，由于弹簧作用力的增加，M_s 增大，因而使继电器的动作电流增大；反之，如将调整把手由右向左移动，则动作电流减小。这种方法可以连续而均匀地改变继电器的动作电流，故把这种调整电流的方法称为"细调"。

经过"粗调"和"细调"，可以使继电器的最大整定电流值为最小整定电流值的 4 倍。最大整定电流值一般在继电器型号中的斜线之后标出。例如：DL-11/10 型继电器，其最大电流整定值为 10 A，整定值调整范围为 2.5～10 A。当线圈串联时，整定值可在 2.5～5 A 范围内均匀调整；而线圈并联时，整定值可在 5～10 A 范围内均匀调整。

四、电磁型电压继电器

电压继电器反映电压变化而动作，在电压保护中作测量和启动元件。电压继电器的文字符号为 KV，图形符号及实物图如图 2-8 所示。

电压继电器与电流继电器的结构和工作原理基本相同，但线圈匝数多，输入量为电压。电磁力矩为：

码 2-7　微课-电压继电器

$$M_e = K_1 I_r^2 = K_1 \left(\frac{U_r}{Z}\right)^2 = K_2 U_r^2 \tag{2-4}$$

电压继电器分过电压继电器和低电压继电器两种。

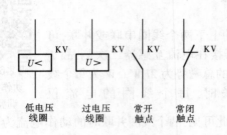

图 2-8　电压继电器的图形符号及实物图

(一)过电压继电器

过电压继电器反映电压增大而动作,DY 系列电压继电器与 DL 系列电流继电器结构相同,动作电压、返回电压和返回系数、特性曲线的概念与电流继电器类似。其返回系数 K_{re} 也恒小于 1。过电压继电器的主要参数为:

(1)动作电压:使继电器动作的最小电压值,用 U_{op} 表示。

(2)返回电压:使继电器返回的最大电压值,用 U_{re} 表示。

(3)返回系数:返回电压与动作电压之比,用 K_{re} 表示。

返回系数 K_{re} 可表示为:

$$K_{re} = \frac{U_{re}}{U_{op}} < 1 \tag{2-5}$$

式中　U_{re}——电压继电器返回电压;

　　　U_{op}——电压继电器动作电压;

　　　K_{re}——返回系数,DY 型继电器一般为 0.85 左右。

(二)低电压继电器

低电压继电器反映电压降低而动作,低电压继电器与过电压继电器的动作过程正好相反。它有一对常闭触点,当电压降低,电磁力减小使得衔铁返回时,常闭触点处于闭合状态,称为继电器动作;当电压升高,衔铁被吸动时,常闭触点处于断开状态,称为继电器返回。其返回系数 K_{re} 恒大于 1。

低电压继电器的主要参数为:

(1)动作电压:使继电器动作的最大电压值,用 U_{op} 表示。

(2)返回电压:使继电器返回的最小电压值,用 U_{re} 表示。

(3)返回系数:返回电压与动作电压之比,用 K_{re} 表示。

返回系数公式同式(2-5),所以低电压继电器的返回系数 $K_{re} > 1$,一般不大于 1.2。

返回系数越小,继电器越灵敏,但可靠性降低。

低电压继电器的继电特性曲线如图 2-9 所示。

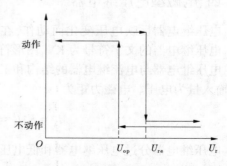

图 2-9　低电压继电器的继电特性曲线

五、电磁型时间继电器

时间继电器是一种辅助继电器,它在继电保护装置中作为时限元件,用来建立保护装置所必要的动作延时,实现主保护与后备保护或多级线路保护的选择性配合。

码2-8　微课-时间继电器

根据继电器延时触点的动作过程不同,又分为缓吸型和缓放型两种。线圈通电延时切换的触点称为缓吸型,线圈断电延时切换的触点称为缓放型。时间继电器的文字符号为 KT,图形符号如图2-10所示。

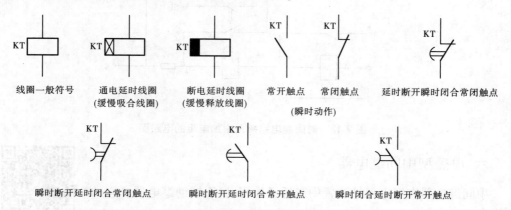

图 2-10　时间继电器的图形符号

DS 系列电磁型时间继电器的结构及实物如图2-11所示,它主要由螺管线圈式的电磁机构、钟表机构和触头部分组成。电磁机构主要起锁住和释放钟表机构的作用,钟表机构起准确的延时作用。

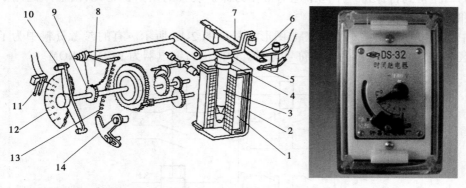

1—线圈;2—电磁铁;3—可动衔铁;4—返回弹簧;5、6—瞬时静触点;7—瞬时动触点;
8—扇形齿轮;9—传动齿轮;10、11—主动、主静触点;12—标度盘;13—拉引弹簧;14—弹簧调节器
图 2-11　DS 系列电磁型时间继电器的结构图及实物图

时间继电器的动作过程是:当线圈1接入工作电压后,可动衔铁3克服返回弹簧4的作用力而被快速吸下,钟表机构释放。与此同时,瞬时动、静触点5、6、7被切换,在拉引弹簧13的作用下,经过事先整定延时,使主触点10、11闭合。只要线圈有电压,主触点10、11就能保证接通。当加在线圈上的电压消失后,在返回弹簧4的作用下,主触点10瞬时

返回,这时钟表机构不参加工作。

　　时间继电器动作时间的调整,是利用改变动、静触点的位置来实现的,即改变动触点的行程。

　　为了缩小继电器尺寸,它的绕组一般不按长期通电设计。如需要长时间(大于30 s),必须在绕组回路串一电阻 R,如图 2-12 所示。在正常情况,电阻 R 被动断触点短接,继电器启动后该触点立即断开,电阻 R 串入绕组回路,以限制电流,提高继电器的热稳定性能。

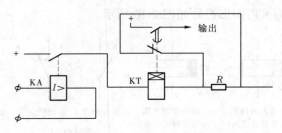

图 2-12　时间继电器接入附加电阻的电路图

六、电磁型中间继电器

码 2-9　微课-中间继电器

　　中间继电器在继电保护装置中起桥梁作用,属于辅助继电器。它的用途有三个方面:

　　(1)增加触点的数目,以便同时控制几个不同的回路。

　　(2)增大触点的容量,以便接通或断开电流较大的回路。

　　(3)提供必要的延时和自保持,以便在触点动作或返回时得到不长的延时,以及使动作后的回路得到自保持。中间继电器常作为保护装置的出口执行元件,被广泛用于各种保护和自动控制线路中。

　　中间继电器的文字符号是 KM,图形符号如图 2-13 所示。有的参考资料中为了与接触器区分开,中间继电器的文字符号为 KC,中间出口继电器为 KCO 或 KOM。

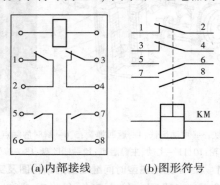

(a)内部接线　　　(b)图形符号

图 2-13　中间继电器的图形符号

　　常用的 DZ 系列电磁型中间继电器的结构及实物如图 2-14 所示。当其线圈 1 加上动作电压后,在衔铁 4 上产生电磁力,衔铁 4 克服弹簧 3 的拉力被电磁铁 2 吸合,于是中间继电器各对动合触点闭合、动断触点断开。而当线圈断电时,衔铁瞬间释放,各对触点自动返回起始位置。

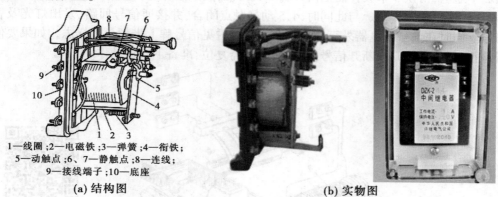

1—线圈;2—电磁铁;3—弹簧;4—衔铁;
5—动触点;6、7—静触点;8—连线;
9—接线端子;10—底座

(a) 结构图   **(b) 实物图**

图 2-14 DZ 系列电磁型中间继电器的结构图及实物图

中间继电器的应用如图 2-15 所示。

此外,中间继电器还有 DZB-10 系列,有一个电压绕组和几个电流绕组,用来电压启动电流保持,或电流启动电压保持。

码 2-10 微课-
信号继电器

七、电磁型信号继电器

信号继电器在继电保护装置中用来发出保护装置整组或个别部分动作指示信号。信号继电器的文字符号是 KS,图形符号及实物如图 2-16 所示。

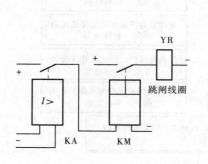

图 2-15 中间继电器的应用   **图 2-16 信号继电器的图形符号及实物图**

在继电保护装置中,为了分清是哪种保护已动作,对每种保护都需要装设一个信号继电器,以指示该保护的动作状态。为了引起运行值班人员的注意,信号继电器的常开触点需要接通灯光信号回路或音响信号回路。为了确保运行值班人员看到灯光信号,同时也为了分析故障的原因,要求信号指示不能随故障切除后电气量的消失而消失,要求信号继电器的常开触点必须设计为手动复归式。

图 2-17 是常用的 DX 系列信号继电器的基本结构图。其动作过程是:正常运行时,线圈 2 不通电,衔铁 3 未吸合而把信号牌 6 支持住;发生故障时,线圈 2 通电,衔铁 3 被电磁铁吸合,信号牌 6 掉下。与此同时,4、5 动静触点闭合,并接通信号回路,发出灯光及音响信号。同时在信号继电器外壳的玻璃孔上可以看见信号牌上带颜色的标志。如果要使信号停止,可手动复归以断开信号回路,使继电器复位,准备下次再动作。

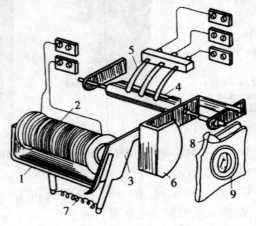

码 2-11　图片-信号继电器实物图

1—铁芯;2—线圈;3—衔铁;4、5—动静触点;
6—信号牌;7—弹簧;8—复归把手;9—观察孔

图 2-17　DX 系列信号继电器的基本结构图

总结以上继电器的作用,如图 2-18 所示。

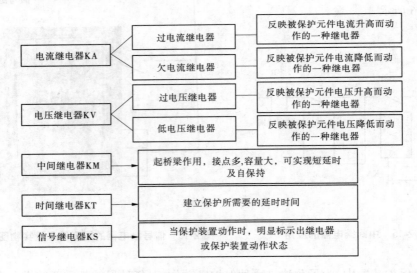

图 2-18　几种继电器的作用总结示意图

【课程思政】

　　各司其职,各尽其责。

【任务准备】

（1）学员接受任务,学习相关知识,分组讨论各种电磁型继电器的作用。

（2）默写电流继电器、电压继电器、中间继电器、时间继电器、信号继电器的图形文字符号。

【任务实施】

学员分小组调整 DL-10 系列电流继电器、DY-30 系列电压继电器的动作值。

（1）继电器的整定指示器在最大刻度值附近时,主要调整舌片的起始位置,以改变动作值,为此可调整右下方的舌片起始位置限制螺杆。当动作值偏小时,调节限制螺杆使舌片的起始位置远离磁极;反之则靠近磁极。

（2）继电器的整定指示器在最小刻度值附近时,主要调整弹簧,以改变动作值。

（3）适当调整触点压力也能改变动作值,但应注意触点压力不宜过小。

（4）改变继电器线圈的连接方式。将继电器的上下两个线圈串联或并联,可将电流继电器动作电流、电压继电器动作电压改变 1 倍。记录动作值的变化。

【课堂训练与测评】

简述电流继电器、电压继电器、中间继电器、时间继电器、信号继电器的工作原理。

【拓展提高】

查看电磁型继电器说明书,对继电器参数进行检验。

■ 任务二　继电器的检验与调试

电流继电器、电压继电器在电动机、变压器和输电线路的短路保护中作为启动元件,时间继电器在保护装置中作为时限元件,工作前需对其进行检验和调试。

【子任务一】　电流继电器的特性检验与调试

【任务分析】

对 DL-10 系列电流继电器进行检验和调试:机械调整,测量动作值、返回值,计算返回系数,检验继电器工作可靠性。

【知识链接】

电流继电器的特性实验电路原理图如图 2-19 所示。

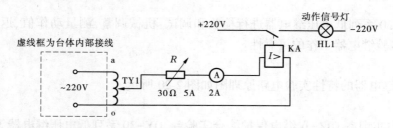

图 2-19　电流继电器的特性实验电路原理图

【任务准备】

(1)校内实训室 DJZ-Ⅳ继电保护综合实验台、DL-10 系列电流继电器等设备。

(2)熟悉 DL-10 系列电流继电器的工作原理,并进行机械调整。

【任务实施】

(1)按图 2-19 接线,检查线路无误后,将电流继电器的动作值整定为 1.2 A,使调压器输出指示为 0 V,滑线电阻的滑动触头放在中间位置。

(2)检查线路无误后,先合上三相电源开关(对应指示灯亮),再合上单相电源开关和直流电源开关。

(3)慢慢调节调压器使电流表读数缓缓升高,记下继电器刚动作(动作信号灯 HL1 亮)时的最小电流值,即为动作值。

(4)继电器动作后,再调节调压器使电流值平滑下降,记下继电器返回(指示灯 HL1 灭)时的最大电流值,即为返回值。

(5)重复步骤(2)~(4),测 3 组数据。

(6)实验完成后,使调压器输出为 0 V,断开所有电源开关。

(7)计算电流继电器的返回系数(返回平均值/动作平均值)。

(8)测试数据记录在表 2-2 中。

表 2-2　电流继电器动作值、返回值测量数据记录表

项目	I_{op} 动作值(A)	I_{re} 返回值(A)
1		
2		
3		
平均值		
整定值 I_{zd}		
返回系数		

【子任务二】　电压继电器的特性检验与调试

【任务分析】

对 DY-30 系列低电压继电器进行检验和调试:机械调整,测量动作值、返回值,计算返回系数,检验继电器工作的可靠性。

【知识链接】

低电压继电器的特性实验电路原理图如图 2-20 所示。

【任务准备】

(1)校内实训室 DJZ-Ⅳ继电保护综合实验台、DY-30 系列低电压继电器等设备。

(2)熟悉 DY-30 系列低电压继电器的工作原理,并进行机械调整。

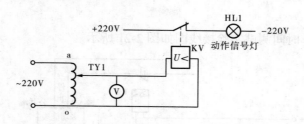

图 2-20　低电压继电器的特性实验电路原理图

【任务实施】

（1）按图 2-20 接线，检查线路无误后，将低电压继电器的动作值整定为 36 V，使调压器的输出电压为 0 V，合上三相电源开关和单相电源开关及直流电源开关（对应指示灯亮），这时动作信号灯 HL1 亮。

（2）检查线路无误后，先合上三相电源开关（对应指示灯亮），再合上单相电源开关和直流电源开关。

（3）调节调压器输出，使其电压从 0 V 慢慢升高，直至低电压继电器常闭触点打开（HL1 熄灭）。

（4）调节调压器使其电压缓慢降低，记下继电器刚动作（动作信号灯 HL1 刚亮）时的最大电压值，即为动作值，将数据记录于表 2-3 中。

（5）继电器动作后，再慢慢调节调压器使其输出电压平滑地升高，记下继电器常闭触点刚打开，HL1 刚熄灭时的最小电压值，即为继电器的返回值。

（6）重复步骤（2）~（5），测 3 组数据。分别计算动作值和返回值的平均值，即为低电压继电器的动作值和返回值。

（7）实验完成后，将调压器输出调为 0 V，断开所有电源开关。

（8）计算低电压继电器的返回系数（返回平均值/动作平均值）。

（9）测试数据记录在表 2-3 中。

表 2-3　低电压继电器动作值、返回值测量数据记录表

项目	U_{op} 动作值（V）	U_{re} 返回值（V）
1		
2		
3		
平均值		
整定值 U_{zd}		
返回系数		

【子任务三】　时间继电器的动作时间测试

【任务分析】

调整时间继电器的动作时间并计算动作时间误差。

【知识链接】

时间继电器动作时间测试实验接线图如图2-21所示。

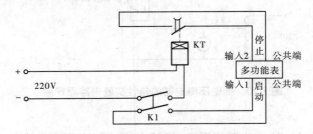

图2-21　时间继电器动作时间测试实验接线图

【任务准备】

(1)校内实训室DJZ-Ⅳ继电保护综合实验台、DS-10系列时间继电器等设备。

(2)熟悉DS-10系列时间继电器工作原理。

【任务实施】

(1)按图接好线路,将时间继电器的常开触点接在多功能表的"输入2"和"公共端",将开关K1的一条支路接在多功能表的"输入1"和"公共端",调整时间整定值,将静触点时间整定指针对准某一刻度中心位置,例如可对准2 s位置。

(2)合上三相电源开关,打开多功能表电源开关,使用其时间测量功能(对应"时间"指示灯亮),使多功能表时间测量工作方式选择开关置"连续"位置,按"清零"按钮使多功能表显示清零。

(3)先断开K1开关,合上直流电源开关,再迅速合上K1,采用迅速加压的方法测量动作时间。

(4)重复步骤(2)和(3),测量3次,将测量时间值记录于表2-4中,且第一次动作时间测量不计入测量结果中。

表2-4　时间继电器动作时间测试记录表

项目	整定值	1	2	3	平均	误差
t(ms)						

(5)实验完成后,断开所有电源开关。

(6)计算动作时间误差。

【课堂训练与测评】

(1)如何调整电磁型电流继电器的动作值?

(2)比较电流继电器、电压继电器的动作值和返回值大小。

(3)为什么过量继电器的返回系数总是小于1,欠量继电器的返回系数总是大于1?

【拓展提高】

进行多种继电器配合测试,记录各继电器的动作关系和返回关系。

将电流继电器、时间继电器、信号继电器、中间继电器、调压器、滑线变阻器等组合构成一个过电流保护。要求当电流继电器动作后,启动时间继电器延时,经过一定时间后,启动信号继电器发信号和中间继电器动作跳闸(指示灯亮)。

(1)按图 2-22 接线,将滑线变阻器的滑动触头放置在中间位置,实验开始后可以通过改变滑线变阻器的阻值来改变流入继电器电流的大小。将电流继电器动作值整定为 2 A,时间继电器动作值整定为 3 s。

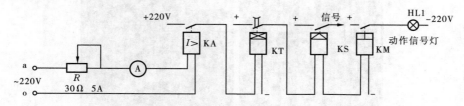

图 2-22　过电流保护实验原理接线图

(2)经检查无误后,依次合上三相电源开关、单相电源开关和直流电源开关(各电源对应指示灯均亮)。

(3)调节单相调压器输出电压,逐步增加电流,当电流表显示约为 1.8 A 时,停止调节单相调压器,改为慢慢调节滑线变阻器的滑动触头位置,使电流表数值增大直至电流继电器动作。仔细观察各种继电器的动作关系。

(4)调节滑线变阻器的滑动触头,逐步减小电流,直至信号指示灯熄灭。仔细观察各种继电器的返回关系。

(5)测试结束后,将调压器调回零,断开直流电源开关,然后断开单相电源开关和三相电源开关。

【课程思政】

继电器的检验与调试这一任务需要仔细耐心,十分考验工作人员的精益求精、科学求实的工匠精神。

任务三　互感器及其检验

互感器又被称为仪用变压器,包括电压互感器(TV)和电流互感器(TA)(见图 2-23),是一次电路和二次电路的联络元件,用以分别向测量仪表、继电器的电压绕组和电流绕组供电,正确反映电气元件的正常运行和故障情况。

【任务分析】

1.认识互感器,掌握其作用及使用注意事项。

2.互感器极性判别、选择与测试。

【知识链接】

一、互感器的作用

(1)将一次回路的高电压和大电流变为二次回路的标准的低电压(100 V)和小电流(5 A 或 1 A),使测量仪表和保护装置标准化、小型化,并使其结构轻巧、价格便宜,便于屏内安装。

图 2-23 电流互感器和电压互感器实物图

（2）将二次设备与高电压一次部分隔离，且互感器二次侧均接地，从而保证了设备和人员的安全。

（3）采用低压小截面电缆实现远距离控制和测量。

由于互感器的种类及原理已经在电气一次部分中介绍过，这里不再赘述。

码 2-12　微课-电流互感器

二、电流互感器的极性

电流互感器的结构、极性及相量图见图 2-24。

电流互感器的一次电流 I_1 与二次电流 I_2 之间有下列关系：

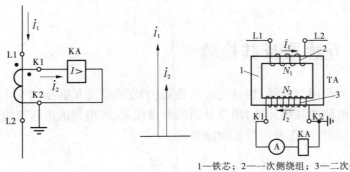

1—铁芯；2——次侧绕组；3—二次侧绕组

(a)TA的减极性标示方式　(b)TA的相量图　(c)结构图

图 2-24　电流互感器的结构、极性及相量图

$$\frac{I_1}{I_2} = \frac{N_2}{N_1} = K_{\text{TA}} \quad (\dot{I}_1 \text{ 和 } \dot{I}_2 \text{ 同相位}) \tag{2-6}$$

式中　N_1、N_2——电流互感器一、二次绕组匝数；

K_{TA}——电流互感器的电流比，一般表示为其一、二次的额定电流之比，即 $K_{\text{TA}} = I_{1\text{N}}/I_{2\text{N}}$，例如 100 A/5 A。

通常用 L1 和 K1、L2 和 K2 分别表示一、二次绕组的同极性端子。如只需标出相对极性关系,也可在同极性端子上标以"●"或"＊"号。电流互感器一次和二次绕组的极性习惯用减极性原则标注,即当一次、二次绕组中同时向同极性端子加入电流时,它们在铁芯中所产生的磁通方向相同。若 L1 和 K1(或 L2 与 K2)为同极性端,当一次电流从同极性端子 L1 流入时,则在二次绕组中感应出的电流应从同极性端子 K1 流出。

三、电流互感器的使用注意事项

(1)极性连接要正确。电流互感器一般按减极性标注,如果极性连接不正确,就会影响计量,甚至在同一线路有多台电流互感器并联时,会造成短路事故。

(2)二次回路应设保护性接地点,并可靠连接。为防止一、二次绕组之间绝缘击穿后高电压窜入低压侧危及人身和仪表安全,电流互感器二次侧应设保护性接地点。接地点只允许接一个,一般将靠近电流互感器的箱体端子接地。

(3)运行中二次绕组不允许开路,否则会导致二次侧出现高电压,危及人身和仪表安全。同时出现过热,可能烧坏绕组,且增大计量误差。

(4)用于电能计量的电流互感器的二次回路,不应再接继电保护装置和自动装置等,以防止互相影响。

四、电流互感器的接线方式

电流互感器的接线方式是指电流继电器线圈与电流互感器二次绕组之间的连接方式。为了便于分析和保护的整定计算,引入接线系数 K_{con},它是流入继电器的电流 I_r 与电流互感器二次绕组电流 I_2 的比值,即

码 2-13 音频-电流互感器接线方式

$$K_{con} = \frac{I_r}{I_2} \qquad (2-7)$$

(一)三相三继电器完全星形接线

三相三继电器完全星形接线是将三只电流继电器分别与三只电流互感器相连接,如图 2-25 所示,又称完全星形接线。它能反映各种短路故障,流入继电器的电流与电流互感器二次绕组电流相等,其接线系数在任何短路情况下均等于 1。这种接线方式所需的电流互感器及电流继电器数目较多,但是它可以提高保护动作的可靠性和灵敏性。因此,这种接线方式广泛应用于发电机、变压器等大型贵重电气设备的保护中。此外,在中性点直接接地电网中,这种接线可反映相间短路和单相接地短路。但实际上考虑到这种电网的单相接地短路采用了专用的零序电流保护,因而在中性点直接接地电网中采用三相三继电器完全星形接线方式并不多。

(二)两相两继电器(或两相三继电器)不完全星形接线

两相两继电器接线方式将两只电流继电器分别与设在 A、C 相的电流互感器连接,如图 2-26 所示,又称不完全星形接线。由于 B 相没有装设电流互感器和电流继电器,因此它不能反映单相短路,只能反映相间短路,其接线系数在各种相间短路时均为 1。此接线方式主要用于小接地电流系统,作相间短路保护用。

由于两相两继电器接线中,B 相没有装电流互感器,不能反映该相的电流,其灵敏系数是采用三相三继电器接线保护的一半。为了克服这一缺点,可在两相两继电器接线的

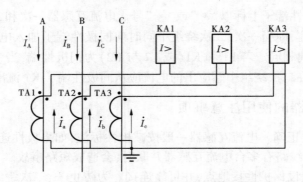

图 2-25　三相三继电器完全星形接线图

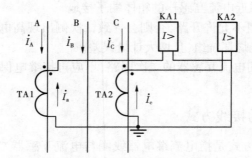

图 2-26　两相两继电器不完全星形接线图

中性线上再加一个继电器,构成两相三继电器不完全星形接线,如图 2-27 所示。第三个继电器接在中性线上,流过的是 A、C 两相电流互感器二次电流的和,即 $\dot{I}_r = \dot{I}_a + \dot{I}_c = -\dot{I}_b$,即反映 B 相电流,从而可将保护的灵敏度提高 1 倍。

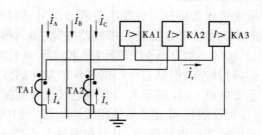

图 2-27　两相三继电器不完全星形接线图

　　两相两继电器(或两相三继电器)不完全星形接线方式较为简单、经济,并且在分布很广的中性点非直接接地电网中,不同线路不同相两点接地短路发生在并联线路上的可能性要比发生在串联线路上的可能性大得多,在这种情况下,采用两相不完全星形接线方式可保证有 2/3 的机会只切除一条线路,以提高供电的可靠性。这一点比三相三继电器完全星形接线方式优越得多,因此这种接线方式广泛用于中性点直接接地和中性点非直接接地电网的相间短路保护中。

(三)两相一继电器电流差接线

两相一继电器接线方式如图 2-28(a)所示,流入继电器的电流为两电流互感器二次绕组电流之差,$\dot{I}_r = \dot{I}_a - \dot{I}_c$,因此又称两相电流差接线。

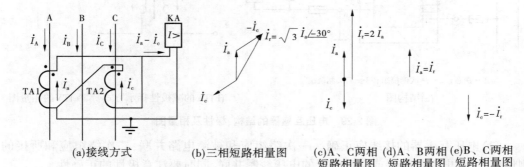

(a)接线方式　　　　(b)三相短路相量图　　(c)A、C两相 (d)A、B两相 (e)B、C两相
　　　　　　　　　　　　　　　　　　　　短路相量图　短路相量图　短路相量图

图 2-28　两相一继电器接线及相量图

正常工作或三相短路时,三相电流对称,流入继电器的电流为电流互感器二次绕组电流的 $\sqrt{3}$ 倍,即 $K_{con} = \sqrt{3}$,如图 2-28(b)所示。A、C 两相短路时,A 相和 C 相电流大小相等,方向相反,所以 $K_{con} = 2$,如图 2-28(c)所示;A、B 或 B、C 两相短路时,由于 B 相无电流互感器,流入继电器的电流与电流互感器二次绕组电流相等,所以 $K_{con} = 1$,如图 2-28(d)和(e)所示。可见这种接线可反映各种相间短路,但其接线系数随短路种类不同而不同。

对于两相一继电器电流差接线方式,虽然存在灵敏系数随故障类型而变的缺点,但它所用的继电器少、接线简单、投资省,容量小的电动机、10 kV 及以下线路的电流保护和并联电容器的横差动保护等可用此种接线。

五、电压互感器的极性

电压互感器的一次电压 U_1 与二次电压 U_2 之间有下列关系

$$\frac{U_1}{U_2} = \frac{N_1}{N_2} = K_{TV} \qquad (2-8)$$

式中　N_1、N_2——电压互感器一、二次绕组的匝数;

$\quad\quad\;\; K_{TV}$——电压互感器的电压比,一般表示为其额定一、二次电压,即 $K_{TV} = U_{1N}/U_{2N}$,例如 10 000 V/100 V。

电压互感器一、二次绕组间的极性与电流互感器一样,按照减极性原则标注。如图 2-29 所示,用相同脚标表示同极性端子,当只需标出相对极性关系时,也可在同极性端子上示以"●"或"*",电压互感器一、二次绕组各电量归算至同一侧时,$\dot{U}_1$ 与 $\dot{U}_2$ 大小相等、方向相同。

六、电压互感器的使用注意事项

(1)电压互感器在投入运行前要按照规程规定的项目进行实验检查,例如测极性、测连接组别、测绝缘、核相序等。

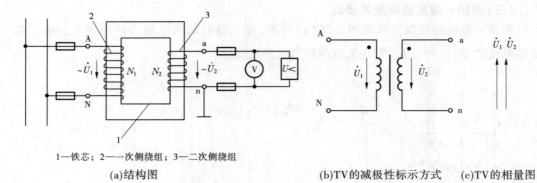

1—铁芯；2——次侧绕组；3—二次侧绕组

(a)结构图　　　　　　　(b)TV的减极性标示方式　　(c)TV的相量图

图 2-29　电压互感器的结构、极性及相量图

（2）电压互感器的接线应正确。一次绕组应和被测电路并联，二次绕组应和所接的测量仪表、继电保护装置或自动装置的电压线圈并联，同时要注意极性的正确性。

（3）接在电压互感器二次侧的负荷不应超过其额定容量，否则会使互感器的误差增大，难以保证测量的准确性。

（4）电压互感器二次侧不允许短路。电压互感器内阻抗很小，若二次回路短路，会出现很大的电流，将损坏二次设备，甚至危及人身安全。电压互感器可以在二次侧装设熔断器，以保护其自身不因二次侧短路而损坏。在可能的情况下，一次侧也应装设熔断器，以保护高压电网不因互感器高压绕组或引线故障危及一次系统的安全。

（5）为了确保人在接触测量仪表和继电器时的安全，电压互感器二次绕组必须有一点接地。因为接地后，当一次绕组和二次绕组间的绝缘损坏时，可以防止仪表和继电器出现高电压危及人身安全。

七、电压互感器的接线方式

电压互感器的接线方式是指电压继电器线圈与电压互感器二次绕组之间的连接方式。在这里主要介绍反映相间短路的几种常用的基本接线方式。

码 2-14　音频-电压互感器接线方式

（一）星形接线

这种接线可由三台单相电压互感器或一台三相电压互感器构成。用一台三相电压互感器构成的星形接线如图 2-30 所示，其一、二次绕组的两个末端分别接在一起，并在同一点接地。这种接线方式能满足继电保护装置取用相电压和线电压的要求。

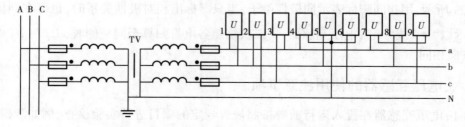

图 2-30　电压互感器的星形接线图

(二)不完全星形接线

由两台单相电压互感器组成不完全星形接线,又称 V/V 接线,如图 2-31 所示。电压互感器的一次绕组不允许接地,二次绕组采用 b 相接地,作为保护接地。这种接线只用两台单相电压互感器就可得到三个线电压,比采用三相星形接线经济,能满足继电保护装置取用线电压的要求,它的缺点是不能测量相电压。

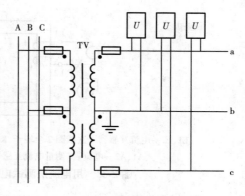

图 2-31　两台单相电压互感器组成的不完全星形接线图

(三)$Y_0/Y_0/\triangle$ 接线

这种接线可由一台三相五柱式三绕组电压互感器或三台单相三绕组电压互感器构成,如图 2-32 所示,它既能测量线电压、相电压,又能测量零序电压,可组成绝缘监视装置供单相接地保护用。它有两组二次绕组星形接线的一组称为基本二次绕组,用来接继电器和绝缘监视电压表,开口三角形接线的二次绕组称为辅助二次绕组,用来接绝缘监视用的电压继电器。

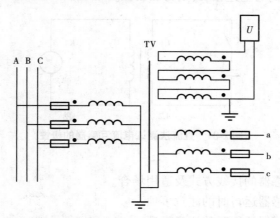

图 2-32　一台三相五柱式三绕组电压互感器组成的 $Y_0/Y_0/\triangle$ 接线图

【任务准备】

(1)学员接受任务,学习相关知识,查阅相关资料。

(2)学员分组,工器具及备品备件、材料准备。

【任务实施】

1.测试电流互感器的变比

用电流法测试电流互感器变比。接线如图 2-33 所示,电流源包括 1 台调压器、1 台升流器。

电流法的优点是基本模拟电流互感器的实际运行(仅二次负荷的大小有差别),从原理上讲是一种容易理解的实验方法。但随着系统容量增加,电流互感器的电流越来越大,可达数万安培,所以实际应用时,电流法对于测试大电流系统误差较大,效果可能不佳。

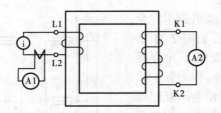

L1、L2—电流互感器一次线圈2个端子；K1、K2—电流互感器二次线圈2个端子；

A1、A2—电流表(测量电流互感器一、二次电流)；①—电流源

图 2-33　用电流法测试电流互感器变比的接线图

2. 测试电流互感器的极性

直流法测试电流互感器的极性如图 2-34 示，将互感器一次线圈的 L1 接于 1.5~3 V 干电池的正极，L2 接于负极。互感器的二次侧 K1 接毫安表正极，K2 接毫安表负极。接好线后，将 K 合上，毫安表指针正偏，将 K 断开，毫安表指针负偏，说明互感器接在电池正极上的端头与接在毫安表正极上的端头为同极性，即 L1、K1 为同极性，说明互感器为减极性。若指针摆动方向与上述相反，则为加极性。

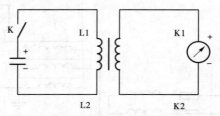

图 2-34　直流法测试电流互感器的极性

【课堂训练与测评】

(1)说明电流互感器的接线方式及适用场合。

(2)简述电流互感器运行时的注意事项。

(3)简述电压互感器运行时的注意事项。

【拓展提高】　测量电压互感器的绝缘电阻

(1)用 2 500 V 兆欧表测量，测量前对被测绕组进行充分放电。

(2)接线：电磁式电压互感器需拆开一次绕组的高压端子和接地端子，拆开二次绕组。测量电容式电压互感器中间变压器的绝缘电阻时，须将中间变压器一次线圈的末端打开，将二次绕组端子上的外接线全部拆开。

(3)驱动兆欧表达额定转速，或接通兆欧表电源开始测量，待指针稳定(或 60 s)后，读取绝缘电阻值。读取绝缘电阻值后，先断开被测绕组的连接线，再使兆欧表停止运转。

(4)断开兆欧表后应对被测电压互感器进行放电接地。

(5)将测试结果与出厂值或初始值比较应无明显差别。测试时应记录环境温度。

任务四　认识变换器和滤过器

　　在整流型、晶体管型和微机型继电保护装置中,常常需要将互感器二次侧的电流、电压进一步变小,以适应弱电元件的要求,这就需要采用变换器,见图2-35。

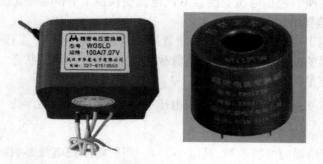

图2-35　电压变换器与电流变换器实物图

　　为了使保护装置能够反映对称分量而动作,有时需要取出有关相序的电流、电压分量或它们的组合,这就需要采用对称分量滤过器。

【任务分析】

　　1.认识变换器。

　　2.熟悉变换器、滤过器的作用、分类和工作原理。

【知识链接】

　　变换器和滤过器在电力系统中的作用如图2-36所示。

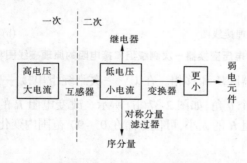

图2-36　变换器和滤过器的作用

一、变换器

(一)变换器的作用

　　(1)电路的隔离和电磁屏蔽。由于互感器的二次绕组必须安全接地,而继电保护装置的内部直流回路不允许接地,因此需要通过测量变换器,将它们从电气上进行隔离和电磁屏蔽,以保证人身及保护装置内部弱电元件的安全,减少来自高压设备对弱电元件的干扰。

（2）电量的变换。将互感器二次侧的高电压（100 V）、大电流（5 A/1 A）转换成低电压（±5 V）、小电流（0~20 mA/4~20 mA），以适应保护测量元件的需要。

（3）定值的调整。借助于测量变换器一次绕组或二次绕组抽头的改变，实现保护整定值的调整，或扩大整定值的范围。

（4）用于电量的综合处理。将多个电量综合成单一电量有利于简化保护。

常用的测量变换器包括电压变换器 UV、电流变换器 UA 和电抗变换器 UX。

（二）电压变换器 UV

电压变换器用于将一次电压变换成装置所需要的二次电压。工作原理与电压互感器的完全相同，二次绕组负载阻抗很大，接近开路状态。其原理接线图与相量图如图 2-37 所示。

码 2-15　视频-电压变换器

电压变换器二次侧电压 $\dot{U}_2$ 与一次侧电压 $\dot{U}_1$ 的关系可近似表示为

$$\dot{U}_2 = K_u \dot{U}_1 \tag{2-9}$$

其中，K_u 为电压变换器的变换系数，其值小于 1。当忽略励磁电流影响时，二次侧电压 $\dot{U}_2$ 与一次侧电压 $\dot{U}_1$ 同相位。

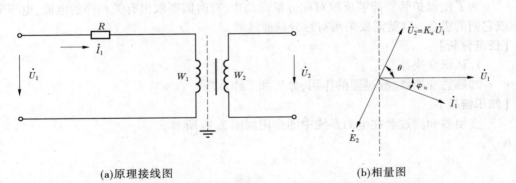

(a)原理接线图　　　　　　　　　(b)相量图

图 2-37　电压变换器一次侧绕组串接电阻的原理接线图和相量图

可以利用电压变换器降压和移相。在 UV 一次侧绕组串接一个电阻 R，这样 $\dot{U}_2$ 将超前 $\dot{U}_1$ 一个 θ 角，如图 2-37（b）所示。改变电阻 R 的大小，可使 θ 角改变。改变电阻 R 的大小，可使 θ 角在 0°~90° 范围内变化。

码 2-16　视频-电流变换器

（三）电流变换器 UA

电流变换器的主要作用是将一次侧电流 $\dot{I}_1$ 变换为一个与之成正比的二次侧电压 $\dot{U}_2$，工作原理与电流互感器的完全相同，它的输出电压与输入电流成正比，且同相位。它由一台小型电流互感器和并联在二次侧的小负载电阻 R 所组成，如图 2-38 所示。

电流变换器二次侧电压可近似表示为

$$\dot{U}_2 = \dot{I}_2 R = \dot{I}_1 R / K_{TA} = K_i \dot{I}_1 \tag{2-10}$$

其中，$K_i = \dfrac{R}{K_{TA}}$，为电流变换器的变换系数。

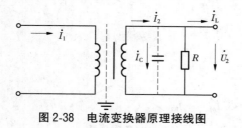

图 2-38　电流变换器原理接线图

（四）电抗变换器 UX

码 2-17　视频-电抗变换器

电抗变换器 UX 的作用是将由电流互感器输入的一次侧电流 $\dot{I}_1$ 转换成与其成正比的输出二次侧电压 $\dot{U}_2$。电抗变换器是一种铁芯带有气隙的特殊电流变换器,调节电抗变换器一、二次绕组的匝数可以改变二次输出电压 $\dot{U}_2$。电抗变换器的原理接线图及等值电路、相量图如图 2-39 所示。

需要注意:电流变换器与电抗变换器都是将一次侧电流成比例地变

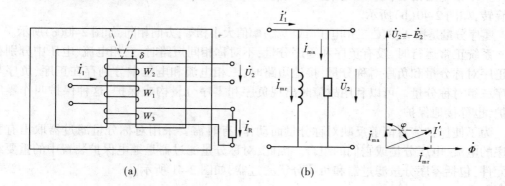

图 2-39　电抗变换器的原理接线图及等值电路、相量图

换成二次侧电压的,但是在应用上有些不同。电流变换器的铁芯没有气隙,其励磁阻抗很大,磁路易饱和,其二次绕组所接的负载阻抗很小,励磁电流可以忽略,其二次输出电压波形基本保持了一次侧电流信号的波形。而电抗变换器铁芯具有气隙,励磁阻抗数值很小,磁路不易饱和,线性变换范围较宽,并且二次绕组负载阻抗很大,电抗变压器在工作时接近开路状态。电抗变换器输入电流和输出电压的公式如下:

$$\dot{U}_2 = \dot{K}_{ur}\dot{I}_1 \tag{2-11}$$

式中　$\dot{K}_{ur}$ ——电抗变换器的变换系数,其值是具有阻抗量纲的复数。

若要电抗变换器具有移相作用,可在其另外一个二次绕组 W_3 中接入可变的移相电阻 R_φ,改变 R_φ 的大小,可改变 $\dot{K}_{ur}$ 的相角。

二、对称分量滤过器

（一）交流电力系统的正序、负序和零序分量

对于任意一组不对称的三相电流(或电压),都可以按一定的方法把它们分解成一个正序分量 + 一个负序分量 + 一个零序分量,后者称为前者的对称分量,如图 2-40 所示。

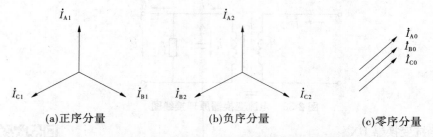

(a)正序分量　　　　　　　　(b)负序分量　　　　　　　(c)零序分量

图 2-40　正序分量、负序分量与零序分量相量图

当前世界上的交流电力系统一般都是 ABC 三相的,而电力系统的正序、负序、零序分量便是根据 ABC 三相的顺序来定的。

正序分量是指 A、B、C 三相电压(或电流)幅值大小相等,相位互差 120°,按顺时针方向旋转,如图 2-40(a)所示。

负序分量是指 A、B、C 三相电压(或电流)幅值大小相等,相位互差 120°,按逆时针方向旋转,如图 2-40(b)所示。

零序分量是指 A、B、C 三相电压(或电流)幅值大小相等,方向相同,如图 2-40(c)所示。

系统正常运行时,没有负序和零序分量;不对称相间短路时,三相电流、电压中分别存在正序对称分量和负序对称分量;接地短路时,三相电流和电压中分别存在正序、负序与零序三组对称分量。可以利用故障时出现负序和零序分量构成保护,这种保护叫作零序保护,也称接地保护。

为了使保护装置能够反映对称分量而动作,有时需要采用对称分量滤过器取出有关相序的电流、电压分量或它们的组合。因此,对称分量滤过器是继电保护装置中的重要组成元件,包括零序分量滤过器和负序分量滤过器,如图 2-41 所示。

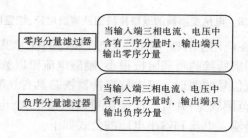

图 2-41　零序分量滤过器和负序分量滤过器的作用

若输入端加入不对称的三相电流或电压,而在其输出端只输出零序分量,则称零序分量滤过器。零序分量滤过器用于反映单相接地故障,包括零序电流滤过器和零序电压滤过器。

若输入端加入不对称的三相电流或电压,而在其输出端只输出负序分量,则称负序分量滤过器。负序分量滤过器用于反映两相短路故障,包括负序电流滤过器和负序电压滤过器。

(二)零序电流滤过器

零序电流滤过器的作用是获得零序电流。在输入端加三相电流,其中可能含有正序、负序和零序分量,而在其输出端只输出与其零序电流分量成正比的电流,用于反映接地短路的故障。零序电流滤过器由三台相同型号和相同变比的电流互感器构成,如图 2-42 (a)所示。

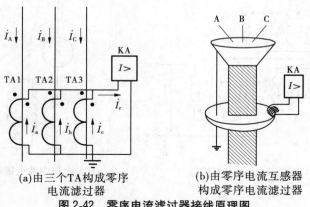

(a)由三个TA构成零序
电流滤过器

(b)由零序电流互感器
构成零序电流滤过器

图 2-42　零序电流滤过器接线原理图

三相对称短路时,$\dot{I}_r = \dot{I}_a + \dot{I}_b + \dot{I}_c = \dfrac{1}{K_{TA}}[(\dot{I}_A + \dot{I}_B + \dot{I}_C) - (\dot{I}_{mA} + \dot{I}_{mB} + \dot{I}_{mC})]$,因为 $\dot{I}_A + \dot{I}_B + \dot{I}_C = 0$,所以 $\dot{I}_r = -\dfrac{1}{K_{TA}}(\dot{I}_{mA} + \dot{I}_{mB} + \dot{I}_{mC}) = -\dot{I}_{unb}$,继电器输入电流 I_r 等于不平衡电流 I_{unb},其值很小。当发生接地故障时,TA 一次侧出现零序分量电流,二次侧才有 $3I_0$ 输出。继电器输入电流 $I_r = 3I_0$。

对于采用电缆引出的送电线路,广泛采用零序电流互感器的接线获得零序电流,如图 2-42(b)所示。为防止故障电流沿电缆铅皮由电缆头接地线入地,使继电器因无电流流过而拒绝动作,电缆铅皮和铠装从电缆头至零序电流互感器一段应与地绝缘,电缆头接地线必须穿过零序电流互感器后接地。采用零序电流互感器的优点是没有不平衡电流,同时接线也简单。

(三)零序电压滤过器

零序电压滤过器的作用是获得零序电压。在输入端加三相电压,其中可能含有正序、负序和零序分量,而在其输出端只输出与其零序电压分量成正比的电压。零序电压滤过器由三个单相电压互感器或三相五柱式电压互感器构成,如图 2-43(a)所示。

当忽略电压互感器误差时,开口三角形绕组输出电压为:

$$\dot{U}_{mn} = \dot{U}_a + \dot{U}_b + \dot{U}_c = \frac{1}{K_{TV}}(\dot{U}_A + \dot{U}_B + \dot{U}_C) = \frac{3\dot{U}_0}{K_{TV}} \qquad (2-12)$$

正常运行时,三相电压对称,电压滤过器输出为零,即 $U_{mn} = 0$,单相接地短路时输出零序电压 $3U_0/K_{TV} = 100 \text{ V}$。

零序电压滤过器也可由发电机中性点接地电压互感器或加法器构成,如图 2-43(b)、(c)所示。

(四)负序电压滤过器

在输入端加三相电压,其中可能含有正序、负序和零序分量,而在其输出端只输出与其负序电压分量成正比的电压。负序电压滤过器用于反映不对称短路故障。单相阻容式

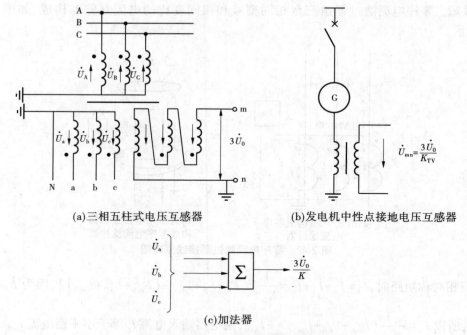

(a)三相五柱式电压互感器　　　　(b)发电机中性点接地电压互感器

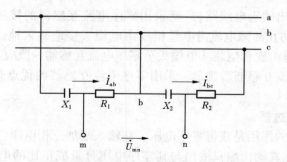

(c)加法器

图 2-43　零序电压滤过器接线原理图

负序电压滤过器由两个电阻-电容器臂(移相臂)组成,其原理如图 2-44 所示。

图 2-44　单相阻容式负序电压滤过器原理接线

　　两个阻容臂 R_1、X_1 和 R_2、X_2 分别接于线电压,而线电压不存在零序分量。因此,当输入零序电压时,滤过器的输出电压为零,即输出电压 $U_{mn} = 0$。

　　当输入三相正序电压时,因为 $R_1 = \sqrt{3}X_1$,$X_2 = \sqrt{3}R_2$,滤过器的输出电压 $U_{mn1} = 0$。输出电压中无正序电压。

　　当输入三相负序电压时,负序电压相序与正序相反,此时滤过器的输出电压为输入电压的 1.5 倍,即 $U_{mn2} = 1.5U_{ab2}$,且其相位超前输入电压 $\dot{U}_{ab2}60°$。

(五)负序电流滤过器

　　负序电流滤过器输入的是三相电流,输出的是与输入负序电流分量成正比的单相电压,并从原理接线上应保证正序电流和零序电流不能通过滤过器。常用的负序电流滤过器有感抗移相式负序电流滤过器和电容移相式电流滤过器两类。

感抗移相式负序电流滤过器如图 2-45 所示。负序电流滤过器由电流变换器 UA 和电抗变换器 UX 两部分组成,其中,电抗变换器 UX 的一次侧有两个匝数相同的线圈,即 $W_B = W_C$,分别通入 $\dot{I}_B$ 和 $-\dot{I}_C$,其二次侧输出电压为 $\dot{U}_{BC} = j(\dot{I}_B - \dot{I}_C)X_1$,$X_1$ 为转移电抗。

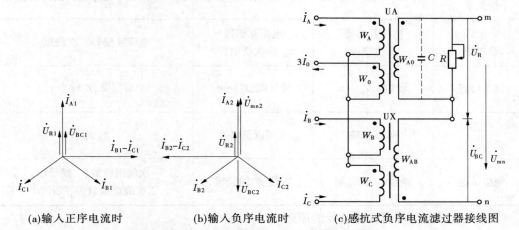

(a)输入正序电流时　　　　(b)输入负序电流时　　　(c)感抗式负序电流滤过器接线图

图 2-45　感抗移相式负序电流滤过器接线图

电流变换器 TA 有两个一次线圈 W_A 和 W_0,并且 $W_A = 3W_0$,分别通入 $\dot{I}_A$ 和 $3\dot{I}_0$,其二次侧输出电压为 $\dot{U}_R$。负序电流滤过器输出电压为 $\dot{U}_R$ 与 $\dot{U}_{BC}$ 的相量差,即 $\dot{U}_{mn} = \dot{U}_R - \dot{U}_{BC}$。

(1)当加入零序电流时,由于 $\dot{I}_A = \dot{I}_B = \dot{I}_C = \dot{I}_0$,$W_A = 3W_0$,$W_B = W_C$,所以滤过器输出电压 $U_{mn0} = 0$。电流变换器、电抗变换器的一次磁势互相抵消,故不反映零序分量。

(2)当加入正序电流时,$\dot{U}_{BC1}$ 超前($\dot{I}_{B1} - \dot{I}_{C1}$)90°,$\dot{U}_{R1}$ 和 $\dot{I}_{A1}$ 同相位,如图 2-45(a)所示。

若 $\dot{U}_{R1} = \dot{U}_{BC1}$,滤过器的输出电压为 $\dot{U}_{mn1} = \dot{U}_{R1} - \dot{U}_{BC1} = 0$,即不反映正序电流。

$$\dot{U}_{mn1} = \frac{1}{K_{UA}}\dot{I}_{A1}R - j(\dot{I}_{B1} - \dot{I}_{C1})X_1 = \dot{I}_{A1}\left(\frac{R}{K_{UA}} - \sqrt{3}X_1\right) \tag{2-13}$$

取参数 $R = \sqrt{3}K_{UA}X_1$,则 $\dot{U}_{mn1} = 0$。

(3)当加入负序电流时,如图 2-45(b)所示,$\dot{U}_{BC2}$ 与 $\dot{U}_{R2}$ 相位差为 180°,滤过器的输出电压为

$$\dot{U}_{mn2} = \frac{1}{K_{UA}}\dot{I}_{A2}R - j(\dot{I}_{B2} - \dot{I}_{C2})X_1 = \dot{I}_{A2}\left(\frac{R}{K_{UA}} + \sqrt{3}X_1\right) = \frac{2R}{K_{UA}}\dot{I}_{A2} \tag{2-14}$$

其中,K_{UA} 为电流变换系数。可见,如果取 $R = \sqrt{3}K_{UA}X_1$,则滤过器的输出电压 $\dot{U}_{mn2}$ 与输入负序电流成正比。

【任务准备】

学员接受任务,学习相关知识,查阅变换器和滤过器相关技术手册。

【任务实施】

(1)比较三种测量变换器(见表 2-5)。

表 2-5　三种测量变换器比较

变换器种类	电压变换器 UV	电流变换器 UA	电抗变换器 UX
电量变换关系	$\dot{U}_2 = K_u \dot{U}_1$，$K_u$ 是实数	$\dot{U}_2 = K_i \dot{I}_1$，$K_i$ 是实数	$\dot{U}_2 = \dot{K}_{ur} \dot{I}_1$，$\dot{K}_{ur}$ 是量纲为阻抗的复数
一次绕组接于	电压互感器二次绕组	电流互感器二次绕组	电流互感器二次绕组
铁芯特点	无气隙，$Z'_\mu \to \infty$	无气隙，$Z'_\mu \to \infty$	有气隙，Z'_μ 较小
一、二次绕组漏抗	可以忽略	可以忽略	较大
绕组情况	匝数多、线径细	匝数多、线径粗	一次绕组匝数少、线径粗；二次绕组匝数多、线径细

(2)分组讨论变换器和滤过器的原理。

【课堂训练与测评】

(1)变换器和滤过器的作用是什么?

(2)简述电流变换器和电抗变换器的区别。

任务五　认识微机保护装置

随着城市的扩大、工业生产的发展和人民生活水平的提高,电力系统的容量增大、供电可靠性的要求也日趋提高,常规的模拟式继电保护难以满足系统可靠性对保护的要求。微机继电保护简称微机保护,是数字式继电保护,是基于可编程数字电路技术和实时数字信号处理技术实现的电力系统继电保护,由于性能优越,已经逐渐取代传统保护。目前微机保护装置在电力系统中已占据主导地位,在发达国家,微机保护占现有保护的70%以上。

【任务分析】

1.认识微机保护装置(见图 2-46)。

2.对 YHB-Ⅳ型微机保护装置进行硬件检查、电源检查以及参数设置。

【知识链接】

一、常规保护的缺点

常规的模拟式继电保护难以满足系统可靠性对保护的要求,主要表现在:

(1)没有自诊断功能,元件损坏不能及时发现,易造成严重后果。

(2)动作速度慢,一般超过 0.02 s。

(3)定值整定和修改不便,准确度不高。

(4)难以实现新的保护原理或算法。

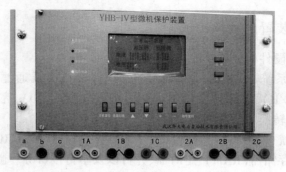

码 2-18　图片-
YHB-Ⅳ微机
保护装置

图 2-46　YHB-Ⅳ型微机保护装置

（5）体积大、元件多、维护工作量大。

二、微机继电保护装置的特点

与常规模拟式继电保护相比，微机继电保护特点如下。

（一）维护调试方便

保护功能是由程序完成的，只要程序和设计时一样，就必然会达到设计时的要求，不用逐台检验每一种功能是否正确。微机保护具有很强的自检功能，一旦发现硬件损坏就会发出警报。

（二）可靠性高

可靠性是继电保护的基本要求，微机保护可以改善和提高继电保护的动作特征和性能，动作正确率高。主要表现在能得到常规保护不易获得的特性；其很强的记忆力能更好地实现故障分量保护；可引进自动控制、新的数学理论和技术，如自适应、状态预测、模糊控制及人工神经网络等，其运行正确率很高也已在运行实践中得到证明。

（三）易于扩充其他辅助功能

可以方便地附加其他辅助功能，如低频减载、自动重合闸、故障录波、故障测距等，有助于运行部门对事故的分析和处理。

（四）灵活性大

微机保护装置的人机界面做得越来越好，简单方便，缩短了维修时间。例如汉化界面、微机保护的查询、整定更改及运行方式改变等都十分灵活方便。

（五）保护性能得到很好改善

由于计算机软件可方便改写的特点，保护的性能可以通过研究许多新的保护原理来得到改善。

（六）具有远方监控特性

微机保护装置都具有串行通信功能，与变电所微机监控系统的通信联络使微机保护具有远方监控的特点，并可将微机保护纳入变电所综合自动化系统。

三、微机保护装置的硬件构成

微机保护装置的硬件构成按功能可划分为三大部分：

码 2-19　微课-
微机保护装置

（1）模拟量输入系统（数据采集系统）：包括电压形成、低通滤波（LPF）、采样/保持（S/H）、多路转换（MPX）以及模数转换（A/D），完成将模拟输入量准确地转换为所需的数字量。

（2）计算机主系统（CPU）：包括微处理器（MPU）、只读存储器（ROM）或闪存内存单元（FLASH）、随机存取存储器（RAM）、定时器、并行以及串行接口等。微处理器执行存放在程序存储器中的保护程序，对由数据采集系统输入至随机存取存储器中的数据进行分析处理，以完成各种继电保护功能。

（3）开关量（数字量）输入/输出系统：由并行接口（PIA 或 PIO）、光电隔离器件及有触点的中间继电器等组成，完成保护的出口跳闸、信号警报、外部触点输入及人机对话等功能。

除以上三大部分外，还有通信接口（包括通信接口电路及接口，以实现多机通信或联网）、电源系统（将 220 V 或 110 V 直流电源变换成供给微处理器、数字电路、模数转换芯片及继电器所需要的弱电电压，有 ±12 V、±24 V、±5 V 等）。

图 2-47 为一种典型的微机保护装置硬件结构框图，主要工作原理如下：

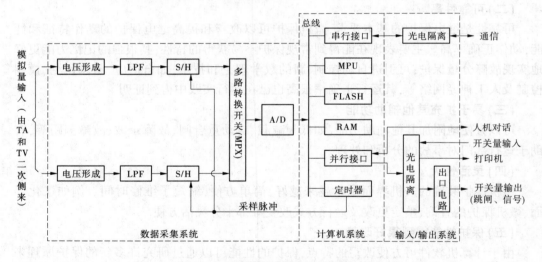

图 2-47　微机保护装置硬件结构框图

被保护元件的模拟量（交流电压、电流）经电流互感器 TA 和电压互感器 TV 进入到微机继电保护的模拟量输入通道。由于需要同时输入多路电压或电流（如三相电压和三相电流），因此要配置多路输入通道。在输入通道中，电量变换器将电流和电压变成适用于微机保护用的低电压量（±5～±10 V），再由模拟低通滤波器（LPF）滤除直流分量、低频分量和高频分量及各种干扰波后，进入采样保持电路（S/H），将一个在时间上连续变化的模拟量转换为时间上的离散量，完成对输入模拟量的采样。通过多路转换开关（MPX）将

多个输入电气量按输入时间前后分开,依次送到模数转换器(A/D),将模拟量转换为数字量进入计算机系统进行运算处理,判断是否发生故障,通过开关量输出通道,经光电隔离电路送到出口继电器,发出跳闸脉冲给断路器跳闸绕组 YR,使断路器跳闸,切除系统故障部分。人机接口部件的作用是建立起微机保护与使用者之间的信息联系,以便对装置进行人工操作、调试和得到反馈信息。外部通信接口部件的作用是提供计算机局域通信网络以及远程通信网络的信息通道。

软件部分是根据保护工作原理和动作要求编制计算程序,不同原理的保护其计算程序不同。微机保护的计算程序是根据保护工作原理的数学模型即数学表达式来编制的。这种数学模型称为计算机继电保护的算法,通过不同的算法可以实现各种保护功能。

对上述硬件构成中的三个主要部分的具体分析如下。

(一)模拟量输入系统(数据采集系统)

数据采集系统的作用是将电流、电压的模拟信号转换为数字信号,以便保护分析计算,进而确定保护的动作行为。

微机保护要从被保护电力线路的电流互感器、电压互感器取得电流、电压信息,必须把这些电流互感器、电压互感器的二次电流、电压(5 A 或 1 A、100 V)进一步变换降低为 ±5 V 范围内的电压信号,供微机保护的模数转换芯片使用。把反映电气设备的运行模拟电气量以数字量的形式送入微型机,供继电保护功能程序使用,实现对电气设备的继电保护。数据采集系统原理如图 2-48 所示。

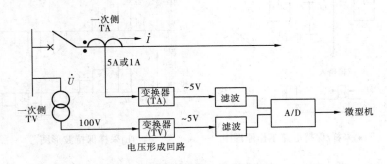

图 2-48 数据采集系统原理

1. 电压形成回路

1)输入电压的电压形成回路

把一次电压互感器输出的二次额定 100 V 电压变换成最大 ±5 V 模拟电压信号,供模数转换芯片使用,可以采用电压变换器实现。

2)输入电流的电压形成回路

把一次电流互感器输出的二次额定 5 A/1 A 电流变换成最大 ±5 V 模拟电压信号,供模数转换芯片使用,可以采用电流变换器或电抗变换器实现。

2. 采样/保持电路

采样/保持电路又称 S/H(Sample/Hold)电路,其作用是在一个极短的时间内测量模拟输入量在该时刻的瞬时值,并在模拟数字转换器进行转换的期间保持其输出不变。

　　模拟信号进行 A/D 转换时，从启动转换到转换结束输出数字量，需要一定的转换时间。在这个转换时间内，模拟信号要保持不变，否则转换精度没法保证。特别当输入信号输入频率较高时，会造成很大的转换误差。要防止这种误差的产生，必须在 A/D 转换开始时将输入信号的电平保持住，而在 A/D 转换结束后又能跟踪输入信号的变化。能完成这种功能的器件叫采样/保持器。采样/保持器在保持阶段相当于一个"模拟信号存储器"。

　　采样/保持电路的工作原理可用图 2-49 说明。采样/保持电路的输入电压为 u_{sr}，输出电压为 u_{sc}，采样/保持电路由一个电子模拟开关 AS、电容 C 和两个阻抗变换器构成。电容 C 的作用是记忆 AS 闭合时刻的电压，并在 AS 打开后保持该电压。开关 AS 受逻辑输入端电平控制。在高电平时 AS"闭合"，此时电路处于采样状态，C 迅速充电或放电到采样时刻电压值。AS 的闭合时间应满足使 C 有足够的充电和放电时间，即采样时间。

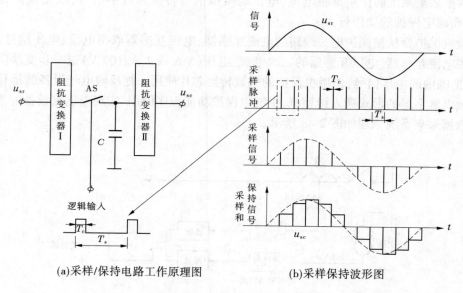

(a)采样/保持电路工作原理图　　　　　(b)采样保持波形图

u_{sr}—输入电压；u_{sc}—输出电压；T_c—采样脉冲宽度；T_s—采样间隔(采样周期)

图 2-49　采样/保持电路和采样/保持过程示意图

　　为缩短采样时间采用阻抗变换器 Ⅰ，它在输入端呈现高阻抗，输出端呈现低阻抗，使电容 C 上电压能迅速跟踪 U_{sr} 值。AS 打开时，电容 C 上保持住 AS 打开瞬时的电压，电路处于保持状态。同样，为提高保持能力，电路中应用了另一个阻抗变换器 Ⅱ，它对 C 呈现高阻抗，而输出阻抗低，以增强带负荷能力。采用保持电路输出了一个阶梯电压波形。在保持阶段无论何时进行模数转换，都反映了采样值。

　　3. 模拟低通滤波器(LPF)

　　低通滤波器(Low Pass Filter)又称 LPF。电力系统故障初期，电流、电压中可能含有相当高的频率分量(如 2 kHz 以上)，而目前大多数微机保护原理都是反映 50 Hz 工频分量的。因此，在采样保持前用一个模拟低通滤波器把高频分量过滤掉，防止高频分量混叠到工频来。最简单的模拟低通滤波器是 RC 低通滤波器，如图 2-50 所示。

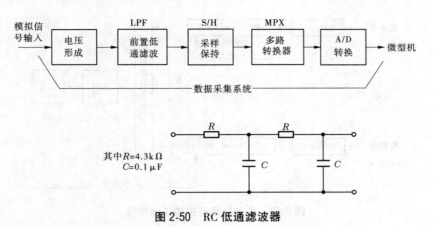

图 2-50　RC 低通滤波器

4. 模拟量多路转换开关(MPX)

对于反映两个量以上(如反映阻抗、功率方向等)的继电保护装置,都要求对各个模拟量同时采样,当需要对多个模拟量进行模数变换时,由于模数转换器(A/D 转换器)的价格较贵,通常不是每个模拟量输入通道设置一个 A/D 转换器,而是多路输入模拟量共用一个 A/D 转换器,中间经过多路转换开关 MPX(Multiplex)切换。多路转换开关包括选择接通路数的二进制译码电路和由它控制的各路电子开关,它们被集成在一个电路芯片中。图 2-51 所示为 AD7506 型 16 路多路转换开关芯片的内部电路组成框图,EN(Enable)端为芯片选择线,设置 EN 是为了便于控制 2 个或更多个 AD7506 型多路转换开关芯片,以扩充多路转换开关的路数。图 2-51 中,A0~A3 为路数选择线,接 CPU;S1~S16 为模拟量输入端;AS1~AS16 为电子开关;EN 为始能端;"输出"为模拟量输出端。

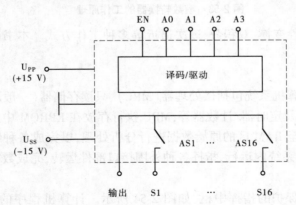

图 2-51　AD7506 型 16 路多路转换开关芯片的内部电路组成框图

模拟量多路转换开关(MPX)最重要的部分是电子开关 AS,它是用数字电子逻辑控制模拟信号通断的一种电路,通常是由双极型晶体管(BJT)、结型场效应晶体管(J-FET)或金属氧化物半导体场效应管(MOS-FET)等组成的电子开关。工作原理如图 2-52 所示。

5. 模数转换器

模数转换器(A/D 转换器或称 ADC)是实现计算机控制的关键技术,是将模拟量转变

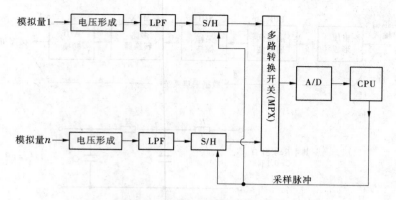

图 2-52　多路转换开关的工作原理

成计算机能够识别的数字量的桥梁。由于计算机只能对数字量进行运算,而电力系统中的电流、电压信号均为模拟量,因此必须采用模数转换器将连续的模拟量转变为离散的数字量。工作原理如图 2-53 所示。

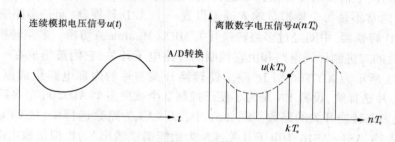

图 2-53　模数转换器的工作原理

模数转换器有线性变换、双积分、逐次逼近等多种工作方式。本书因篇幅有限,就不详细介绍了。

(二)计算机系统

微机保护装置计算机系统包括微处理器(MPU)、只读存储器(一般用 EPROM)、随机存取存储器(RAM)以及定时器/计数器等,MPU 执行存放在 EPROM 中的程序,将数据采集系统得到信息输入至 RAM 区的原始数据进行分析处理,以完成各种继电保护的功能。继电保护程序在 CPU 系统内运行,指挥各种外围接口部件运转,完成数字信号处理,实现保护原理。

CPU 是整个微机保护的指挥中枢,如图 2-54 所示。计算机程序的执行依赖于 CPU实现,CPU 在很大程度上决定了微机保护系统的技术水平。CPU 的主要技术指标包括字长(用二进制位数表示)、指令的丰富性、运行速度(用典型指令执行时间表示)等。

存储器来保存程序和数据,它的存储容量和访问时间也会影响整个微机保护系统的性能。在微机保护中根据任务性质采用了如下三种类型的存储器。

(1)随机存取存储器(RAM)。在 RAM 中的数据可以快速地读、写,但在失去直流电源时数据会丢失,所以不能存放程序和定值,只用以暂存需要快速进行交换的临时数据,例如运算中的中间数据、经过 A/D 转换后的采样数据等。现在有一种非易失性随机存储

CPU 板

图 2-54　微机保护装置 CPU

器(NVRAM),它既可以高速地读/写,失电后也不会丢失数据,在微机保护中用以存放故障录波数据。

(2)只读存储器(ROM)。目前使用的是一种紫外线可擦除、电可编程的只读存储器——EPROM。EPROM 中的数据可以高速读取,在失电后也不会丢失,所以适用于存放程序等一些固定不变的数据。要改写 EPROM 中的程序时,先要将该芯片放在专用的紫外线擦除器中,经紫外线照射一段时间,擦除原有的数据后,再用专用的写入器(编程器)写入新的程序。所以,存放在 EPROM 中的程序在保护正常使用中不会被改写,安全性高。

(3)电可擦除且可编程的只读存储器(EEPROM)。用来保存在使用中需要经常改写的那些控制参数,如微机保护的整定值等。EEPROM 中的数据允许高速读取,且在失电后不会丢失,同时,无须专用设备就可以在使用中在线改写,对于修改整定值较方便,所以它的安全性不如 EPROM。另外,EEPROM 写入数据的速度很慢,所以也不宜代替 RAM 存放需要快速交换的临时数据。还有一种与 EEPROM 有类似功能的器件称作快闪(快擦写)存储器(Flash Memory),它的存储容量更大,读/写更方便。在微机保护中不仅可用来保存整定值,还可以用来保存大量的故障记录数据,以便事后分析事故时使用。

定时器/计数器在微机保护中也是十分重要的器件,它除了为延时动作的保护提供精确计时外,还可以用来提供定时采样触发信号、形成中断控制等。目前,很多 CPU 中已将定时器/计数器集成在其内部。

(三)开关量输入/输出系统

微机保护装置中,除了有模拟量输入外,还有大量的开关量输入和输出。所谓开关量,就是触点状态(接通或断开)或是逻辑电平的高低等。开关量输入/输出接口电路是微机继电保护装置与外部设备的联系部件。由若干个并行接口适配器、光电隔离器件及有触点的中间继电器等组成,完成各种保护的出口跳闸、信号警报、外部触点输入等功能。

1. 光电耦合器

光电耦合器也称为光电隔离器或光耦合器,有时简称光耦,工作原理如图 2-55 所示。这是一种以光为耦合媒介,通过光信号的传递来实现输入与输出间电隔离的器件,可在电路或系统之间传输电信号,同时确保这些电路或系统彼此间的电绝缘。在微机保护中,光耦器件一般均作为具有开关特性的接

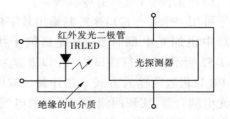

图 2-55　光电耦合器

口器件使用,包括开关量输入电路和开关量输出电路。

2. 开关量输入回路

开关量即触点状态信号,接通或断开(识别外部条件)。微机保护装置的开关量输入可以分为两类:

(1)安装在装置面板上的触点信号输入,如用于人机对话的键盘上的触点信号。这类触点与外界电路无联系,可直接接至微机的并行接口,如图 2-56(a)所示。只要在可初始化时规定图中可编程的并行接口的 PA0 为输入端,则 CPU 就可以通过软件查询,随时知道图中外部触点 K1 的状态。当 K1 断开时,通过上拉电阻使 PA0 输入电压为 5 V;K1 闭合时,PA0 输入电压为 0 V。因此,CPU 通过查询 PA0 的输入电压,就可以判断 K1 是处于断开还是闭合状态。

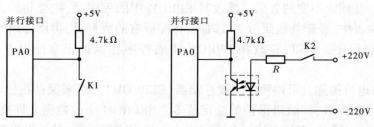

(a)装置面板上的触点与微机接口连接　　　(b)装置外部触点与微机的连接

图 2-56　触点与微机接口连接图

(2)从装置外部经过端子排引入的触点信号输入,如保护屏上的各种硬压板、转换开关以及其他保护装置和操作继电器等。

为了抑制干扰,这类触点必须要经过光电耦合器进行电气隔离,然后接至并行口,如图 2-56(b)所示。图中虚线框内是一个光电耦合器件,集成在一个芯片内。当外部触点接通时,有电流通过光电器件的发光二极管回路,使光敏三极管导通。K2 打开时,则光敏三极管截止。因此,三极管的导通与截止完全反映了外部触点的状态,如同将 K2 接到三极管的位置一样,不同点是可能带有电磁干扰的外部接线回路和微机的电路部分之间无直接电的联系,因此可大大削弱干扰。

3. 开关量输出回路

开关量输出主要包括保护的跳闸出口信号以及本地和中央信号等。

1)通信接口(包括打印机接口)

可用一个并行接口来控制输出数字信号。输出回路中也加光电耦合器,以提高抗干扰能力。如图 2-57 所示,将并行接口的 PA 口设置为输出方式,将 PB 口设置为输入方式。在开关量输出回路中加入光电耦合器,实现两侧电气回路的电气隔离,同时可以进行不同逻辑电平的转换。并行接口侧的电源电压是+5 V,而右侧输入回路中电源电压可以是

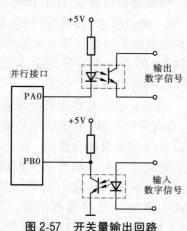

图 2-57　开关量输出回路

+24 V 或其他电压等级。

2）保护的跳闸出口信号

对于保护跳闸出口信号（及本地信号）的输出，一般采用并行接口经过光电耦合器控制继电器的方式。对于重要的保护跳闸出口信号，为了防止误发信号，还需要增加与非门环节，如图 2-58 所示。

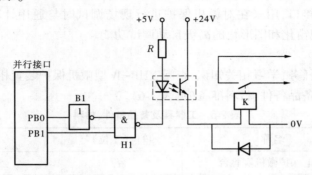

图 2-58 保护的跳闸出口信号

通过软件使并行接口的 PB0 输出"0"，PB1 输出"1"，便可使与非门 H1 输出低电平，光敏三极管导通，继电器 K 被吸合。在初始化和需要继电器 K 返回时，应使 PB0 输出"1"，PB1 输出"0"。设置反相器 B1 及与非门 H1，而不将发光二极管直接同并行接口相连，一方面是因为并行接口带负载能力有限，不足以驱动发光二极管；另一方面是因为采用与非门后要满足两个条件才能使 K 动作，增加了抗干扰能力。

将 PB0 经一反相器输出，而 PB1 不经反相器输出，这样接可防止拉合直流电源的过程中继电器 K 的短时误动。因为在拉合直流电源过程中，当 5 V 电源处于某一个临界电压值时，可能由于逻辑电路的工作紊乱而造成保护误动。特别是保护装置的电源往往接有大量的电容器，拉合直流电源时，无论是 5 V 电源还是驱动继电器 K 用的电源 E，都可能缓慢地上升或下降，从而完全可能来得及使继电器 K 的触点短时闭合。考虑到 PB0 和 PB1 在电源拉合过程中只可能同时变号的特性，在开关量输出回路中两个相反的驱动条件互相制约，可以可靠地防止继电器的误动。

4. 人机接口回路

人机接口回路系统作为人机联系的主要手段，利用键盘操作，可输入各种保护命令、继电保护整定值的存放地址等。利用打印机、液晶显示器作为人机联系的输出设备。同时，利用人机对话微机系统，一方面可以实现对各执行保护功能程序的微机系统进行自检，有利于提高微机继电保护装置在线运行的可靠性；另一方面还可以把系统的故障类型和继电保护整定值、保护动作行为等信息量，通过专用的接口输送到计算机互联网，为电力系统自动化提供所需的继电保护信息，实现对整个电力系统继电保护的在线网络化管理。

微机保护人机接口回路通常包括以下几个部分：

（1）简易键盘，用来修改整定值和输入控制命令，必要时辅之以切换开关。

（2）图形化液晶显示屏（LCD），用来实现汉字、数据及图形的显示，在 CPU 系统的支持下可提供当前或历史记录的丰富信息，如整定值、测量值、电力系统故障报告（故障发

生的时间、性质、保护动作情况)及保护装置运行状态的报告等。

（3）指示灯,通常采用发光二极管(LED),可用一些非常重要的事件,如保护已动作、装置运行正常、装置故障等提供明显的监视信号。

（4）打印机接口,用来驱动打印机形成文字报告。由于继电保护装置对可靠性要求较高,微机保护装置与打印机数据线连接均需经光电隔离。

（5）调试通信接口,用来在对微机保护进行现场调试时与通用计算机(如笔记本电脑)相连接,实现视窗化和图形化的高级自动调试功能。

【任务准备】

（1）学员接受任务,学习相关知识,查阅 YHB-Ⅳ型微机保护装置相关技术手册。

（2）工器具及备品备件、材料准备(见表2-6)。

表2-6 工器具及备品备件、材料

序号	名称	单位(工位)	准备数量
1	继电保护微机实验台	台	10
2	继电保护实验线包	个	10
3	手套	副	25
4	继电保护安全工器具箱	个	10
5	插排	个	10

【任务实施】

1. 熟悉微机保护装置面板功能

YHB-Ⅳ型微机保护装置的面板布置,如图2-59 所示。

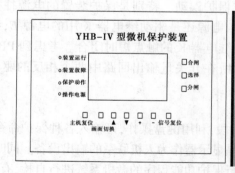

图 2-59 YHB-Ⅳ型微机保护装置面板示意图

YHB-Ⅳ型微机保护装置的面板布置分成四个区域:面板正中上层为数据信息显示屏区域;面板左上角为信号指示灯区域;面板右上角为手动跳合闸操作区域;面板正中下层为保护装置进行人机对话的键盘输入区。

1）显示屏

微机保护的显示内容分为三个部分,即正常运行显示、故障显示、整定值浏览和整定值修改。正常运行显示内容根据不同的保护有不同的项目,如图2-60所示。

故障显示是在装置检测到故障并满足预先设定的条件后自动从正常显示状态切换到故障显示画面。本保护装置的故障显示由七个画面组成,相应记录过去七次故障数据,最近的故障画面在最上层,通过【▲】或【▼】键可浏览所有画面,且浏览过程是连续进行的。即当到达第七个故障画面时,再按【▼】键时将显示第一个画面,当到达第一个画面时,再按【▲】键将显示第七个画面的内容。每个故障画面包含了故障的类型、故障电流幅值的大小、故障发生的时间和故障页面的位置,如图 2-61 所示。

```
      正常运行信息

  高压侧      低压侧
电流 Ia:x.xx A  x.xx A
    Ib:x.xx A  x.xx A
    Ic:x.xx A  x.xx A
电压 Uab:x.xx V
    Ubc:x.xx V
    Uca:x.xx V
```

图 2-60　正常运行显示画面

```
(故障类型:例如差动保护动作)
保护动作时间 xx:xx:xx
故障电流    Ia:xxx  A
           Ib:xxx  A
           Ic:xxx  A
```

图 2-61　故障显示画面

　　整定值浏览可观看装置的保护设置情况,但不能够修改整定值的大小。通过使用【▲】、【▼】键可观看装置的保护设置情况。保护整定值浏览画面如图 2-62 所示。

```
        电流保护整定值
        Ⅰ段   Ⅱ段   Ⅲ段
保护投入  ON    ON    ON
电流定值 5.15A  2.71A  1.71A
动作延时 0.05s  0.50s  1.50s
低压闭锁 ON   启动电压 48.0V
使用重合闸继电器 OFF
```

图 2-62　保护整定值浏览画面

码 2-20　图片-保护实验台

　2)指示灯

　　在面板左上角的指示灯区域,【装置运行】指示灯反映了程序的运行状况,当此指示灯有规律地闪烁时表示程序运行正常;【操作电源】指示灯反映了操作电源的状况,当装置的出口继电器没有操作电源时此指示灯将熄灭;【保护动作】指示灯点亮表示装置测量到保护动作条件已满足,装置已经发出了保护跳闸命令。

　3)手动跳合闸操作区域

　　由【合闸】、【分闸】和【选择】三个按钮组成了手动跳合闸操作区域。当同时按压【选择】按钮与【合闸】按钮时,将进行手动合闸操作;当同时按压【选择】按钮与【分闸】按钮时,将进行手动分闸操作。在微机面板上进行手动合、分闸操作的功能类同与在实验台面板上操作对应的控制按钮。在微机面板上进行手动合、分闸操作时,每进行一次要通过面板上的【信号复位】键进行复位操作,让三段信号灯均处于熄灭状态。

　4)装置电源开关

　　装置电源开关位于装置后面板的右上方。当开关打向【ON】侧时就接通了装置的工

作电源,保护装置开始工作;当开关打向【OFF】侧时就断开了装置的工作电源,保护装置停止工作。

　　5)键盘输入区域

　　键盘输入区域位于装置面板的正中下层位置。它们是进行人机对话的纽带,每个触摸按键的作用如下所示:

　　【画面切换】——用于选择微机的显示画面。微机的显示画面由正常运行画面、故障显示画面、整定值浏览和整定值修改画面等组成,每按压一次【画面切换】按键,装置显示画面就切换到下一种画面的开始页,画面切换是循环进行的。

　　【▲】——选择上一项按钮,主要用于选择各种整定参数单元。

　　【▼】——选择下一项按钮,主要用于选择各种整定参数单元。

　　【信号复归】——用于装置保护动作之后对出口继电器和信号指示灯进行复位操作。

　　【主机复位】——用于对装置主板 CPU 进行复位操作。

　　【+】——参数增加按钮,主要用于修改整定值单元的数值大小。

　　【-】——参数减小按钮,主要用于修改整定值单元的数值大小。

　　2.进行装置整定值的修改

　　装置有两种整定值类型:投退型(或开关型)和数值型。定值表中(或定值显示)为 ON/OFF 的是保护功能投入/退出控制字,设为"投入"时开放本段保护,设为"退出"时退出本段保护。

　　整定时不使用的保护功能应将其投入/退出控制字设置为"退出"。采用的保护功能应将其投入/退出控制字设置为"投入",同时按系统实际情况,对相关电流、电压及时限整定值认真整定。

　　进入整定值修改显示画面的简捷方法:同时按压触摸按键【▲】和【▼】。在进入整定值修改显示画面之后,通过按压触摸按键【▲】、【▼】可选择不同的整定项目,选中项目有闪烁黑色方块,对投退型(或开关型)整定值,通过按压触摸按钮【+】可在投入/退出之间进行切换;对数值型整定值,通过触摸按钮【+】、【-】对其数据大小进行修改。当整定值修改完成之后,按压【画面切换】触摸键进入整定值修改保存询问画面。这时,选择按压触摸键【+】表示保存修改后的整定值;若选择按压触摸键【-】,则表示放弃保存修改后的整定值,仍使用上次设置的整定值参数。保护整定值修改画面如图 2-63 所示。

变压器保护定值设置
变压器保护　OFF
速断保护　ON　　速断定值　15.0A
差动保护　ON　　差电流　1.20A
比率系数　0.25　制动电流　15.0A
重合闸投入?

电流保护定值设置		
Ⅰ段	Ⅱ段	Ⅲ段
保护投入　ON	ON	ON
电流定值　5.15A	2.71A	1.71A
动作延时　0.05s	0.50s	1.50s
低压闭锁　ON　启动电压　48.0V		
使用重合闸继电器　OFF		

图 2-63　保护整定值修改画面

【课堂训练与测评】

（1）简述微机保护装置硬件构成及各部分的作用。

（2）简述采样保持器的作用。

（3）简述开关量输入/输出系统的作用。

【拓展提高】

每个人对该任务实施过程进行总结,包含装置调试过程及操作技巧、自己在整个作业过程中所做的工作,小组合作完成汇报文稿(须包含任务要求、组员的具体分工及各人的完成情况、任务实施程序、关键操作技巧、经验教训和启示)。

■ 小　结

继电器是组成机电型、整流型等继电保护装置的基本元件。它是一种当输入量达到规定值时,其电气输出电路被接通或断开的自动动作的电器。它在超过(或小于)某一规定值时动作,而在小于(或超过)一定数值时又自动返回。

电流继电器在电流保护中作测量和启动元件,反映电流超过某一整定值而动作,文字符号为 KA。电压继电器反映电压变化而动作,在电压保护中作测量和启动元件,文字符号为 KV。时间继电器作为时限元件,用来建立保护装置所必要的动作延时,实现主保护的选择性配合,文字符号为 KT。中间继电器可以增加触点的数目,增大触点的容量,提供必要的延时和自保持,文字符号为 KM。信号继电器在继电保护装置中用来发出保护装置整组或个别部分动作指示信号,文字符号是 KS。

电流保护的接线方式有三相三继电器完全星形、两相两继电器(或两相三继电器)不完全星形、两相一继电器电流差接线几种。电压保护的接线方式有星形接线、不完全星形接线、$Y_0 / Y_0 / \triangle$接线几种。

测量变换器的作用是将互感器二次侧的电流、电压进一步变小,以适应弱电元件的要求。对称分量滤过器的作用是使保护装置能够反映对称分量而动作,取出有关相序的电流、电压分量。

■ 习　题

一、判断题

1.（　　）过电流继电器的返回系数小于1,而低电压继电器的返回系数大于1。

2.（　　）电压互感器在连接时端子极性不能错接,否则会造成计量出错或继电保护误动作等后果。

3.（　　）为防止电压互感器一、二次短路的危险,一、二次回路都应装有熔断器。

4.（　　）对于二次额定电流为 5 A 的电流互感器,使用条件是保证任何情况下,其二次电流都不得超过 5 A。

5.（　　）电流互感器二次侧开路,会使测量、继电保护装置无法正常工作。

6. (　　)测量电压互感器绝缘电阻时,选用 500 V 兆欧表测量,测量前对被测绕组进行充分放电。

7. (　　)电流继电器线圈并联时通过的电流比串联时增加 1 倍。

8. (　　)对于低电压继电器,当测量电压升高时,电磁力增加,使得衔铁返回,常闭触点处于闭合状态,称为继电器动作。

9. (　　)时间继电器是在保护和自动装置中,用于机械保持和自动复归的动作指示器。

二、单项选择题

1. 下列(　　)不属于两相一继电器的接线方式的接线系数。

  A. 2 　　　　　　 B. 3 　　　　　　 C. 1 　　　　　　 D. $\sqrt{3}$

2. 只有发生(　　),零序分量才会出现。

  A. 相间短路 　　 B. 温度过高 　　　 C. 接地故障 　　　 D. 过负荷

3. 运行中的电压互感器在任何情况下二次侧都不得(　　),否则会烧坏互感器。

  A. 开路 　　　　　 B. 短路 　　　　　 C. 温度过高

4. 电流互感器按用途分有(　　)。

  A. 测量用 　　　　 B. 保护用 　　　　 C. 测量和保护用

5. 电压互感器绕组的结构特点是(　　)。

  A. 一次绕组匝数少 　 B. 一次绕组匝数多 　 C. 二次绕组匝数多

6. 运行中的电流互感器发出放电声音与互感器(　　)有关。

  A. 满载运行 　　　 B. 二次短路 　　　 C. 空载运行 　　　 D. 绝缘老化

7. 反映电压增大而动作的保护称为(　　)。

  A. 低电压保护 　　 B. 过电流保护 　　 C. 过电压保护 　　 D. 过负荷保护

8. 信号继电器动作后(　　)。

  A. 继电器本身掉牌 　　　　　　　　 B. 继电器本身掉牌或灯光指示

  C. 应立即接通灯光音响回路

  D. 应是一边本身掉牌,一边触点闭合接通其他回路

9. A、B、C 三相电压(或电流)幅值大小相等,相位互差 120°,按递时针方向旋转的向量为(　　)。

  A. 正序分量 　　　 B. 负序分量 　　　 C. 零序分量

10. 在运行的电流互感器二次回路上工作时,(　　)。

  A. 严禁开路 　　　 B. 严禁短路 　　　 C. 可靠接地 　　　 D. 必须停用互感器

11. 在微机保护中,掉电会丢失数据的主存储器是(　　)。

  A. ROM 　　　　　 B. EPROM 　　　　 C. RAM 　　　　　 D. EEPROM

12. (　　)通常被用来进行开关量的输入/输出,实现电气隔离。

  A. 光电隔离器 　　 B. 电抗变换器 　　 C. 多路开关 　　　 D. 继电器

13. 微机保护中,在将模拟量转化成数字量的过程中,模/数转换器往往需要一定的时间,在此期间采样的模拟量输入不能变化,为此普遍采用(　　)器件。

A.滤波器　　　　　　B.电抗变换器　　　　C.采样保持器　　　　D.A/D 转换器

三、填空题

1. KA 表示 _____ , KS 表示_____ , KT 表示_____ , KM 表示_____。

2. 电流保护的接线方式有 _____、_____、_____、_____。

3. 电压正常时,低电压继电器的常闭触点处于_____状态。

4. 返回系数是指返回电流与 _____ 的比值。过电流继电器的返回系数_____ 1。

5. 某电流继电器线圈串联时动作值为 20 A,则线圈并联时动作值为_____ A。

6. 电磁型信号继电器的复归方式为_____。

7. 电流保护的接线系数的定义为流过继电器的电流与_____之比,完全星形接线的接线系数为_____。

8. 零序分量滤过器用于反映_____故障,包括_____和_____。

9. 微机保护的硬件构成按功能划分为三大部分:_____、_____、_____。

10. 微机保护输入电压的电压形成回路是把一次电压互感器输出的二次额定_____ V电压变换成最大 _____ V模拟电压信号,供模数转换芯片使用。

四、简答题

1. 电磁型电流继电器的动作电流、返回电流、返回系数分别是什么意义?

2. 时间继电器、中间继电器、信号继电器的作用分别是什么?

3. 过电流继电器的返回系数为何小于 1? 影响其返回系数的因素有哪些?

4. 试比较过量继电器(如过电流继电器)和低量继电器(如低电压继电器)动作值、返回值及返回系数的区别。

5. 测量变换器的作用是什么?

6. 对称分量滤过器分为哪几种? 每种对称分量滤过器的作用分别是什么?

7. 电流保护的接线方式有哪几种? 分别应用在什么场合?

8. 微机继电保护与常规模拟式继电保护的主要区别是什么?

9. 微机保护装置硬件电路由哪几个部分构成? 各部分的作用是什么?

10. 微机继电保护测试仪的作用是什么?

项目三　输电线路保护的整定与调试

【知识目标】

掌握三段式电流保护、电流电压联锁保护的工作原理、整定计算；

掌握阶段式电流保护的配合及接线调试；

掌握中性点非直接接地电网接地保护的配置与整定；

掌握微机线路保护装置的使用和调试方法。

【技能目标】

能熟练阅读线路保护的原理接线图及展开图；

学会线路保护配置及整定计算、校验的基本技能；

具备线路保护的接线调试技能；

具备微机线路保护装置的使用和调试技能。

【思政目标】

学习一"丝"不苟、精益求精、追求卓越的工匠精神；

培养学生的民族自豪感和职业责任心；

树立爱岗敬业、爱国奉献的价值观。

【项目导入】

输电线路担负着由电源向负荷输送、分配电能的重要任务。线路的继电保护装置就像"静静的哨兵"——平时不工作，当线路出现故障和异常时就发挥关键作用，看似不起眼，却不可或缺。本项目主要学习线路各种电流电压保护工作原理、整定计算，以及保护的配合、接线调试等内容。

输电线路担负着由电源向负荷输送、分配电能的任务，正常运行时流过的是负荷电流（最大负荷电流为 $I_{L.max}$）。当输电线路发生短路故障时，故障相的电流增大，产生短路电流 I_k，短路电流会损坏设备，危及系统安全。保护的一般原理是识别正常运行与内部故障的特征差异而动作。

输电线路常见故障主要是单相接地和相间短路，常见的不正常运行主要是过负荷，故输电线路常见保护配置如下。

一、相间短路的电流、电压保护

输电线路发生相间短路时，最主要的特征是电源至故障点之间的电流会增大，故障相母线上电压会降低，利用这一特征可构成输电线路相间短路的电流、电压保护。相间短路保护动作于跳闸并发信号。

二、单相接地保护及过负荷保护

电力线路装设绝缘监视装置(零序电压保护)或单相接地保护(零序电流保护),保护一般动作于信号或跳闸,作为单相接地故障保护。可能经常过负荷的线路,装设过负荷保护,延时动作于信号。

■ 任务一　相间短路的电流保护

电流保护就是利用电力系统短路或异常工况下电流增大的特征所构成的保护。相间短路的电流保护的配置有以下三段,分别构成输电线路相间短路的主保护和后备保护。

码 3-1　微课-无时限电流速断保护原理

$$三段式\begin{cases}第Ⅰ段——无时限电流速断保护\\第Ⅱ段——带时限电流速断保护\\第Ⅲ段——定时限过电流保护\end{cases}\begin{matrix}主保护\\后备保护\end{matrix}$$

【任务分析】

某 35 kV/10 kV 变电所中,35 kV 母线有两路进线、两路出线,10 kV 母线有两路进线、多路出线,在其中一路输电线路上设置三相短路故障点,故障点的位置可设置在线路首端、20%、50%、80%、末端处,试为该 10 kV 输电线路配置电流保护方案。

【知识链接】

保护整定计算有三要素:动作电流、动作时限、灵敏性校验。

本书中整定值的符号说明如图 3-1 所示。

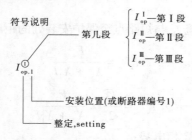

$$符号说明\quad\begin{matrix}\nearrow\\I_{op.1}^{①}\end{matrix}\quad 第几段\begin{cases}I_{op}^{Ⅰ}——第Ⅰ段\\I_{op}^{Ⅱ}——第Ⅱ段\\I_{op}^{Ⅲ}——第Ⅲ段\end{cases}$$

安装位置(或断路器编号1)

整定,setting

图 3-1　整定值的符号说明

下面分别介绍三段式电流保护。

一、无时限电流速断保护(瞬时电流速断保护)

定义:反映电流增大且瞬时动作的电流保护称为无时限电流速断保护(相间短路电流保护第Ⅰ段),亦称瞬时电流速断保护。

该保护仅判断电流的大小而决定是否动作。测量与判断的时间通常在 15~25 ms 以内(装置固有动作时限),时间极短,故称为瞬时(或 0 s 动作、无延时)。

作用:输电线路相间短路时的主保护,保证在任何情况下只切除本线路的故障。

（一）工作原理及整定计算

在单侧电源辐射形电网各线路靠电源侧装设有无时限电流速断保护，如图 3-2 所示。当电源电势 E_s 一定，线路上任意一点发生三相短路和两相短路时，短路电流大小由以下因素决定：

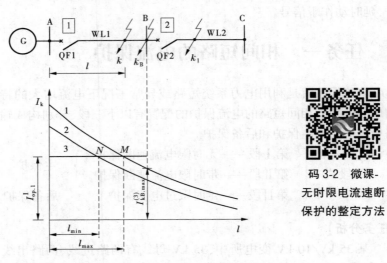

图 3-2　无时限电流速断保护整定计算示意图

码 3-2　微课-无时限电流速断保护的整定方法

（1）系统运行方式：系统电源等效阻抗与电源投入数量、电网结构变化有关。最小运行方式时阻抗最大、短路电流最小，最大运行方式时阻抗最小、短路电流最大。

（2）故障点远近：故障点越近 l 越小，短路电流越大。

（3）短路类型：$I_k^{(3)} > I_k^{(2)}$。

通过保护装置的短路电流 I_k 与短路点至保护安装处的距离 l 的关系如下

$$I_k^{(3)} = \frac{E_s}{X_s + X_1 l} \tag{3-1}$$

$$I_k^{(2)} = \frac{\sqrt{3}}{2} \times \frac{E_s}{X_s + X_1 l} \tag{3-2}$$

式中　E_s——系统的等值计算相电势；

　　　　X_s——归算至保护安装处电网电压的系统等值电抗；

　　　　X_1——输电线路单位千米长度的正序电抗；

　　　　l——短路点至保护安装处的距离。

从式（3-1）、式（3-2）可看出，当系统运行方式一定时，X_s 也一定，这样短路点越靠近电源时，l 越小，短路电流 I_k 越大。当系统运行方式改变及故障类型变化时，对同一点短路，短路电流的大小也会变化。图 3-2 中曲线 1 表示在最大运行方式下，通过保护装置的三相短路电流随 l 变化的曲线，曲线 2 表示在最小运行方式下，通过保护装置的两相短路电流曲线。

假定在线路 WL1 和线路 WL2 上分别装设无时限电流速断保护 1 和保护 2。根据选择性的要求,无时限电流速断保护的动作范围不能超出被保护线路,即对保护1而言,在相邻线路 WL2 首端 k_1 点短路时,不应该动作,而应由保护2动作切除故障。因此,无时限电流速断保护1的动作电流应大于 k_1 点短路时流过保护装置的最大短路电流。由于在相邻线路 WL2 首端 k_1 点短路时的最大短路电流和本线路 WL1 末端 B 母线上 k_B 点短路时的最大短路电流相等,故保护1无时限电流速断保护的动作电流可按大于本线路末端 k_B 点短路时流过保护装置的最大短路电流来整定,即

$$I_{op.1}^{I} > I_{kB.max}^{(3)}$$

用大于1的系数 K_{rel}^{I} 来反映">"的关系,将模糊的关系转变为一种确定的、可操作的关系。于是写成等式

$$I_{op.1}^{I} = K_{rel}^{I} I_{kB.max}^{(3)} \tag{3-3}$$

电流继电器二次整定动作电流为

$$I_{op.1.r}^{I} = \frac{K_{con}}{K_{TA}} I_{op.1}^{I} \tag{3-4}$$

式中　$I_{op.1}^{I}$——线路 WL1 上的无时限电流速断保护（Ⅰ段保护）的一次动作电流;

　　　$I_{op.1.r}^{I}$——继电器的二次动作电流;

　　　K_{rel}^{I}——Ⅰ段保护的可靠系数,考虑到继电器的整定误差、短路电流计算误差和非周期分量的影响等而引入的,取 1.2~1.3;

　　　$I_{kB.max}^{(3)}$——最大运行方式下,被保护线路末端 B 母线上三相短路时的短路电流,一般取次暂态短路电流周期分量的有效值;

　　　K_{con}——电流保护的接线系数;

　　　K_{TA}——电流互感器的变比。

一次整定动作电流与二次整定动作电流的关系见图 3-3。

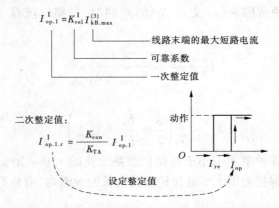

图 3-3　一次整定动作电流与二次整定动作电流的关系

同理,线路 WL2 上的无时限电流速断保护2的动作电流为

$$I_{op.2}^{I} = K_{rel}^{I} I_{kC.max}^{(3)} \tag{3-5}$$

动作电流整定后,不反映本线路以外的故障,所以说无时限电流速断保护是利用动作电流的整定值来获得选择性的。由于动作电流值整定后是不变的,与短路点的位置无关,

故在图 3-2 上可用直线 3 来表示。

(二)动作时限

无时限电流速断保护由于没有人为的延时,在整定计算时可认为 $t^{\mathrm{I}} \approx 0 \ \mathrm{s}$——瞬时动作(理想情况)。实际上,都需要一定的测量时间,称为固有动作时间(如 $\leqslant 30 \ \mathrm{ms}$)。

(三)灵敏度

无时限电流速断保护的灵敏系数通常用最小保护范围的长度占被保护线路全长的百分数来表示。

$$K_{\mathrm{sen}}^{\mathrm{I}} = \frac{l_{\min}}{l_{全长}} \times 100\% \quad (要求 \geqslant 15\% \sim 20\%) \tag{3-6}$$

图 3-2 中,直线 3 与曲线 1、曲线 2 分别有一个交点为 M 和 N,在交点到保护安装处的一段线路上短路时,$I_{\mathrm{k}} > I_{\mathrm{op.1}}^{\mathrm{I}}$,保护 1 会动作。在交点以后的一段线路上短路时,$I_{\mathrm{k}} < I_{\mathrm{op.1}}^{\mathrm{I}}$,保护 1 不会动作。由此可见,无时限电流速断保护不能保护本线路的全长,其保护范围随系统运行方式和故障类型而变。在最大运行方式下三相短路时,保护范围最大,用 $l_{\max}$ 表示;在最小运行方式下两相短路时,保护范围最小,用 $l_{\min}$ 表示。

保护范围可用图解法求得,也可用解析法求得。当保护的动作电流 $I_{\mathrm{op}}^{\mathrm{I}}$ 已知时,可求得最大保护范围 $l_{\max}$ 和最小保护范围 $l_{\min}$。从图 3-2 中可看出,在最大保护范围末端(交点 M 处)短路时,短路电流等于保护装置的动作电流,即

$$I_{\mathrm{op}}^{\mathrm{I}} = \frac{E_{\mathrm{s}}}{X_{\mathrm{s.min}} + X_1 l_{\max}}$$

解上式得

$$l_{\max} = \frac{1}{X_1}\left(\frac{E_{\mathrm{s}}}{I_{\mathrm{op}}^{\mathrm{I}}} - X_{\mathrm{s.min}}\right) \tag{3-7}$$

同理,在最小保护范围末端(交点 N 处)短路时,短路电流等于保护装置的动作电流,即

$$I_{\mathrm{op}}^{\mathrm{I}} = \frac{\sqrt{3}}{2} \times \frac{E_{\mathrm{s}}}{X_{\mathrm{s.max}} + X_1 l_{\min}} \tag{3-8}$$

解上式得

$$l_{\min} = \frac{1}{X_1}\left(\frac{\sqrt{3}}{2} \times \frac{E_{\mathrm{s}}}{I_{\mathrm{op}}^{\mathrm{I}}} - X_{\mathrm{s.max}}\right) \tag{3-9}$$

一般认为在最小保护范围不小于被保护线路全长的 15%~20%时,才能装设无时限电流速断保护。最大保护范围大于被保护线路全长的 50%时,有良好的保护效果。

(四)原理接线图

无时限电流速断保护的原理接线图如图 3-4 所示。保护采用两相两继电器不完全星形接线。它由接在电流互感器 TA 二次侧的电流继电器 KA 和信号继电器 KS 及中间继电器 KM 构成。正常运行时,流过电流继电器 KA 的电流小于其整定值,电流继电器 KA 不动作。当被保护线路发生短路时,电流继电器 KA 动作,启动中间继电器 KM,使断路器跳闸,切除故障线路,同时发出保护装置动作的信号。

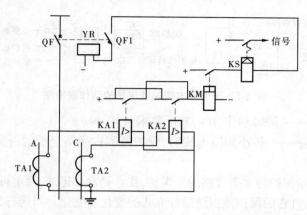

图 3-4 无时限电流速断保护的原理接线图

码 3-3 动画-
无时限电流速
断保护正常运行

码 3-4 动画-
无时限电流速
断保护 K 点短路

图 3-4 中采用了中间继电器 KM,是因为电流继电器的触点容量比较小,若直接接通断路器的跳闸回路,会被损坏,而 KM 的触点容量较大,可直接接通断路器的跳闸回路;另外,考虑当线路上装有避雷器时,雷击线路使避雷器放电相当于发生瞬时短路,避雷器放电完毕,线路即恢复正常工作,在这个过程中,无时限电流速断保护不应该误动作。由于避雷器放电的时间为 0.01~0.03 s,故可利用带 0.06~0.08 s 延时的中间继电器增加保护装置固有动作时间,防止由于管型避雷器的放电而引起无时限电流速断保护的误动作。图中信号继电器 KS 的作用是在保护动作后,指示并记录保护的动作情况,以便运行人员进行处理和分析故障。此外,在跳闸回路中增加了断路器的辅助触点 QF1,目的是保护中间继电器 KM 的触点不被烧坏。

(五)微机保护逻辑框图

无时限电流速断保护的动作逻辑如图 3-5 所示。当保护范围内发生短路故障时,电流互感器(TA)的一次侧流过短路电流,其二次侧电流经采取计算,当 A 相(或 C 相)电流大于瞬时电流速断保护的整定电流 I_{op} 时,KA1(或 KA2)输出高电平"1",或门(H1)输出"1",同时在整定计算"投入"(高电平"1")无时限电流速断保护(一般称为"指压板")时,与门(Y1)输出"1",保护不经延时发出保护动作指令,保护跳闸出口经保护屏上压板"LP"(一般称为"硬压板")控制。保护跳闸出口结果在保护装置的液晶屏上显示,同时,通过通信回路将动作信息上传。保护动作的"触点"信号接入其他装置(如公共信号单元),通过其他装置的通信回路上传动作信息。

(六)电流 I 段保护整定计算的三要素归纳

(1)电流定值—— 躲过线路末端最大的三相短路电流。

图 3-5　无时限电流速断保护的动作逻辑图

(2)时间定值—— 瞬时动作(0 s,实际要求≤30 ms)。

(3)灵敏度校验—— 最小短路电流时,保护范围占线路全长的百分比。

(七)保护评价

无时限电流速断保护为本条线路的主保护,优点是动作迅速,简单可靠。缺点是不能保护本线路的全长,而且它的保护范围随运行方式的变化而变化。当运行方式变化很大、被保护的线路很短时,甚至没有保护区,保护范围可能为零。该保护不能单独作为主保护。

二、带时限电流速断保护(限时电流速断保护)

问题的提出:无时限电流速断保护(Ⅰ段保护)能很好地满足"速动性"要求,但保护范围不理想,当系统运行方式变化较大时,保护区很短,甚至没有。提高无时限电流速断保护的保护范围,就要求该保护能够保护线路的全长,其获得途径势必降低保护动作电流值。这样做的结果是,保护范围虽然扩大了,但保护范围可能延伸到相邻线路,引起保护失去选择性。

为了保证保护的"选择性",一方面将动作电流值降低,另一方面使该保护带有一定的延时。为了提高保护的保护范围("灵敏性"),同时兼顾动作的"速动性",我们提出了一种新的线路保护——带时限电流速断保护。

定义:这种带有一定短延时,能保护线路全长的电流速断保护,称作带时限电流速断保护(相间短路电流保护第Ⅱ段),亦称限时电流速断保护。为了尽量缩短保护的动作时限,Ⅱ段保护比相邻线路Ⅰ段保护多一个 Δt 时限(一般取 0.5 s),可实现选择性。

作用:与Ⅰ段保护共同构成本条线路相间短路时的主保护,并兼作近后备保护。

(一)工作原理及整定计算

带时限电流速断保护整定计算原则可用图 3-6 来说明。图中线路 WL1 和 WL2 都装设有无时限电流速断保护和带时限电流速断保护,线路 WL1 和 WL2 上分别装设保护 1 和保护 2,动作值符号的右上标Ⅰ、Ⅱ分别表示Ⅰ段保护和Ⅱ段保护,下面讨论线路 WL1 上的保护 1 带时限电流速断保护的整定计算原则。

码 3-5　微课-带时限电流速断保护原理

为了使线路 WL1 的带时限电流速断保护的保护范围不超出相邻下一线路 WL2 的无时限电流速断保护的保护范围,必须使保护 1 带时限电流速断保护的动作电流 $I_{op.1}^{Ⅱ}$ 大于保护 2 的无时限电流速断保护的动作电流 $I_{op.2}^{Ⅰ}$,即

$$I_{op.1}^{Ⅱ} > I_{op.2}^{Ⅰ}$$

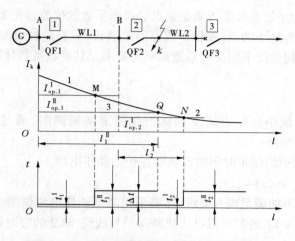

图 3-6　带时限电流速断保护整定计算示意图

写成等式

$$I_{op.1}^{II} = K_{rel}^{II} I_{op.2}^{I} \tag{3-10}$$

式中　K_{rel}^{II}——II 段保护的可靠系数,因考虑短路电流非周期分量已经衰减,可选得小些,一般取 1.1~1.2。

由于此动作电流值无法区分本线路与相邻线路的故障,为此,再增加一个区分的条件——时间。依靠时间延时的差异来满足选择性的要求。

(二)动作时限

图 3-6 中曲线 1 为最大运行方式下的三相短路电流随短路点变化的曲线,直线 2 表示 $I_{op.2}^{I}$,它与曲线 1 的交点 N 确定了保护 2 无时限电流速断保护范围 l_2^{I}。直线 3 表示 $I_{op.1}^{II}$,它与曲线 1 的交点 Q 确定了保护 1 带时限电流速断保护范围 l_1^{II}。由此看出,按式(3-10)整定后,保护范围 l_1^{II} 没有超出 l_2^{I},但是,为了保证选择性,保护 1 的带时限电流速断保护的动作时限 t_1^{II},还要与保护 2 的无时限电流速断保护的动作时限 t_2^{I} 相配合,即

$$t_1^{II} = t_2^{I} + \Delta t \tag{3-11}$$

时限级差 Δt 应尽量小一些,以降低整个电网的时限水平,但是 Δt 又不宜过小,否则难以保证动作的选择性。因此,Δt 的数值应在考虑保护动作时限存在误差最不利条件下,保证下一线路断路器有足够的跳闸时间这一前提来确定。对于不同型式的断路器及继电器,Δt 在 0.35~0.6 s 范围内,通常取 $\Delta t = 0.5$ s。

按照上述原则整定的时限特性如图 3-6 所示。在保护 2 无时限电流速断保护的保护范围内故障时,保护 2 将以 t_2^{I} 时限动作,切除故障,这时保护 1 带时限电流速断保护可能启动,但是,由于 t_1^{II} 比 t_2^{I} 大,故保护 1 不动作,保证了动作的选择性。

综上所述,带时限电流速断保护的选择性是部分依靠动作电流的整定,部分依靠动作时限的配合获得的。无时限电流速断保护和带时限电流速断保护的配合工作,可使全线路范围内的短路故障都能以 0.5 s 的时限切除,故这两种保护可配合构成输电线路的主保护。

(三)灵敏系数的校验

确定了保护装置的动作电流之后,还要进行灵敏系数校验,即在保护区内发生短路

时,验算保护装置的灵敏系数是否满足要求。灵敏系数的校验首先要确定校验点,校验点应选择短路电流值为最小的点(被保护线路的末端)。只有这种情况的灵敏系数满足了,才能保证在其他任何情况下的灵敏系数都满足要求。其灵敏系数计算公式为

$$K_{\text{sen}}^{\text{II}} = \frac{I_{\text{k. min}}^{(2)}}{I_{\text{op}}^{\text{II}}} \tag{3-12}$$

式中　$I_{\text{k. min}}^{(2)}$——在最小运行方式下被保护线路末端短路时,通过保护装置的两相短路电流;

　　　$I_{\text{op}}^{\text{II}}$——被保护线路带时限电流速断保护的动作电流。

规程规定,$K_{\text{sen}}^{\text{II}} \geqslant 1.3 \sim 1.5$。

如果灵敏系数不能满足规程要求,还要采用降低动作电流值的方法来提高其灵敏系数。也就是由线路 WL1 的带时限电流速断保护与线路 WL2 的带时限电流速断保护相配合, 即

$$I_{\text{op. 1}}^{\text{II}} = K_{\text{rel}}^{\text{II}} I_{\text{op. 2}}^{\text{II}}$$
$$t_1^{\text{II}} = t_2^{\text{II}} + \Delta t \tag{3-13}$$

(四)原理接线图

带时限电流速断保护的原理接线图如图 3-7 所示,它与无时限电流速断保护的原理接线图的区别是,用时间继电器 KT 代替了中间继电器 KM。时间继电器用来建立保护装置所必需的延时,由于时间继电器触点容量较大,故可直接接通跳闸回路。

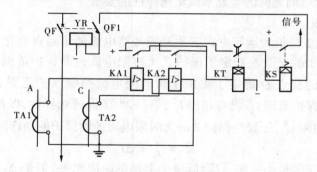

图 3-7　带时限电流速断保护原理接线图

工作原理如下:正常运行时,流过线路的电流是负荷电流,其值小于动作电流,保护不动作。发生短路故障时,短路电流大于保护的动作值,KA 常开触点闭合,启动时间继电器 KT,KT 触点延时闭合,启动信号继电器 KS,并通过断路器的常开辅助触点,接到跳闸线圈 YR 构成通路,断路器跳闸切除故障线路。

(五)微机保护逻辑框图

带限时电流速断保护的逻辑框图如图 3-8 所示,主要包含电流测量元件 KA,时间元件 KT,保护投退控制压板等。当保护范围内发生短路故障时,电流继电器 KA1(或 KA2)动作,或门 H2-1 输出高电平"1",在整定计算"投入"带时限电流速断保护时,与门(Y2-1)输出高电平"1",在 KT 整定的延时时间内,Y2-1 一直保持高电平"1",KT 延时到后,发出跳闸指令,断路器跳闸,故障切除。

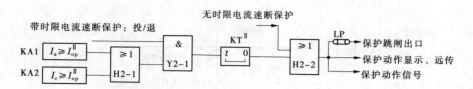

图 3-8 带时限电流速断保护的逻辑框图

(六)保护评价

优点:(1)带时限电流速断保护可保护线路全长。

(2)带时限电流速断保护可以作为本线路中无时限电流速断保护的后备保护。

(3)带时限电流速断保护依靠动作电流值和动作时间共同保证其选择性。

(4)无时限电流速断保护和带时限电流速断保护可组合构成线路的主保护,两者配合可使全线范围内的短路故障都能在 0.5 s 内跳闸,如图 3-9 所示。

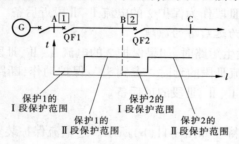

图 3-9 Ⅰ段、Ⅱ段保护范围配合示意图

缺点:只能较好地作为本线路的近后备保护,不能完全作相邻下一线路的远后备保护。

三、定时限过电流保护

问题的提出:无时限电流速断保护(Ⅰ段)只能保护本线路一部分,带时限电流速断保护(Ⅱ段)能保护本线路全长,但不能作为相邻线路的后备保护。要想实现远后备保护,还需装设一套新的过电流保护。

定义:定时限过电流保护(相间短路电流保护第Ⅲ段)的动作电流按躲过被保护线路的最大负荷电流整定,其动作时间按阶梯原则进行整定,以实现过电流保护的动作选择性,并且其动作时间与短路电流的大小无关。

作用:该保护作为本线路主保护拒动的近后备保护,也作为下一条线路保护拒动或断路器拒跳的远后备保护。作用原理如图 3-10 所示。

(一)工作原理及时限特性

如图 3-10 所示,A-B 线路和 B-C 线路上分别装设保护 1、2。当 B-C 线路上某点发生短路时,如果保护 2 的电流Ⅰ、Ⅱ段出现了拒动(如器件损坏、导线松动),或断路器 QF2 出现了拒跳,怎么办?

1. 电流Ⅲ段保护作为近后备的原理

当输电线路 B-C 发生短路时,如果保护 2 的电流Ⅰ、Ⅱ段以及断路器 QF2 正常工作,

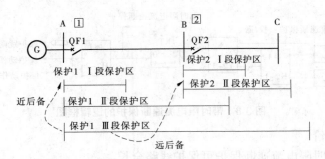

图 3-10　定时限过电流保护的作用

那么保护 2 的电流Ⅲ段的电流继电器仅仅启动(因为电流定值较小,是按最大负荷电流整定的),但延时较长,所以不跳闸。由电流Ⅰ段或Ⅱ段切除故障,电流Ⅲ段随即返回。如果电流Ⅰ、Ⅱ段或断路器 QF2 拒动的话,则电流Ⅲ段的延时"走到头",保护动作,断路器跳闸。保护 2 的电流Ⅲ段作为保护 2 的电流Ⅰ、Ⅱ段近后备。

2. 电流Ⅲ段保护作为远后备的原理

当输电线路 B-C 发生短路时,如果保护 2 的电流Ⅰ、Ⅱ、Ⅲ段保护统统都拒动,则 A-B 线路上的保护 1 的电流Ⅲ段的延时"走到头",保护动作,断路器跳闸。保护 1 的电流Ⅲ段作为保护 2 的电流Ⅰ、Ⅱ、Ⅲ段的远后备。

3. 时限特性

过电流保护的时限特性如图 3-11(b)所示。过电流保护装置(Ⅲ段)1、2、3 分别装设在线路 WL1、WL2、WL3 靠电源的一侧。

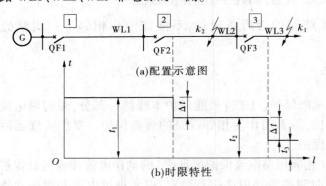

图 3-11　单侧辐射形电网中定时限过电流保护的配置

码 3-6　视频-
定时限过电流
保护动作时限

当线路 WL3 上 k_1 点发生短路时,短路电流 I_k 将流过保护 1、2、3,由于 I_k 均大于保护装置 1、2、3 的动作电流,则三套保护将同时启动,但根据选择性的要求,应该由距离故障点最近的保护 3 动作,使断路器 QF3 跳闸,切除故障,而保护 1、2 则在故障切除后立即返回。用 t_1、t_2、t_3 分别表示保护 1、2、3 的动作时限,那么必须满足如下条件:

$$t_1^{\text{Ⅲ}} > t_2^{\text{Ⅲ}} > t_3^{\text{Ⅲ}}，写成等式：t_1^{\text{Ⅲ}} = t_2^{\text{Ⅲ}} + \Delta t，t_2^{\text{Ⅲ}} = t_3^{\text{Ⅲ}} + \Delta t$$

由图 3-11 可知,各保护装置动作时限的大小是从用户侧向电源侧逐级增加的,越靠近电源,过电流保护动作时限越长,其形状好比一个阶梯,故称为阶梯形时限特性。由于各保护装置动作时限都是分别固定的,与短路电流的大小无关,故称为"定时限"。

(二)动作电流的整定

定时限过电流保护动作电流整定原则是:应躲过线路上可能出现的最大负荷电流。(实际是:故障切除后,在最大负荷电流的情况下,保护应当可靠返回。)

动作电流按下面两个条件整定:

(1)为了使定时限过电流保护在正常运行时不动作,保护装置的动作电流 $I_{op}^{Ⅲ}$ 应大于该线路上可能出现的最大负荷电流 $K_{ss}I_{L.max}$,即

$$I_{op}^{Ⅲ} > K_{ss}I_{L.max} \tag{3-14}$$

式中　　K_{ss} ——电动机自启动时线路电流增大的自启动系数,可根据计算、实验或实际运行数据确定,其值大于 1,一般取 1.5～3;

$I_{L.max}$ ——不考虑电动机自启动时,线路的最大负荷电流。

(2)为了使过电流保护在外部故障切除后能可靠返回,保护装置的返回电流应大于线路上可能出现的最大负荷电流 $K_{ss}I_{L.max}$,即

$$I_{re}^{Ⅲ} > K_{ss}I_{L.max} \tag{3-15}$$

式中　$I_{re}^{Ⅲ}$ ——过电流保护装置的返回电流。

由于过电流继电器的返回电流总是小于动作电流,所以满足式(3-15)就必然满足式(3-14),因此保护的动作电流由式(3-15)决定。将式(3-15)写成等式,即

$$I_{re}^{Ⅲ} = K_{rel}^{Ⅲ}K_{ss}I_{L.max}$$

式中　$K_{rel}^{Ⅲ}$ ——Ⅲ段保护可靠系数,考虑电流继电器整定误差及负荷电流计算不准确等因素的影响而引入的,一般取 1.15～1.25。

由于

$$K_{re} = \frac{I_{re.r}}{I_{op.r}} = \frac{I_{re}^{Ⅲ}}{I_{op}^{Ⅲ}}$$

故定时限过电流保护的一次动作电流为

$$I_{op.1}^{Ⅲ} = \frac{K_{rel}^{Ⅲ}K_{ss}}{K_{re}}I_{L.max} \tag{3-16}$$

继电器的二次动作电流为

$$I_{op.r}^{Ⅲ} = \frac{K_{rel}^{Ⅲ}K_{ss}K_{con}}{K_{re}K_{TA}}I_{L.max} \tag{3-17}$$

式中　K_{re} ——电流继电器的返回系数,一般取 0.85。

从式(3-16)可看出,K_{re} 越小,则 $I_{op}^{Ⅲ}$ 就越大,这将使保护的灵敏度降低,这是不利的,故要求电流继电器的返回系数不能过低。

(三)灵敏系数的校验

由式(3-16)计算出动作电流后,按式 $K_{sen}^{Ⅲ} = \frac{I_{k.min}^{(2)}}{I_{op}^{Ⅲ}}$ 进行灵敏系数的校验。

应该说明的是,对于定时限过电流保护应分别校验作本线路近后备保护和作相邻下一线路及其他电气元件远后备保护的灵敏系数。

当过电流保护作为本线路主保护的近后备保护时,$I_{k.\,min}^{(2)}$ 应采用最小运行方式下,本线路末端(图 3-12 中 k_1 点)两相短路的短路电流来进行校验。

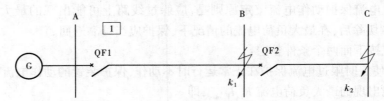

图 3-12　定时限过电流保护灵敏系数的校验点

$$K_{sen.\,1(L)}^{\text{III}} = \frac{I_{kB.\,min}^{(2)}}{I_{op.\,1}^{\text{III}}} \geqslant 1.5 \tag{3-18}$$

当过电流保护作为相邻线路及其他电气元件的远后备保护时,$I_{k.\,min}^{(2)}$ 应采用最小运行方式下,相邻线路及其他电气元件末端(图 3-12 中 k_2 点)两相短路时的短路电流来进行校验。

$$K_{sen.\,1(R)}^{\text{III}} = \frac{I_{kC.\,min}^{(2)}}{I_{op.\,1}^{\text{III}}} \geqslant 1.2 \tag{3-19}$$

(四) 动作时限的整定

为了保证选择性,过电流保护的动作时限按阶梯原则进行整定,这个原则是从用户侧到电源侧的各保护装置的动作时限逐级增加一个 Δt。

如图 3-13 为定时限过电流保护动作时限整定配合示意图,动作时限的整定从离电源最远的电气元件的保护开始。由于电动机是电网中最末端的电气元件,当电动机内部故障时,保护 4 瞬时动作,所以电动机过电流保护的固有动作时间 t_4 为 0 s。保护 3 动作时间 t_3 应该比 t_4 大一个时限级差 Δt,即 0.5 s。而对于保护 1 来说,当线路 WL2 上 k_2 点短路时,有短路电流通过保护 1、2,保护 1 要和保护 2 配合,即 $t_1 = t_2 + \Delta t$;当线路 WL3 上 k_3 点短路时,有短路电流通过保护 1、3,这样,保护 1 又要和保护 3 配合,即 $t_1 = t_3 + \Delta t$。根据选择性的要求,保护 1 要与保护 2、3 中动作时限最大的一个配合。

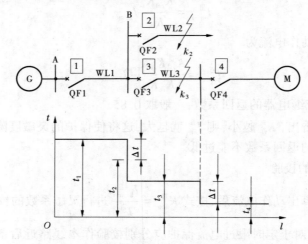

图 3-13　定时限过电流保护动作时限整定配合示意图

从上面的分析可得出:在一般情况下,对于线路 L_n 的定时限过电流保护动作时限整定的一般表达式为

$$t_n^{\text{III}} = t_{(n+1).\max}^{\text{III}} + \Delta t \qquad\qquad (3\text{-}20)$$

式中　t_n^{III}——线路 L_n 上定时限过电流保护装置的动作时限;

　　　　$t_{(n+1).\max}^{\text{III}}$——由线路 L_n 供电的母线上所接的引出线中定时限过电流保护动作时间最长的保护的动作时限。

(五)原理接线图

定时限过电流保护的原理接线图如图 3-14 所示,与带时限电流速断保护的原理图相似,区别在于时间继电器 KT 的延时不同。

其中图 3-14(a)为集中表示的原理电路图,称为原理接线图,这种图的所有电器的组成部件是各自归总在一起的。

图 3-14(b)为分开表示的原理电路图,称为展开图,它是在原理图的基础上作出的。在展开图中,同一回路内的不同设备,按照电流通过的顺序从左至右、从上到下绘制;同一设备的不同组成部分(线圈、触点)用相同的文字符号表示;交流回路、直流回路、信号回路分开画;展开图的右侧也可以加以简短文字说明。展开图条理清晰、层次分明,读图、查线简便,实用性强,便于调试,尤其用在复杂的保护装置中,要比原理图优越得多。因此,展开图在实际工程中得到广泛应用。

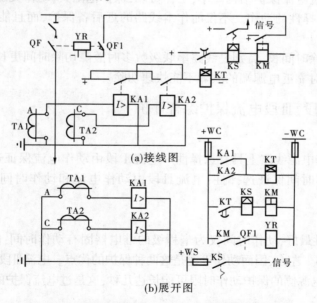

图 3-14　定时限过电流保护的原理接线图与展开图

其工作原理如下:当一次电路发生相间短路时,电流继电器 KA 瞬时动作,闭合其触点,使时间继电器 KT 动作。KT 经过整定的时限后,其延时触点闭合,使串联的信号继电器 KS 和中间继电器 KM 动作。KS 动作后,其指示牌掉下,同时接通信号回路,给出灯光信号和音响信号。KM 动作后,接通跳闸线圈 YR 回路,使断路器 QF 跳闸,切除短路故障。QF 跳闸后,其辅助触点 QF1 随之切断跳闸回路。在短路故障被切除后,继电保护装

置除 KS 外的其他所有继电器均自动返回起始状态,而 KS 可手动复位。

(六)微机保护逻辑框图

定时限过电流保护的动作逻辑框图如图 3-15 所示。与Ⅱ段保护逻辑框图基本相同。主要包含电流测量元件 KA、时间元件 KT、保护投退控制压板等。由于定时限过电流保护的作用和保护范围不同,故动作电流和动作时间也不同。

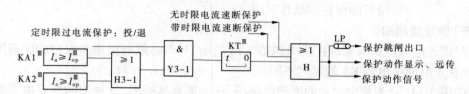

图 3-15　定时限过电流保护的动作逻辑框图

在电流Ⅰ、Ⅱ段保护以及断路器都可以正常工作情况下,电流Ⅲ段保护的电流继电器仅仅启动(电流整定值小),但是延时较长,所以不发跳闸命令(由电流Ⅰ段或Ⅱ段切除短路,电流Ⅲ段随即返回);在电流Ⅰ、Ⅱ段或断路器拒动时,电流Ⅲ段的延时才能够"走到头",此时才发跳闸命令,故称为"后备保护"。

(七)保护评价

优点:定时限过电流保护结构简单,工作可靠,保护范围大,动作灵敏度高。对单侧电源电网能保证有选择性的动作。不仅能作本线路的近后备保护,而且能作为下一条线路的远后备保护。

缺点:故障切除时间长,特别是线路串联级数多时故障切除时间更长。越靠近电源端其动作时限越大,对靠近电源端的故障不能快速切除。

四、Ⅰ段、Ⅱ段、Ⅲ段电流保护综合评价

(一)选择性

电流保护在单电源线路上具有选择性。电流Ⅰ段由动作电流保证选择性;电流Ⅱ段由动作电流及动作时间保证选择性;电流Ⅲ段由动作电流和动作时间阶梯特性保证选择性。

(二)速动性

电流Ⅰ段速动性最好,动作时间仅为毫秒级的继电器固有动作时间;电流Ⅱ段速动性次之,动作时间为 0.5 s 左右,因而动作迅速是这两种保护的优点。电流Ⅲ段速动性最差,动作时间长,特别是靠电源侧的保护动作时限可能长达几秒,这是过电流保护的主要缺点。

(三)灵敏性

电流Ⅰ段保护不能保护本线路全长,且保护范围受系统运行方式的影响较大,故电流Ⅰ段灵敏性最差;电流Ⅱ段灵敏性较好,虽能保护线路全长,但灵敏性依然要受系统运行方式的影响;电流Ⅲ段因按最大负荷电流整定,灵敏性最好,能保护线路全长。但在长距离重负荷线路上,由于负荷电流几乎与短路电流相当,因此往往难以满足要求。

(四)可靠性

由于三段电流保护中继电器简单,数量少,接线、调试和整定计算都较简便,不易出

错,因此可靠性都较高。

【课程思政】

　　一个高明的外科医生应有一双鹰的眼睛、一颗狮子的心和一双女人的手。

　　　　　　　　　　　　　　　　　　　　　　　　　　　　　　　——伦·赖特

　　继电保护装置要做好一个"外科医生",不是那么容易的。它要能快速、灵敏、正确地反映故障或异常状态,才能保障电力系统的安全稳定运行。

　　综合考虑了继电保护的"四性"之后,三段式的配置是一种很好的设计。在满足可靠性和选择性的前提下,Ⅰ段强调速动性,Ⅱ段强调灵敏性,Ⅲ段保证可靠性,相互配合、相互兼顾,并且短路电流越大(危害越大),动作越快。三段式电流保护的设计方式和整定原则充分体现了继电保护的设计思想(兼顾四性),该思想贯穿于所有的单端(单侧)电源线路保护中。

　　总之,使用一段、两段或三段组成的阶段式电流保护,其最主要的优点就是简单、可靠,并且在一般情况下能满足快速切除故障的要求,因此在电网中,特别是在 35 kV 及以下的单侧电源电网中得到广泛的应用。其缺点是受电网的接线及电力系统运行方式变化的影响大,其灵敏性和保护范围不能满足要求。实际应用时,有时将阶段式电流保护简化为电流速断保护与过电流保护两段式。

【任务准备】

　　(1)学员接受任务,根据相关知识通过学习以及查阅相关的资料,准备两段式(Ⅰ段和Ⅲ段)常规电流保护整定和调试训练。

　　(2)工器具及备品备件、材料准备(见表 3-1)。

表 3-1　工器具及备品备件、材料

序号	名称	单位(工位)	准备数量
1	继电保护微机实验台	台	10
2	继电保护实验线包	个	10
3	手套	副	25
4	继电保护安全工器具箱	个	10
5	插排	个	10

　　(3)熟悉一次系统原理图。

　　YHB-Ⅳ保护实验台一次系统原理图如图 3-16 所示。电源线电压为 100 V,系统阻抗分别为 $R_{s.max}=2\ \Omega$、$R_{s.n}=4\ \Omega$、$R_{s.min}=5\ \Omega$,线路段的阻抗为 $R_d=10\ \Omega$。线路中串有一个 $R_1=2\ \Omega$ 的限流电阻,设线路段最大负荷电流为 1.2 A。无时限电流速断保护可靠系数 $K_{rel}^{I}=1.25$,带时限电流速断保护可靠系数 $K_{rel}^{II}=1.25$,过电流保护可靠系数 $K_{rel}^{III}=1.15$,继电器返回系数 $K_{re}=0.85$,自启动系数 $K_{ss}=1.0$。

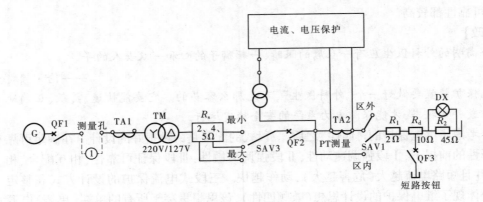

注:保护实验台上的"PT"即电压互感器(Potential Transformer)

图 3-16　YHB-Ⅳ保护实验台一次系统原理图

【任务实施】

1. 输电线路的电流保护整定值计算

根据电气一次系统图和给定条件,计算线路电流保护Ⅰ段和Ⅲ段动作电流整定值 I_{op}^{I}、$I_{op}^{Ⅲ}$。

2. 三相短路时Ⅰ段保护动作情况及灵敏度测试

电流保护一般采用三段式结构,但有些情况下,也可以只采用两段式结构,即Ⅰ段(或Ⅱ段)作主保护,Ⅲ段作后备保护。图 3-17 所示为两段式(Ⅰ段和Ⅲ段)电流保护接线原理图。

码 3-7　视频-
线路微机保护
调试

码 3-8　图片-
两段式电流保
护调试

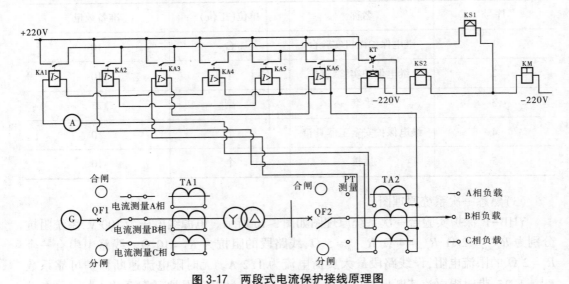

图 3-17　两段式电流保护接线原理图

在不同的系统运行方式下,做两段式常规电流保护测试,找出Ⅰ段电流保护的最大和最小保护范围,具体步骤如下:

（1）按图 3-17 接线，将 Ⅰ 段三个电流继电器的整定值调为 5.16 A，Ⅲ 段整定值调为 1.62 A（重点强调：TA1 不使用，应将其二次侧短接）。

（2）系统运行方式选择置于"最大"，将重合闸开关切换至"OFF"位置。把"区内"、"线路"和"区外"转换开关选择在"线路"挡。

（3）合三相电源开关，三相电源指示灯亮（如果不亮，则停止）。合上直流电源开关，直流电源指示灯亮（如果不亮，则停止）。合上变压器两侧的模拟断路器 QF1、QF2。

（4）缓慢调节调压器输出，使并入 PT 测量处的电压表显示从 0 V 上升到 100 V，此时负载灯全亮。

（5）将常规出口连接片投入，微机出口连接片退出。

（6）合上短路类型选择按钮 SA、SB、SC（在保护装置屏上）。

（7）模拟线路段不同处做短路测试。

先将短路点置于 100% 的位置（短路电阻为 10 Ω，顺时针调节短路电阻至最大位置），按下"短路"按钮，检查保护 Ⅰ 段是否动作；如果没有动作，松开"短路"按钮，再将短路电阻调至 90%（短路电阻为 9 Ω）处，再合上故障模拟断路器，检查保护 Ⅰ 段是否动作；没有动作再继续本步骤前述方法减小短路电阻大小，如 8 Ω、7 Ω、6 Ω、…直至保护 Ⅰ 段动作，然后再慢慢调大一点短路电阻值，直至 Ⅰ 段不动作，记录不同短路电阻时保护的动作情况于表 3-2 中。分析最后能够使 Ⅰ 段保护动作的最大短路电阻值，该数值对应的百分数即为无时限电流速断保护的保护范围。

表 3-2　三相短路保护动作情况记录表（记录是否动作）

运行方式	短路电阻（Ω）									
	10	9	8	7	6	5	4	3	2	1
最大										
最小										
正常										

（8）分别将系统运行方式置于"最小"和"正常"方式，重复步骤（3）~（7）的过程，将不同短路电阻时保护的动作情况记录在表 3-2 中。

（9）测试完成后，将调压器输出调到 0 V，断开所有电源开关。

（10）根据测试数据分析出无时限电流速断保护的最大保护范围。

3. 两相短路时 Ⅰ 段保护动作情况及灵敏度测试

在系统运行方式为最小时，做三段式常规电流保护测试，找出 Ⅰ 段电流保护的最小保护范围，具体步骤如下：

（1）按图 3-17 接线。调整 Ⅰ 段三个电流继电器的整定值 5.16 A，Ⅲ 段整定值为 1.62 A。

（2）系统运行方式选择置于"最小"，将重合闸开关切换至"OFF"位置。把"区内"、"线路"和"区外"转换开关选择在"线路"挡。

（3）~（5）步骤如同上述测试 2 中的步骤（3）~（5）。

（6）合上短路类型选择按钮 SA、SB、SC 中任意两相,如 SA、SB(在保护装置屏上)。

（7）模拟线路段不同处做短路测试。步骤同测试 2 中的步骤(7),记录能使保护Ⅰ段动作的最大短路电阻值于表 3-3 中。

表 3-3　两相短路测试数据记录表(记录最大短路电阻值)

运行方式	短路电阻(Ω)		
	AB 相短路	BC 相短路	CA 相短路
最大			
最小			
正常			

（8）分别将系统运行方式置于"最大"和"正常"方式,重复步骤(3)~(7)的过程,将能够使Ⅰ段保护动作的最大短路电阻值记录在表 3-3 中。

（9）测试完成后,将调压器输出调为 0 V,断开所有电源。

（10）分别将短路类型设为 AC 或 BC 相,重复上述步骤,将数据记录于表 3-3 中。

（11）根据测试数据,分析出无时限电流速断保护的最小保护范围。

【课堂训练与测评】

（1）画出Ⅰ段电流保护的原理图、展开图,并说明图中各继电器的作用。

（2）画出Ⅱ段电流保护的原理图、展开图,叙述动作电流和动作时限应如何选择,灵敏系数如何校验。

（3）分析在不同运行方式下,Ⅰ段电流保护的灵敏度。

【拓展提高】

分组进行三相短路时Ⅱ段保护动作情况及灵敏度测试(方法同Ⅰ段保护测试)。

任务二　阶段式电流保护

由无时限电流速断保护、带时限电流速断保护和定时限过电流保护相配合的一整套保护,称为阶段式电流保护。它们主要用于 35 kV 及以下的中性点非直接接地电网中单侧电源辐射形线路。

【任务分析】

为单侧电源辐射形电网中的输电线路配置三段式电流保护方案,整定动作电流、动作时限,并校验保护的灵敏系数。

【知识链接】

一、阶段式电流保护的构成

阶段式电流保护由第Ⅰ、Ⅱ段保护为主保护,第Ⅲ段保护既作本线路的近后备保护,也作为相邻下一线路及其他电气元件的远后备保护。

图 3-18 绘出了三段式电流保护各段保护范围及动作时限配合情况。输电线路上并不一定都要装设三段式电流保护,根据具体情况,有时只需装设其中两段就可以了。如线路-变压器组接线,可不装设Ⅱ段;又如在很短的线路上,只需装设Ⅱ段和Ⅲ段;在电网末

端线路上,只需装设Ⅲ段;越靠近电源侧,保护应该越完整,一般需装设三段式电流保护。

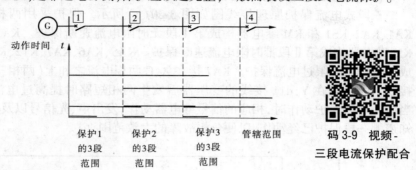

图 3-18　三段式电流保护的保护范围和动作时限特性

二、保护装置接线图

(一)三段式电流保护逻辑框图

三段式电流保护逻辑框图如图 3-19 所示,保护采用两相不完全星形接线方式。

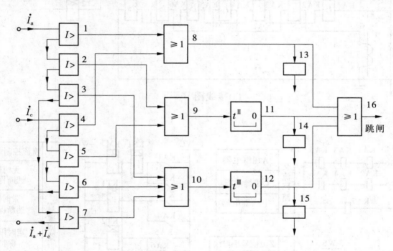

1、4—电流保护Ⅰ段测量元件;2、5—电流保护Ⅱ段测量元件;3、6、7—电流保护Ⅲ段测量元件;
8、9、10—或门逻辑元件;11、12—电流保护Ⅱ、Ⅲ段的延时元件;
13、14、15—电流保护Ⅰ、Ⅱ、Ⅲ段的信号元件;16—出口元件

图 3-19　三段式电流保护逻辑框图

　　阶段式电流保护由电流Ⅰ段、Ⅱ段、Ⅲ段组成,三段保护构成"或"逻辑出口跳闸。在电网中线路 WL1 上(第Ⅰ段保护范围内)发生 A、B 两相短路时,测量元件 1、2、3、7 都将动作,其中测量元件 1 经或门 8 直接启动出口元件 16 和信号元件 13,并使断路器跳闸,切除故障。虽然测量元件 2 经或门元件 9 启动了延时元件 11 ,测量元件 3、7 经或门 10 启动了延时元件 12,但因故障切除后,故障电流已消失,测量元件 2、3、7 和延时未到的延时元件 11、12,出口元件 16 将返回。电流保护第Ⅱ、Ⅲ段不会再输出跳闸信号。

(二)三段式电流保护原理接线图

三段式电流保护原理接线图如图3-20(a)所示。保护采用两相不完全星形接线。KA1、KA2、KS1 和 KM 继电器构成第 I 段无时限电流速断保护。KA3、KA4、KT1、KS2 和 KM 继电器构成第 II 段带时限电流速断保护。KA5、KA6、KA7、KT2、KS3 和 KM 继电器构成第III 段定时限过电流保护。KA7 接在 A、C 两相电流之和上(两相三继电器不完全星形接线),是为了在 Y, d11 接线的变压器后发生两相短路时提高过电流保护的灵敏系数。当任何一段保护动作时,相应的信号继电器动作,发出声、光信号以及就地掉牌信号,从而知道哪一段保护已经动作,以便分析故障的大致范围。

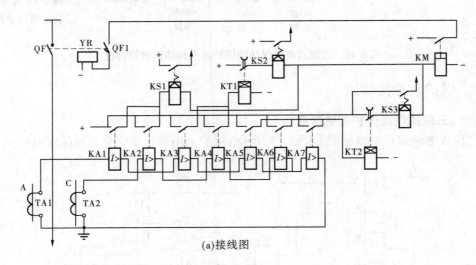

(a)接线图

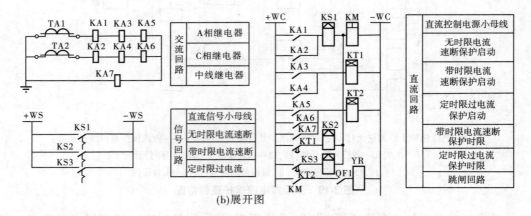

(b)展开图

图 3-20　三段式电流保护原理接线图

(三)三段式电流保护原理展开图

图3-20(b)为三段式电流保护的展开图。它由交流回路、直流回路和信号回路三部分组成。交流回路由电流互感器 TA1、TA2 构成两相星形联结,二次绕组接电流继电器 KA1~KA7 的线圈。直流回路由直流屏引出的直流操作电源正控制小母线(+WC)和负控制小母线(-WC)供电。信号回路由直流屏引出的直流操作电源正信号小母线和负信号

小母线供电。

【任务准备】

　　学员接受任务,根据给出的相关知识通过学习,熟悉三段式电流保护原理接线图和整定计算方法。

【任务实施】

　　(1)总结三段式电流保护名称、作用、保护范围、整定计算,分组展示(见表3-4)。

表3-4　三段式电流保护各段对比表

段别	Ⅰ	Ⅱ	Ⅲ
名称	无时限电流速断保护	带时限电流速断保护	定时限过电流保护
选择性的实现	依靠动作电流的整定值	依靠动作电流的整定值和动作时限的整定值	依靠动作电流的整定值和动作时限的整定值
保护范围	线路 WL1 首端一部分	(1)线路 WL1 的全长; (2)线路 WL2 首端一部分	(1)线路 WL1 的全长(近后备) (2)线路 WL2 的全长(远后备)
整定方法 — 条件	按线路 WL1 末端 B 母线上短路时的最大短路电流整定	(1)与线路 WL2 的无时限电流速断保护配合整定 (2)与线路 WL2 的带时限电流速断保护配合整定	按流过线路 WL1 的最大负荷电流整定
整定方法 — 公式	$I_{op.1}^{Ⅰ} = K_{rel}^{Ⅰ} I_{kB.max}^{(3)}$	$I_{op.1}^{Ⅱ} = K_{rel}^{Ⅱ} I_{op.2}^{Ⅰ}$	$I_{op.1}^{Ⅲ} = \dfrac{K_{rel}^{Ⅲ} K_{ss}}{K_{re}} I_{L.max}$
动作时限	≈0 s	0.5 s	全电网按阶梯原则整定
校验 — 校验点	实际保护范围末端	线路 WL1 的末端	(1)线路 WL1 的末端(近后备) (2)线路 WL2 的末端(远后备)
校验 — 公式	$l_{max} = \dfrac{1}{X_1}\left(\dfrac{E_s}{I_{op}^{Ⅰ}} - X_{s.min}\right)$ 要求 $l_{max} \geqslant 50\% \, l_{AB}$ $l_{min} = \dfrac{1}{X_1}\left(\dfrac{\sqrt{3}}{2} \times \dfrac{E_s}{I_{op}^{Ⅰ}} - X_{s.max}\right)$,要求 $l_{min} \geqslant (15\% \sim 20\%) \, l_{AB}$	$K_{sen}^{Ⅱ} = \dfrac{I_{kB.min}^{(2)}}{I_{op.1}^{Ⅱ}} \geqslant 1.3 \sim 1.5$	$K_{sen(L)}^{Ⅲ} = \dfrac{I_{kB.min}^{(2)}}{I_{op.1}^{Ⅲ}} \geqslant 1.5$ $K_{sen(R)}^{Ⅲ} = \dfrac{I_{kC.min}^{(2)}}{I_{op.1}^{Ⅲ}} \geqslant 1.2$

（2）阶段式电流保护整定计算。在图 3-21 所示的 35 kV 单侧电源辐射形电网中,线路 WL1 和 WL2 装设三段式电流保护。已知线路 WL1 长 20 km,线路 WL2 长 60 km,均为架空线路,线路的正序电抗为 0.4 Ω/km。系统的等值电抗最大运行方式时 $X_{s.min} = 5.5$ Ω,最小运行方式时 $X_{s.max} = 7.5$ Ω。线路 WL1 的最大负荷电流为 200 A,负荷的自启动系数为 1.5。线路 WL2 的过电流保护的动作时限为 3 s。各短路点短路电流的计算以 37 kV 为基准,最大运行方式下, $I_{k2.max}^{(3)} = 1\ 600$ A, $I_{k3.max}^{(3)} = 600$ A;最小运行方式下, $I_{k2.min}^{(3)} = 1\ 400$ A, $I_{k3.min}^{(3)} = 580$ A。试计算线路 WL1 三段式电流保护的动作电流、动作时限,并校验保护的灵敏系数。

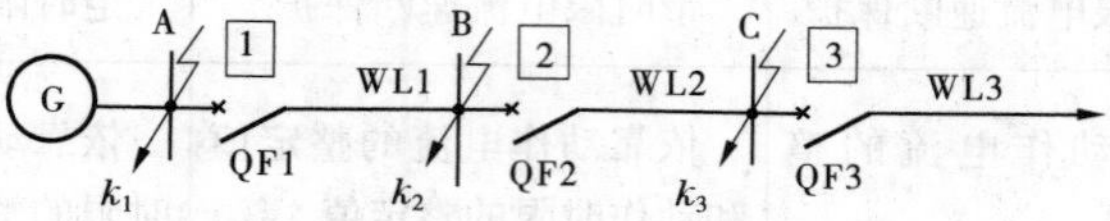

图 3-21　三段式电流保护整定计算举例图

解:①第 Ⅰ 段无时限电流速断保护。

保护装置的动作电流按躲过线路 WL1 末端 k_2 点短路时的最大短路电流整定,即

$$I_{op.1}^{I} = K_{rel}^{I} I_{k2.max}^{(3)} = 1.3 \times 1\ 600 = 2\ 080 (A)$$

动作时限为 $t_1^{I} \approx 0$ s。

保护范围为

$$l_{max} = \frac{1}{X_1}\left(\frac{E_s}{I_{op.1}^{I}} - X_{s.min}\right) = \frac{1}{0.4} \times \left(\frac{37\ 000/\sqrt{3}}{2\ 080} - 5.5\right) = 12 (km)$$

$$\frac{l_{max}}{l_1} \times 100\% = \frac{12}{20} \times 100\% = 60\% > 50\%,合格$$

$$l_{min} = \frac{1}{X_1}\left(\frac{\sqrt{3}}{2} \times \frac{E_s}{I_{op.1}^{I}} - X_{s.max}\right) = \frac{1}{0.4} \times \left(\frac{\sqrt{3}}{2} \times \frac{37\ 000/\sqrt{3}}{2\ 080} - 7.5\right) = 3.5 (km)$$

$$\frac{l_{min}}{l_1} \times 100\% = \frac{3.5}{20} \times 100\% = 17.5\% > 15\%,合格$$

②第 Ⅱ 段带时限电流速断保护。

首先算出线路 WL2 的第 Ⅰ 段的动作电流, $I_{op.2}^{I}$ 按躲过线路 WL2 末端 k_3 点短路时的最大短路电流整定,即

$$I_{op.2}^{I} = K_{rel}^{I} I_{k3.max}^{(3)} = 1.3 \times 600 = 780 (A)$$

线路 WL1 的第 Ⅱ 段动作电流为

$$I_{op.1}^{II} = K_{rel}^{II} I_{op.2}^{I} = 1.1 \times 780 = 858 (A)$$

动作时限为　　　　　　　　$t_1^{II} = t_2^{I} + \Delta t = 0.5$ s

灵敏系数按线路 WL1 末端 k_2 点短路来校验。

$$K_{sen}^{II} = \frac{I_{k2.min}^{(2)}}{I_{op.1}^{II}} = \frac{\frac{\sqrt{3}}{2} \cdot I_{k2.min}^{(3)}}{I_{op.1}^{II}} = \frac{\frac{\sqrt{3}}{2} \times 1\ 400}{858} = 1.4 > 1.3,合格$$

③第Ⅲ段定时限过电流保护。

动作电流为

$$I_{\mathrm{op.1}}^{\mathrm{III}} = \frac{K_{\mathrm{rel}}^{\mathrm{III}} K_{\mathrm{ss}}}{K_{\mathrm{re}}} I_{\mathrm{L.max}} = \frac{1.2 \times 1.5}{0.85} \times 200 = 423.5(\mathrm{A})$$

动作时限为 $\qquad t_1^{\mathrm{III}} = t_2^{\mathrm{II}} + \Delta t = 3 + 0.5 = 3.5(\mathrm{s})$

作近后备保护时,灵敏系数按线路 WL1 末端 k_2 点短路来校验。

$$K_{\mathrm{sen(L)}}^{\mathrm{III}} = \frac{I_{k2.\min}^{(2)}}{I_{\mathrm{op.1}}^{\mathrm{III}}} = \frac{\frac{\sqrt{3}}{2} I_{k2.\min}^{(3)}}{I_{\mathrm{op.1}}^{\mathrm{III}}} = \frac{\frac{\sqrt{3}}{2} \times 1\,400}{423.5} = 2.8 > 1.5, 合格$$

作远后备保护时,灵敏系数按线路 WL2 末端 k_3 点短路来校验。

$$K_{\mathrm{sen(R)}}^{\mathrm{III}} = \frac{I_{k3.\min}^{(2)}}{I_{\mathrm{op.1}}^{\mathrm{III}}} = \frac{\frac{\sqrt{3}}{2} I_{k3.\min}^{(3)}}{I_{\mathrm{op.1}}^{\mathrm{III}}} = \frac{\frac{\sqrt{3}}{2} \times 580}{423.5} = 1.18 < 1.2, 不合格$$

【课程思政】

继电保护的定值计算错误和整定错误两个可能因素会引起保护误动或拒动。电力从业人员应该具备高度的工作责任感和使命感以及电力工匠应需的品质。

【课堂训练与测评】

根据三段式电流保护原理接线图画出展开图。

任务三　电流电压联锁保护

电压保护是利用正常运行与短路状态下母线电压的差别构成的保护。利用被保护元件上电压突然增大使保护动作而构成的保护装置,称为过电压保护;利用被保护元件上电压突然下降使保护动作而构成的保护装置,称为低电压保护。

由电流保护和电压保护相互闭锁构成的保护叫作电流电压联锁保护。

【任务分析】

对输电线路进行电流电压联锁保护配置、整定和调试。

【知识链接】

从前面的分析可知,当系统运行方式变化很大时,无时限电流速断保护可能没有保护区,带时限电流速断保护和过电流保护的灵敏系数可能不满足要求。在不增加保护动作时限的前提下,可采取降低保护装置的动作电流来提高保护的灵敏系数。但是,这样做会导致保护范围外部短路时保护误动,这时可增加一个电压测量元件来保证选择性,构成电流电压联锁保护,如图 3-22 所示。

电流电压联锁保护的基本原理如下:

正常运行时:过电流继电器 KA 不动作,常开触点断开。低电压继电器 KV 不动作,常闭触点断开。整套保护不动作

短路时:输电线路的短路电流大于保护的动作电流,过电流继电器 KA 动作,常开触点闭合;保护安装处母线上的残余电压低于保护的动作电压,低电压继电器 KV 动作,常

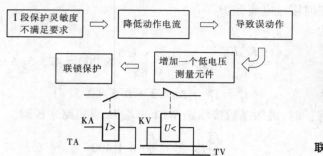

码 3-10　音频-
联锁速断保护原理

图 3-22　电流电压联锁速断保护原理简图

闭触点闭合。整套保护启动。

一、无时限电流电压联锁速断保护

(一) 工作原理及整定计算

当发生故障时,电压降低到一定数值后,反映电压降低而不带延时瞬时动作切除故障的保护叫作电压速断保护。由无时限电流速断保护和无时限电压速断保护相互闭锁的保护叫作无时限电流电压联锁速断保护。保护的单相原理框图如图 3-23 所示,图中 1 表示电流测量元件,2 表示低电压测量元件,3 表示与门电路,4 和 5 表示信号元件。故障时,只有当短路电流大于保护的动作电流 I_{op}^{I} 时电流测量元件 1 有输出,同时保护安装处母线上的残余电压又低于保护的动作电压整定值 U_{op}^{I} 时低电压测量元件 2 有输出,即电流、电压继电器均动作时,保护经与门电路 3 保护才动作于跳闸。

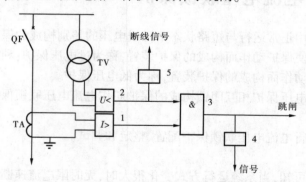

图 3-23　无时限电流电压联锁速断保护单相原理框图

图 3-24 是无时限电流电压联锁速断保护的整定计算示意图。图中,线路 WL1 上装设了无时限电流电压联锁速断保护,由于该保护采用了电流元件、电压元件相互闭锁,在外部故障时,只要有一个测量元件不动作,保护就能满足选择性。通常是按系统在经常性出现的运行方式(简称正常运行方式)下有较大的保护范围来进行整定计算。

设被保护线路的长度为 l,正常运行方式下的保护范围为 l_1,为了保证选择性,要求 $l_1 < l$,写成等式

$$l_1 = \frac{l}{K_{rel}} \approx 0.8l \qquad\qquad (3-21)$$

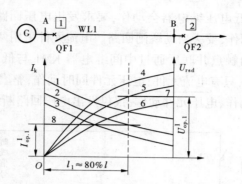

图 3-24　无时限电流电压联锁速断保护整定计算示意图

式中　　K_{rel} ——可靠系数,取 1.2~1.3。

对应于保护范围 l_1,保护装置的动作电流为

$$I_{op.1}^{I} = \frac{E_s}{X_s + X_1 l_1} \tag{3-22}$$

式中　　E_s ——系统的等值计算相电势;

　　　　X_s ——正常运行方式下,系统等值电抗;

　　　　X_1 ——线路单位千米长度的正序电抗。

对应于保护范围 l_1,保护装置的动作电压(通常考虑线电压)为

$$U_{op.1}^{I} = \sqrt{3} I_{op.1}^{I} X_1 l_1 \tag{3-23}$$

从式(3-23)可看出,$U_{op.1}^{I}$ 就是在正常运行方式下,保护范围 l_1 末端三相短路时,保护安装处母线 A 上的残余电压。因此,在正常运行方式下,电流元件、电压元件的保护范围是相等的,其保护范围约为被保护线路全长的 80%。

在图 3-24 中,曲线 1、2、3 分别表示在最大、正常、最小运行方式下的短路电流 I_k 随短路距离 l 变化的关系曲线,曲线 4、5、6 分别表示在最大、正常、最小运行方式下保护安装处 A 母线上的残余电压 U_{rsd} 随短路距离 l 变化的关系曲线,直线 7 和 8 分别表示动作电流 $I_{op.1}^{I}$ 和动作电压 $U_{op.1}^{I}$。从图中可以看出,对于无时限电流电压联锁速断保护,在最大运行方式下,电流元件的保护范围会延伸到相邻线路的一部分,而电压元件的保护范围不会超出本线路,此时电压元件起闭锁作用,保证了选择性。在最小运行方式下,电压元件的保护范围也会延伸到相邻线路的一部分,但电流元件的保护范围也不会超出本线路,此时电流元件起闭锁作用,也保证了选择性。

根据规程规定,在各种可能的运行方式下,无时限电流电压联锁速断保护的最小保护范围要不小于被保护线路全长的 15%。

(二)原理接线图

无时限电流电压联锁速断保护的原理接线图如图 3-25 所示。电压元件为三个低电压继电器,其线圈分别接在电压互感器二次侧的三个线电压上,这样可以保证在不同相间的两相短路时,电压元件有较高的灵敏系数。它们的触点并联后接到中间继电器 KM1 的线圈上。增加中间继电器 KM1 是为了增加低电压继电器的触点数目,因为当电压互感器

TV 出现二次侧断线时,低电压继电器会动作,要求发出电压回路断线信号;而发生故障时,低电压继电器也会动作,要去启动跳闸回路。电流元件采用两相两继电器不完全星形接线,两个电流继电器的触点并联后通过中间继电器 KM1 与低电压继电器的触点组成"与"门。当发生故障时,只有电流元件、电压元件同时动作,整套保护才动作。当电压回路断线时,电流元件不动作,电压元件动作,仅仅发出电压回路断线信号。

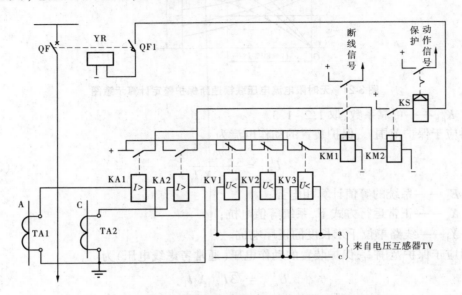

图 3-25　无时限电流电压联锁速断保护原理接线图

(三)逻辑框图

无时限电流电压联锁速断保护逻辑框图见图 3-26。

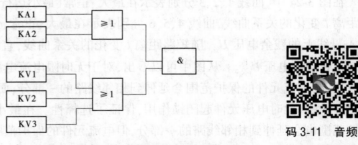

图 3-26　无时限电流电压联锁速断保护逻辑框图

码 3-11　音频-
联锁速断保护逻辑

由于无时限电流电压联锁速断保护接线比较复杂,所以只有当无时限电流速断保护不能满足灵敏系数要求时,才考虑采用。

同理,也可以组成带时限电流电压联锁速断保护。由于实际很少采用,故不讨论。

二、低电压启动的过电流保护

对于定时限过电流保护,当灵敏系数不满足要求时,必须采取措施提高灵敏系数。提高灵敏系数最简单的方法也是降低动作电流,并在原有过电流保护的基础上加装低电压启动元件,即构成低电压启动的过电流保护,其原理框图如图 3-27 所示。

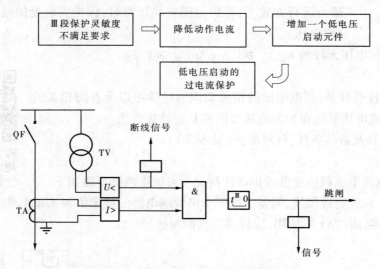

图 3-27　低电压启动过电流保护的逻辑框图

低电压启动的过电流保护的原理接线图与图 3-25 基本相同,不同的是只需将图中增加时间继电器 KT,这里不再讨论。

系统在正常运行时,不论负荷电流多大,母线上的电压都很高,低电压继电器不会动作。在此情况下,即使电流继电器动作,保护也不会误动作。因此,在计算电流元件动作电流时,可以不按躲过最大负荷电流 $I_{L.max}$,而只需按正常工作电流来整定,一般用线路的额定电流 $I_{N.L}$ 来计算,即保护的动作电流为

$$I_{op} = \frac{K_{rel}}{K_{re}} I_{N.L} \qquad (3-24)$$

这样就大大地降低了保护装置的动作电流,从而提高了它的灵敏系数。保护的动作电压按躲过最小工作电压来整定,即

$$U_{op} = \frac{K_{rel}}{K_{re}} U_{w.min} \qquad (3-25)$$

式中　K_{rel}——低电压元件的可靠系数,取 0.9;

　　　K_{re}——低电压元件的返回系数,取 1.15;

　　　$U_{w.min}$——保护安装处母线上的最小工作电压,取 $0.9U_N$(U_N 为保护装置所在电网的额定电压)。

将上述数据代入式(3-25),得

$$U_{op} \approx 0.7U_N \qquad (3-26)$$

对于过电流元件灵敏系数的校验同单独的过电流保护。低电压元件灵敏系数应按最不利的短路情况下保护安装处相间残余电压最高的情况来校验,即按在最大运行方式下,保护范围末端短路来校验,即

$$K_{sen} = \frac{U_{op}}{U_{rsd.max}} \tag{3-27}$$

式中　　$U_{rsd.max}$——最大运行方式下,保护范围末端短路时,保护安装处的最高残余电压

　　　　　　　　(线电压)。

　　规程规定,电压元件的$K_{sen(L)} \geqslant 1.3$,$K_{sen(R)} \geqslant 1.2$。

【任务准备】

　　(1)学员接受任务,根据给出的相关知识通过学习以及查阅相关的资料,熟悉电流电压联锁保护原理接线图和整定计算方法。

　　(2)工器具及备品备件、材料准备(见表3-1)。

码3-12　图片-
电流电压联锁
保护调试

【任务实施】

　　无时限电流电压联锁速断保护动作情况及灵敏度测试步骤如下:

　　(1)按图3-28完成接线,调整Ⅰ段三个电流继电器的整定值为4.4 A,电压继电器整定值为69 V(强调:TA1不使用,应将其二次侧短接)。

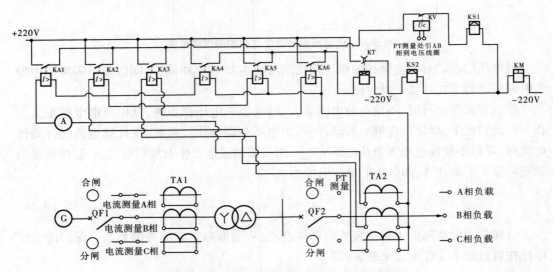

图3-28　无时限电流电压联锁速断保护实验接线图

　　(2)重复前面任务一中的"三相短路时Ⅰ段保护动作情况及灵敏度测试"中步骤(2)至步骤(9),将保护是否动作记录于表3-5中。

表3-5　无时限电流电压联锁速断保护动作情况记录表(记录是否动作)

运行方式	短路电阻(Ω)					
	10	9	8	7	6	5
最大						
最小						
正常						

（3）根据测试数据求保护的最大范围,比较无时限电流电压联锁速断保护和无时限电流速断保护的保护范围,分析低电压闭锁电流速断保护的灵敏度。

【课堂训练与测评】

电流电压联锁保护有何优点?

【拓展提高】

复合电压启动的过电流保护测试步骤如下:

（1）按图3-29串入负序电压和低电压继电器,调整Ⅰ段三个电流继电器的整定值为4.3 A。电压继电器整定值为56 V,负序电压继电器整定值为6 V。

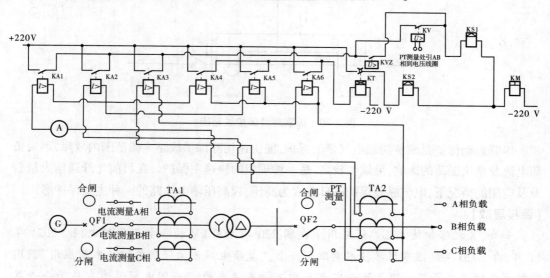

图 3-29　复合电压启动的过电流保护实验接线图

（2）重复前面任务一中的"三相短路时Ⅰ段保护动作情况及灵敏度测试"中步骤(2)~(9),将实验数据(保护是否动作)记录于表3-6中。

表 3-6　复合电压启动的过电流保护动作情况记录表(记录是否动作)

运行方式	短路电阻(Ω)			
	4	5	6	8
最大				
最小				
正常				

（3）根据实验数据求出复合电压启动的过电流保护的最大保护范围,分析复合电压启动的过电流保护的灵敏性,并与低压闭锁速断保护、无时限电流速断保护的范围进行比较。

【知识链接】　纵联差动保护

纵联差动保护是将线路一侧的电气信息传到另一侧去,对两侧的电气量同时比较、联合工作,实现了线路两侧的纵向联系的保护。

优点:无时限切除被保护线路上任意点的故障(绝对选择性)。

缺点:需要通道,不具备保护相邻线路的功能。

如图3-30所示,当线路正常运行或线路外部K_2点发生短路故障时,流入差动继电器KD的电流为0,继电器不动作。在保护范围内部故障,即在两电流互感器之间的线路上故障,流入继电器的电流I_r为故障点短路电流的二次值,当它大于继电器动作电流时,继电器动作,瞬时跳开线路两侧的断路器。

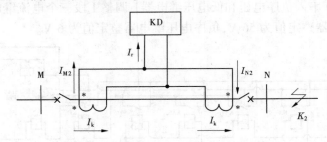

图3-30　纵联差动保护线路图

纵联差动保护是测量两端电气量的保护,能快速切除保护线路全线范围内故障,不受负荷电流及系统振荡的影响,灵敏度较高,是一种理想的快速主保护。在目前光纤通信大量普及及应用的情况下,电流纵差保护已日益成为高压、超高压输电线路的一种主要保护形式。

【课程思政】

如今,差动保护技术已广泛应用于我国220~1 000 kV的各电压等级电网。2021年11月,在2020年度国家科学技术奖励大会上,"复杂电网差动保护关键技术及应用"获国家技术发明奖二等奖。项目第一完成人郑玉平充满自豪:"我国电网逐步发展为全世界输送容量最大、输电电压等级最高、规模最大的交直流混联电网,离不开各方面的努力。作为其中关键一环,我国的继电保护技术走在世界前列,确保了电网安全稳定运行。这是我们科研人员的骄傲。"他有一个坚定的信念——打破国外垄断,用我们自己生产的继电保护设备守护电网安全。

党的二十大报告指出:必须坚持科技是第一生产力、人才是第一资源、创新是第一动力,深入实施科教兴国战略、人才强国战略、创新驱动发展战略,开辟发展新领域新赛道,不断塑造发展新动能新优势。

我们要践行人民电业为人民的企业宗旨,牢记初心使命,在工作中努力创新,探索新技术、新工艺、新方法,为电力系统安全稳定运行贡献自己的智慧与力量。

任务四　中性点非直接接地电网的接地保护

中性点直接接地,是指电力系统中变压器的中性点直接跟大地相连,当发生接地短路时将出现很大的零序电流,因此又称为大电流接地系统,一般适用于110 kV及以上的系统。

中性点非直接接地,是指中性点不接地、中性点经消弧线圈接地或中性点经高阻抗接地,当发生单相接地时,故障点的电流很小,因此称为小电流接地系统,一般适用于 35 kV 及以下的系统。本任务主要学习中性点非直接接地电网的单相接地保护。电网中性点运行方式如图 3-31 所示。

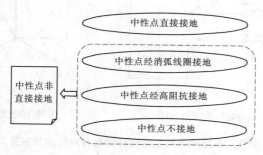

图 3-31　电网中性点运行方式

【任务分析】

在中性点不接地系统中,对 10 kV 输电线路进行单相接地短路保护的配置与整定。

【知识链接】

一、中性点非直接接地系统中发生接地短路分析

在中性点非直接接地电网中,单相接地故障发生的概率占所有故障的 90% 左右。若发生单相接地故障,只有很小的接地电容电流,而且三相的相间电压仍然保持对称,对负荷的供电没有影响。因此,保护装置不需要立即作用于断路器跳闸,允许带一个接地点继续运行 1~2 h。但是,这毕竟是一种故障,当发生单相接地之后,由于非故障相对地电压升高为正常运行时的 $\sqrt{3}$ 倍,因此对线路及设备的绝缘是一种威胁。如果又发生另一相接地,则将形成两相接地短路。为了防止故障的扩大,保护装置应及时发出信号,以便运行值班人员及时发现并排除故障。只是在某些特殊的情况下,对人身和设备的安全构成威胁时,才装设有选择性动作于跳闸的接地保护。

在电力系统中发生接地短路(单相接地或两相接地)时,由于是非对称性短路,是一种复杂短路,因此我们可以利用对称分量的方法将电流和电压分解为正序、负序和零序分量(已经在项目二的任务三中介绍过)。

二、中性点不接地电网的单相接地保护

(一)正常运行时特点

中性点不接地电网正常运行时电容电流的分布及其相量图如图 3-32 所示,为了分析方便,三相对地分布电容分别用集中电容表示,其值为 $C_A = C_B = C_C = C_0$,$\dot{E}_A$、$\dot{E}_B$、$\dot{E}_C$ 分别为三相电源的相电势,设线路为空载状态。

正常运行时,三相电流 $\dot{I}_A$、$\dot{I}_B$ 和 $\dot{I}_C$ 分别为很小的接地电容电流,其大小相等,相位超前于相应的相电压 90°,其相量图如图 3-32(b)所示。由于电源和负载都是对称的,故在正常运行时,电网不会出现零序电压和零序电流。电源中性点电压 $\dot{U}_N = 0$,各相对地电压

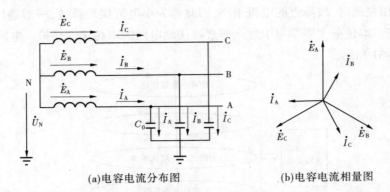

(a)电容电流分布图　　　　　(b)电容电流相量图

图 3-32　中性点不接地电网正常运行时电容电流的分布及其相量图

等于各相电压。

(二) 单相接地故障时的特点

当电网发生单相接地故障时,由于三相对地电压及电容电流的对称性遭到破坏,因而电网将出现零序电压和零序电流。现以图 3-33 所示中性点不接地电网为例进行分析。

在图 3-33 中,设线路 WL1、WL2、WL3 和发电机 G 的各相对地集中电容分别用 $C_{0.1}$、$C_{0.2}$、$C_{0.3}$ 和 $C_{0.G}$ 表示,为分析方便,仍假设线路为空载,并且忽略电容电流在线路阻抗上的压降。假设在线路 WL3 上 A 相发生单相金属性接地故障,其 A 相对地电容 $C_{0.3}$ 被短接,电网中性点对地电压为

$$\dot{U}_N = -\dot{E}_A \tag{3-28}$$

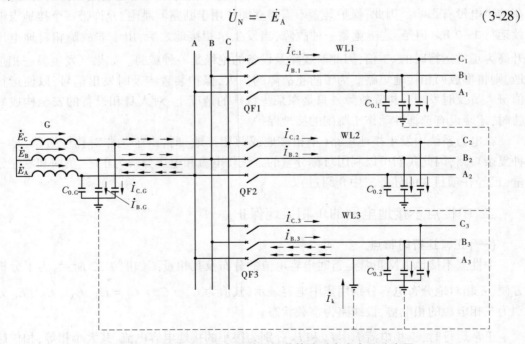

图 3-33　中性点不接地电网单相接地故障时电容电流分布图

电网中 A、B、C 三相对地电压分别为

$$\begin{cases} \dot{U}_A = \dot{E}_A - \dot{E}_A = 0 \\ \dot{U}_B = \dot{E}_B - \dot{E}_A = \sqrt{3}\dot{E}_A e^{-j150°} \\ \dot{U}_C = \dot{E}_C - \dot{E}_A = \sqrt{3}\dot{E}_A e^{j150°} \end{cases} \tag{3-29}$$

于是电网将出现零序电压,其值为

$$3\dot{U}_0 = \dot{U}_A + \dot{U}_B + \dot{U}_C = -3\dot{E}_A$$

$$\dot{U}_0 = -\dot{E}_A \tag{3-30}$$

由此可见,A 相对地电压为零,B、C 相的对地电压升高为正常运行时的 $\sqrt{3}$ 倍。与此同时,电网中电容电流也发生了变化。由于全电网 A 相对地电压为零,故各线路 A 相对地电容电流等于零,B、C 相对地电容电流经大地、故障点、故障线路和电源构成回路,其电容电流分布如图 3-33 所示。

对于线路 WL1,非故障相 B、C 相流向故障点的电容电流分别为

$$\begin{cases} \dot{I}_{A.1} = 0 \\ \dot{I}_{B.1} = j\omega C_{0.1}\dot{U}_B = j\sqrt{3}\omega C_{0.1}\dot{E}_A e^{-j150°} \\ \dot{I}_{C.1} = j\omega C_{0.1}\dot{U}_C = j\sqrt{3}\omega C_{0.1}\dot{E}_A e^{j150°} \end{cases} \tag{3-31}$$

从式(3-31)可知,A 相对地电容电流为零,B、C 相对地电容电流增大为正常运行时电容电流的 $\sqrt{3}$ 倍,这一结果适用于中性点不接地电网中任意一条线路。

从图 3-33 可以看出,非故障线路 WL1 始端所反映的零序电流为

$$3\dot{I}_{0.1} = \dot{I}_{B.1} + \dot{I}_{C.1} = j\omega C_{0.1}\dot{U}_B + j\omega C_{0.1}\dot{U}_C = j3\omega C_{0.1}\dot{U}_0 \tag{3-32}$$

同理,非故障线路 WL2 始端所反映的零序电流为

$$3\dot{I}_{0.2} = \dot{I}_{B.2} + \dot{I}_{C.2} = j3\omega C_{0.2}\dot{U}_0 \tag{3-33}$$

对非故障元件发电机 G,一方面,其本身 B、C 相的对地电容电流 $\dot{I}_{B.G}$ 和 $\dot{I}_{C.G}$ 经电容 $C_{0.G}$ 流向故障点;另一方面,由于发电机 G 是产生其他电容电流的电源,各条线路的电容电流从 A 相绕组流入,又分别从 B、C 相绕组流出,三相电流相量和为零。故对发电机 G 出线端所反映的零序电流为

$$3\dot{I}_{0.G} = \dot{I}_{B.G} + \dot{I}_{C.G} = j3\omega C_{0.G}\dot{U}_0 \tag{3-34}$$

而对故障线路 WL3,B、C 相同非故障线路一样,流有它本身的电容电流 $\dot{I}_{B.3}$ 和 $\dot{I}_{C.3}$,而 A 相要流过故障点的电流 $\dot{I}_k$,$\dot{I}_k$ 的方向由线路指向母线,其值为

$$\begin{aligned} \dot{I}_k &= (\dot{I}_{B.1} + \dot{I}_{C.1}) + (\dot{I}_{B.2} + \dot{I}_{C.2}) + (\dot{I}_{B.3} + \dot{I}_{C.3}) + (\dot{I}_{B.G} + \dot{I}_{C.G}) \\ &= j3\omega(C_{0.1} + C_{0.2} + C_{0.3} + C_{0.G})\dot{U}_0 \\ &= j3\omega C_{0.\Sigma} \end{aligned} \tag{3-35}$$

式中　$C_{0.\Sigma}$——全电网每相对地电容的总和,且 $C_{0.\Sigma} = C_{0.1} + C_{0.2} + C_{0.3} + C_{0.G}$。

故障线路 WL3 始端所反映的零序电流为

$$3\dot{I}_{0.3} = \dot{I}_{A.3} + \dot{I}_{B.3} + \dot{I}_{C.3} = -\dot{I}_k + \dot{I}_{B.3} + \dot{I}_{C.3}$$

$$= -(\dot{I}_{B.1} + \dot{I}_{C.1} + \dot{I}_{B.2} + \dot{I}_{C.2} + \dot{I}_{B.G} + \dot{I}_{C.G})$$
$$= -(3\dot{I}_{0.1} + 3\dot{I}_{0.2} + 3\dot{I}_{0.G}) \tag{3-36}$$

根据以上分析,可以做出电网单相接地时电流、电压的相量图,如图 3-34 所示,并可得出如下结论:

(1)在中性点不接地电网中发生单相接地时,电网各处故障相对地电压为零,非故障相对地电压升高至电网的线电压,电网出现零序电压,其大小等于电网正常工作时的相电压。

(2)非故障线路上 $3\dot{I}_0$ 的大小等于线路本身的对地电容电流,即为通过该线路保护的零序电流,其方向为从母线指向线路,它超前零序电压 90°。

(3)故障线路上 $3\dot{I}_0$ 的大小等于所有非故障元件 $3\dot{I}_0$ 的总和,即为通过该线路保护的零序电流,数值较大,其方向为从线路指向母线,它滞后零序电压 90°。

(4)故障线路的零序功率与非故障线路的零序功率方向相反。

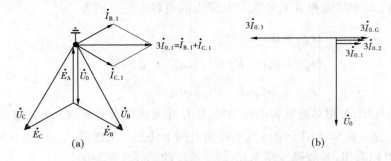

图 3-34　中性点不接地电网单相接地时零序电流、电压的相量图

(三)中性点不接地电网的接地保护

根据前面的分析,针对中性点不接地电网单相接地故障时的特点,可以采用如下几种保护方式。

1. 绝缘监视装置

利用中性点不接地电网发生单相接地时,电网出现零序电压的特点,构成绝缘监视装置,实现无选择性的接地保护。该装置动作于信号。

绝缘监视装置的原理接线图如图 3-35 所示,在变电所每段母线上装一台三相五柱式电压互感器或三台单相三绕组电压互感器。其二次侧的两个绕组,一个接成星形,在其二次绕组上接三只电压表,测量各相电压;另一个接成开口三角形,在开口处接一只过电压继电器 KV,反映单相接地时出现的零序电压。

电网正常运行时,三相电压对称,三只电压表为读数相等的相电压,开口三角形的开口处电压接近于零,过电压继电器 KV 不动作。

当电网中任一相发生单相金属性接地时,接地相对地电压为零,与其对应的电压表指零,非故障相对地电压升高为正常时的 $\sqrt{3}$ 倍,与其对应的电压表读数升高为线电压。同时,在开口三角形的开口处将产生近 100 V 的零序电压,过电压继电器 KV 动作,从而接通信号回路,发出灯光和音响信号,以便运行人员及时处理。

在发生单相接地故障时,全系统都将出现零序电压,运行人员可根据接地信号和电压

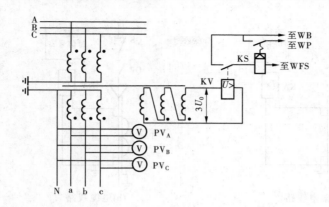

WB—辅助小母线；WP—"掉牌未复归"光字牌小母线；WFS—预告信号小母线

图 3-35　绝缘监视装置原理接线图

表的读数,判断哪一段母线和哪一相发生单相接地故障,但不能判断是哪一条线路发生了单相接地故障,因此绝缘监视装置是无选择性的。为了找出故障线路,必须由运行人员依次短时断开各条线路,继之以自动重合闸将断开线路投入。当断开某一线路时,三只电压表读数恢复为相电压,零序电压信号消失,即表明该线路有单相接地故障。

该装置适用于母线上出线数目较少或线路允许短时停电的场合。

电网正常运行时,由于电压互感器本身有误差,以及高次谐波电压的存在,开口三角形开口处有不平衡电压输出。因此,过电压继电器的动作电压按躲过正常运行时电压互感器开口三角形开口处输出的最大不平衡电压来整定。

2. 零序电流保护

零序电流保护是利用故障线路零序电流较非故障线路大得多的特点,来实现有选择性地发出信号或动作于跳闸的保护装置。这种保护一般安装在有条件安装零序电流互感器的线路上(如电缆线路或经电缆引出的架空线路)。该保护一般用于变电所出线较多或不允许停电的系统中。

在中性点非直接接地电网中,根据线路的性质不同,取得零序电流的方法也不同。对于架空线路,可采用三只单相的电流互感器构成零序电流滤过器来取得零序电流,如图 3-36(a)所示;对于电缆线路或经电缆引出的架空线路,可采用特制的零序电流互感器 TAN 取得零序电流,如图 3-36(b)所示。

在中性点不接地电网中,由于单相接地时零序电流小,与零序电流滤过器输出的不平衡电流相差不多,故图 3-36(a)所示接线方式难以采用。因此,在实际中大多数采用图 3-36(b)所示接线方式来构成零序电流保护。

零序电流互感器的一次绕组就是被保护的三相导线,二次绕组绕在包围着三相导线的铁芯上。正常及相间短路时,二次绕组输出的是不平衡电流,其数值很小,保护装置不动作。当电网发生单相接地故障时,三相电流之和 $\dot{I}_A + \dot{I}_B + \dot{I}_C \neq 0$,铁芯中出现零序磁通,该磁通在二次绕组中感应电势,产生电流。当电流大于电流继电器 KA 的动作电流时,电流继电器动作,发出单相接地信号。

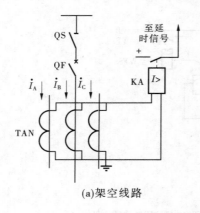

(a)架空线路

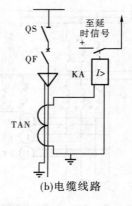

(b)电缆线路

码3-13 视频-
零序电流保护
接线方式

图 3-36 零序电流保护原理接线图

需要指出,发生单相接地故障时,接地故障电流不仅可能沿着发生故障的电缆导电的外皮流动,也可能沿着非故障电缆导电的外皮流动;正常运行时,电缆导电外皮也可能流过杂散电流。在这种情况下,为了避免非故障电缆线路上的零序电流保护误动作,可将电缆头与支架绝缘起来,将电缆头的接地线穿过零序电流互感器的铁芯,见图 3-37。这样,流过非故障电缆外皮的电流与接地线中的电流相互抵消,不会反映到零序电流互感器的二次侧。

零序电流保护的动作电流是按躲过其他线路单相接地时本线路的零序电流来整定,即

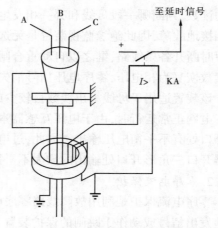

图 3-37 零序电流保护接线图

$$I_{op} = K_{rel}3I_0 = 3K_{rel}\omega C_0 U_P \quad (3-37)$$

式中 K_{rel} ——可靠系数,其值与动作时限有关。如果保护瞬时动作,考虑到接地电容电流暂态分量的影响,取 4~5;如果保护延时动作,则取 1.5~2。

$3I_0$ ——其他线路接地时,本线路的三倍零序电流。

C_0 ——被保护线路每相的对电电容。

U_P ——线路的相电压。

保护装置灵敏度的校验按在被保护线路上发生单相接地时,流过保护装置的最小零序电流来进行,可用下式计算

$$K_{sen} = \frac{3I'_0}{I_{op}}, \text{即} \ K_{sen} = \frac{3\omega(C_{0.\Sigma} - C_0)U_P}{K_{rel}3\omega C_0 U_P} = \frac{C_{0.\Sigma} - C_0}{K_{rel}C_0} \quad (3-38)$$

式中 $C_{0.\Sigma}$ ——系统在最小运行方式,各线路每相对地电容的总和;

$3I'_0$ ——本线路单相接地时,流经保护安装处的三倍零序电流,等于其他线路三倍零序电流之和,应取最小值。

根据规程规定,当采用零序电流互感器时,K_{sen} 应大于 1.25;采用零序电流滤过器时,K_{sen} 应大于 1.5。显然,这种保护只有出线较多时,才有足够的灵敏度。

三、中性点经消弧线圈接地电网的接地保护

(一) 单相接地时电流、电压的特点

根据前面的分析可知,中性点不接地电网发生单相接地时,接地点将流过全电网中各线路和电源非故障相对地电容电流之和,若此电流数值比较大,就会在接地点产生间歇性电弧,以致引起弧光过电压,使非故障线路相对地电压进一步升高,因而导致绝缘损坏,使单相接地发展成为相间故障或多点接地故障,造成停电事故。为此在中性点和大地之间接入消弧线圈(一个具有铁芯的电感线圈),以削弱故障点的接地电流,如图 3-38 所示。当 22~66 kV 电网单相接地时,故障点的电容电流总和大于 10 A,10 kV 电网大于 20 A,3~6 kV 电网大于 30 A,则其电源的中性点应采取经消弧线圈接地的方式。

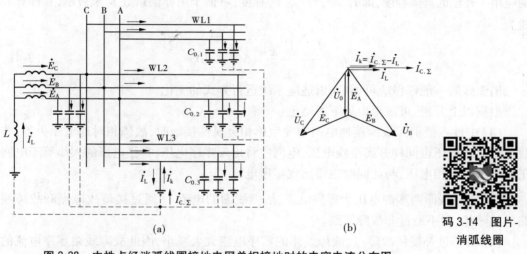

码 3-14 图片-消弧线圈

图 3-38 中性点经消弧线圈接地电网单相接地时的电容电流分布图

设 L 表示消弧线圈的电感值,单相接地时,经消弧线圈流入地中的电流 $\dot{I}_L$ 为

$$\dot{I}_L = \frac{\dot{U}_0}{jX_L} = -j\frac{\dot{U}_0}{X_L} = -j\frac{\dot{U}_0}{\omega L} \tag{3-39}$$

通过接地点的总电流 $\dot{I}_k$ 为电感电流 $\dot{I}_L$ 与全系统总电容电流 $\dot{I}_{C.\Sigma}$ 的相量和,即

$$\dot{I}_k = \dot{I}_{C.\Sigma} - \dot{I}_L \tag{3-40}$$

式中 $\dot{I}_{C.\Sigma}$——全系统对地电容电流的总和。

式(3-40)中 $\dot{I}_L$ 与 $\dot{I}_{C.\Sigma}$ 相互抵消,使 $\dot{I}_k$ 值减小,所以中性点经消弧线圈接地电网属于中性点非直接接地电网。其电容电流的大小和分布与中性点不接地电网基本相同,所不同的是在接地点增加了一个感性电流 $\dot{I}_L$,以抵消 $\dot{I}_{C.\Sigma}$,减小了通过故障点的电流,即使之得到了补偿。

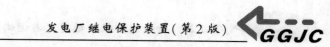

（二）消弧线圈补偿方式

根据对电容电流补偿的程度不同，补偿方式有以下三种：

（1）当 $I_{C.\Sigma} > I_L$ 时，称为欠补偿。补偿后，接地点的电流仍然是容性的，当系统运行方式发生变化时，电网中电容电流会减小，致使可能完全补偿，所以以欠补偿的方式一般不采用。

（2）当 $I_{C.\Sigma} = I_L$ 时，称为完全补偿。采用这种补偿方式后，接地点的电流近似为零，这从消除故障点的电弧来看是有利的，但是，从另一个方面来看却存在着严重的缺点，因为完全补偿时，$X_L = X_{C.\Sigma}$，电路出现串联谐振。在串联谐振时，回路中产生很大的电流，该电流在消弧线圈上产生很大的电压降，电源中性点对地电压严重升高，设备的绝缘受到破坏，故不采用这种补偿方式。

（3）当 $I_{C.\Sigma} < I_L$ 时，称为过补偿。采用这种补偿方式后，接地点的残余电流是感性的，这时即使系统运行方式发生变化，也不会出现串联谐振现象，因此这种补偿方式得到了广泛的应用。补偿的具体程度，即 I_L 大于 $I_{C.\Sigma}$ 的程度，习惯于用补偿系数 K 来表示，其计算公式为

$$K = \frac{I_L - I_{C.\Sigma}}{I_{C.\Sigma}} = 5\% \sim 10\% \tag{3-41}$$

消弧线圈一般都做成可调的，以适应系统运行方式的变化。

根据以上分析，可以得出如下的结论：

（1）中性点经消弧线圈接地电网中发生单相金属性接地时，故障相对地电压为零，非故障相对地电压也同样升高至线电压，电网中将出现零序电压，零序电压的大小等于电网正常运行时的相电压，与此同时也将出现零序电流。

（2）消弧线圈两端的电压为零序电压，消弧线圈的电流 I_L 通过接地故障点和故障线路的故障相，但不通过非故障线路。

（3）由于过补偿使故障点、故障线路的零序电流大大减小，因此故障线路零序电流的大小与非故障线路零序电流的值差别不大。

（4）采用过补偿方式后，故障线路零序电流和零序功率方向与非故障线路零序电流和零序功率方向相同。

（三）中性点经消弧线圈接地电网的接地保护方式

在中性点经消弧线圈接地的电网中，一般采用过补偿运行方式，当发生单相接地时，由于故障线路零序电流不大，采用零序电流保护很难满足灵敏度的要求；由于故障线路零序电流和零序功率方向与非故障线路零序电流和零序功率方向相同，无法采用零序功率方向保护。因此，在此类电网中，实现接地保护比较困难，需要考虑用其他原理构成的保护方式。这类电网中一般采用如下保护方式。

1. 反映稳态过程的接地保护

（1）采用绝缘监视装置。

（2）反映接地电流有功分量的保护。

（3）反映高次谐波分量的保护。

2. 反映暂态过程的接地保护

根据理论分析和实验结果可以得出中性点经消弧线圈单相接地的暂态过程与中性点不接地系统单相接地的暂态过程相同。根据单相接地暂态过程的特点,可以构成反映暂态过程的接地保护,一般反映暂态过程的接地保护方式有如下两种:

(1)反映暂态电流幅值的接地保护。

(2)反映暂态零序分量首半波方向的接地保护。

【任务实施】

学员接受任务,根据相关知识通过学习以及查阅相关的资料,进行零序电流保护的整定和调试。

【课堂训练与测评】

(1)中性点不接地电网的单相接地保护有哪些?

(2)中性点经消弧线圈接地电网的接地保护有哪些?

■ 任务五　输电线路微机保护调试训练

在 YHB-Ⅳ 微机继电保护装置中,装有无时限速断电流保护、带时限电流速断保护、定时限过电流保护以及电流电压联锁速断保护。

【任务分析】

1. 学习电力系统中微机型电流、电压保护的动作时间,电流、电压整定值的调整方法。使用 YHB-Ⅳ 微机继电保护装置进行输电线路电流、电压微机保护调试。

2. 分析电力系统中运行方式变化对保护灵敏度的影响。

3. 分析三段式电流、电压保护动作配合的正确性。

【知识链接】

一、实验台一次系统原理图

YHB-Ⅳ 微机继电保护装置一次系统原理图与图 3-16 相同。

二、微机保护的软件

保护的软件具有以下几个功能:正常运行时,可测量电流(电压),同时还能监视装置是否正常工作。被保护元件(变压器及线路)故障时,它能正确地区分保护区内、外故障,并能有效地躲开励磁涌流的影响;具有较完善的自检功能,对装置本身的元件损坏及时发出信号。

三、微机电流速断保护灵敏度测试

【任务准备】

(1)学员接受任务,学习相关知识以及查阅相关资料。

(2)工器具及备品备件、材料准备(见表 3-1)。

（3）熟悉测试原理接线图,如图 3-39 所示。

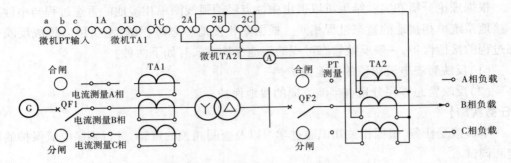

图 3-39　微机电流、电压保护实验原理接线图

【任务实施】

（1）实验原理接线图如图 3-39 所示,按图接线。

（2）将短路电阻滑动头移动到 0 Ω 处。

（3）运行方式选择,置为"最小"。

（4）合上三相电源开关,直流电源开关,变压器两侧的模拟断路器 QF1、QF2。调节三相调压器输出,使并入 PT 测量处的电压表显示从 0 V 慢慢升到 100 V。此时 A 相、B 相、C 相负载灯全亮。

码 3-15　图片-线路微机保护调试

（5）根据三段式电流整定值的计算和微机保护装置的使用方法,设置有关的整定值,同时将微机保护的 I 段(速断)投入,II、III 段(过流、过负荷)退出。

（6）因用微机保护装置,则需将微机出口连接片投入。

（7）任意选择两相短路,如果选择 AB 相,按下 A 相、B 相短路类型选择按钮。

（8）再按下短路按钮,模拟系统发生两相短路故障,此时负荷灯部分熄灭,台上电流表读数大于保护整定值,故应由微机保护动作跳开模拟断路器 QF2,从而实现保护功能。将动作情况和故障时电流测量幅值记录于表 3-7 中。

表 3-7　微机电流速断保护灵敏度检查实验数据记录表

运行方式			短路阻抗(Ω)									
			1	2	3	4	5	6	7	8	9	10
最大运行方式	AB 相短路	I 段动作情况										
		短路电流(A)										
	BC 相短路	I 段动作情况										
		短路电流(A)										
	CA 相短路	I 段动作情况										
		短路电流(A)										

续表 3-7

运行方式			短路阻抗（Ω）									
			1	2	3	4	5	6	7	8	9	10
正常运行方式	AB相短路	Ⅰ段动作情况										
		短路电流（A）										
	BC相短路	Ⅰ段动作情况										
		短路电流（A）										
	CA相短路	Ⅰ段动作情况										
		短路电流（A）										
最小运行方式	AB相短路	Ⅰ段动作情况										
		短路电流（A）										
	BC相短路	Ⅰ段动作情况										
		短路电流（A）										
	CA相短路	Ⅰ段动作情况										
		短路电流（A）										

（9）松开短路按钮，当微机保护动作时，需按微机保护装置上的"信号复位"按钮，重新合上模拟断路器 QF2，负载灯全亮，即恢复模拟系统无故障运行状态。

（10）按表 3-7 中给定的电阻值移动短路电阻的滑动接头，改变电阻值，重复步骤（8）和（9）直到不能使Ⅰ段保护动作，再减小一点短路电阻，若故障时保护还能动作，记录此时的短路电流和短路电阻的阻值，记入表 3-7 中。

（11）改变系统运行方式，分别置于"最大""正常"运行方式，重复步骤（7）~（10），记录实验数据填入表中。

（12）分别改变短路类型为 BC 相和 CA 相，重复步骤（7）~（11）。

（13）实验结束后，将调压器输出调回零，断开各种模拟开关，最后断开所有实验电源开关。记录数据在表 3-7 中。

【拓展提高】

（1）参照上述调试方法分组进行带时限电流速断保护灵敏度检查。

步骤与子任务一完全相同，只是将微机保护的Ⅰ、Ⅲ段退出，只将Ⅱ段投入，同时为减少实验次数，可将短路电阻初始位置设为 5 Ω 处。

（2）Ⅲ段（过负荷）保护范围的检查，请参考以上实验步骤，自己设计实验。

（3）三相短路实验对三段式电流保护范围的检查，步骤同上，请大家自行设计。

■ 任务六　CSC-211 数字式线路保护装置的使用

校外实训基地（恩施天楼地枕水力发电厂）采用了 CSC-211 数字式线路保护装置作

为 6.3 kV 线路保护,采用了 CSC-161A 数字式线路保护装置作为 110 kV 线路、旁路保护。CSC-211 数字式线路保护装置适用于 110 kV 及以下电压等级的非直接接地输电线路;CSC-161/162/163 数字式线路保护装置适用于 110 kV 及以下电压等级的中性点直接接地的大电流接地系统的输电线路。两种装置均具备完善的保护、测量、控制与监视功能,可有力地保障电力系统的安全稳定运行。装置可集中组屏,也可分散安装在开关柜上或就地安装于户外开关场。由于篇幅有限,本任务主要介绍 CSC-211 数字式线路保护装置的原理和使用。

【任务分析】

CSC-211 数字式线路保护装置的整定、调试及故障录波数据分析。

【知识链接】

一、装置面板

本装置在面板左侧有压板状态显示,如图 3-40 所示。功能投入时为绿色,退出时不点亮;压板状态灯同时为保护动作显示灯,在保护动作后,对应面板灯显示为红色。注意:第一个灯为运行监视灯(绿色平光),进入调试状态绿色闪;同时第一个灯为保护告警灯,闭锁保护的严重告警为红色闪,不闭锁保护的告警为红色平光。

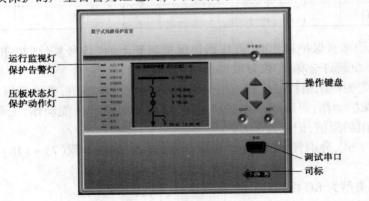

码 3-16　图片-CSC211 装置

图 3-40　CSC-211 数字式线路保护装置

二、CSC-211 数字式线路保护装置原理

(一)三段式过流保护

三段式过流保护各段电流及时间定值可独立整定。过流保护各段判别逻辑一致,动作条件为:

(1)$\text{Max}(I_a, I_b, I_c) > I_{dzn}$,$I_{dzn}$ 为第 n 段电流定值;

(2)延时到;

(3)低电压元件满足及过流相的方向条件满足。

三段式过流保护用软压板投退,在背板端子 X5.7 作为普通遥信时,可选择软硬结合的压板模式,此时 X5.7 为三段式过流保护的硬接点开入。方向元件及低电压元件由控制字选择分别投退。当投入方向或低压闭锁条件时,保护逻辑受 PT 是否断线及控制字

KG1.13 影响；方向和低压闭锁条件均未投入时，保护逻辑不受 PT 断线影响。图 3-41 是过流（定时限）保护 I 段投入方向或低压闭锁过流 I 段投入方向或低压闭锁条件时，A 相保护逻辑图。

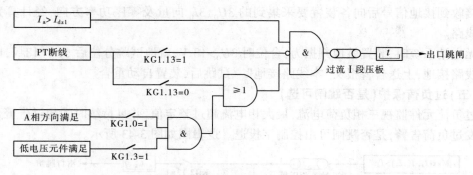

图 3-41　定时限过流 I 段 A 相保护逻辑图

(二)低电压保护

低电压元件在三个线电压中的任意一个低于低电压定值时动作，开放经低电压闭锁的过流元件。利用此元件，可以保证装置在电机反充电等非故障情况下不出现误动作。低电压元件用控制字投退。

(三)零序过流保护

在经小电阻接地系统中，接地零序电流相对较大，一般采用零序过流经延时定值跳闸的方法。三段式零序过流元件的实现方式基本与过流元件相似，各段电流及时间定值可独立整定。

动作条件为：

（1）零序电流大于定值；

（2）延时到；

（3）零序方向元件满足。

三段式零序过流保护用软压板投退，零序方向元件用控制字投退。方向元件投入时，保护逻辑受 PT 断线及控制字 KG1.13 影响；方向元件退出时，保护逻辑不受 PT 断线影响。三段定时限零序过流保护逻辑图如图 3-42（以零序过流 I 段为例）所示。

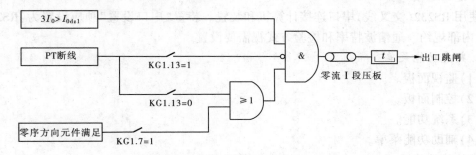

图 3-42　定时限零序过流保护逻辑图

(四)小电流系统接地保护

装置可与开口三角电压监视测点及主站共同构成集中式小电流接地选线系统,当小电流系统发生接地后,$3U_0$ 抬高,母线开口三角电压监视测点向主站报送接地信号,主站则在接收到接地信号后向各装置要采集到的 $3U_0$、$3I_0$ 向量及零序功率方向,经计算判断接地线路。

无主站系统时,装置就地判据为:合位时 $3U_0 > 18$ V,就地试跳分位后 $3U_0 < 18$ V,即判为本线路接地,上送告警报文"本线路接地"。试跳后,装置自动重合。

(五)过负荷保护(是否跳闸可选)

过负荷元件监视三相负荷电流,最大相电流超过整定值,并且持续时间超过告警延时定值发过负荷告警,是否跳闸可由控制字投退。逻辑图如图 3-43 所示。

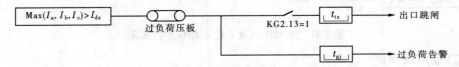

图 3-43　过负荷保护逻辑图

动作条件为:

(1)$\text{Max}(I_a, I_b, I_c) > I_{dz}$,$I_{dz}$ 为过负荷电流定值;

(2)延时到。

过负荷功能用软压板投退,用控制字选择过负荷是否动作于跳闸。本装置考虑到过负荷时间一般为长延时,保护出口延时为实际整定时间,但报文中不予体现。

图中,t_{tz} 为过负荷跳闸时间,t_{gj} 为过负荷告警时间。

【任务实施】

分组进行调试软件的使用。

EPPC 微机保护调试软件是配合 CSC-211 系列微机保护装置编写的调试分析软件,不但能够完成人机对话的功能,还能对保护录波数据进行分析。EPPC 微机保护调试软件兼容 Windows 9X,Windows 2000 和 Windows XP 操作系统,操作简单方便。

码 3-17　图片-
微机保护调试
软件的使用

1. 建立连接

使用 RS232(交叉线)串口连接计算机和装置。装置"串口设置"项应设置为:RS232方式、内部规约。通信波特率和检验方式视需要设置。

2. 熟悉功能菜单

(1)监视面板。

(2)控制面板。

(3)系统功能。

(4)辅助功能菜单。

3. 软件的使用

(1)通信设置及 CPU 连接,见图 3-44。

如果调试软件和保护装置连接失败,在确认通信参数正常及电缆连接正确的情况下,选

择【系统】菜单中的【设备连接】命令,重新连接
与刷新保护 CPU。如果由于通信设置问题造成
连接失败,请参照下面的方法来设置通信参数。

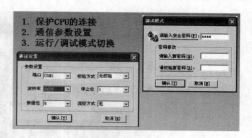

图 3-44 通信设置及 CPU 连接菜单

提供底层的通信口参数设置及调试,通信
设置中的各项参数应与装置一致,如果通信失
败,选择【系统】菜单中的【通信设置】命令,或
者直接通过系统工具栏上面的【通信设置】快
捷按钮,进入通信设置功能,重新设置参数。选择
【系统】菜单中的【运行模式】、【调试模式】命令,或者直接通过系统工具栏上面的相应的快
捷按钮,将当前状态置为相应的模式。

(2)故障录波数据查询与分析。

打开录波数据窗口,选择【录波数据】菜单中的【录波查询】命令,输入指定的报告号,
查询相应的录波数据、中间结果、故障时刻整定值及事故记录(或从事故报告窗口中使用快
捷菜单直接进行录波查询),见图 3-45。录波数据文件可以另存为 COMTRADE 通用格式。

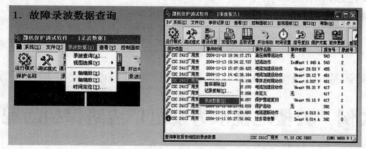

图 3-45 故障录波数据查询菜单

录波数据分析共有两种查看方式:时域波形、故障报告,见图 3-46。在时域波形方式
中,可以查看模拟量实际波形、开关量及中间结果变化情况。在故障报告方式中,可以查
看故障报告及保护动作情况。

图 3-46 故障录波数据分析菜单

(3)时域波形故障录波数据分析,见图 3-47。

在时域波形方式中,可以对波形进行横向(时间轴)及纵向(幅值)的缩放(使用【录
波数据】菜单中的【X 轴缩放】、【Y 轴缩放】选项,或右击右窗口面板使用快捷菜单中的相
应选项,选择所需的缩放比例),也可以垂直拖动某一模拟量波形到任一位置(将鼠标移

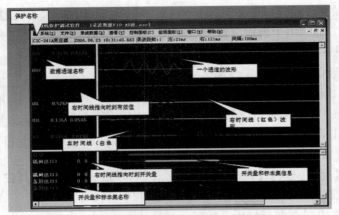

图 3-47　时域故障录波数据分析菜单

动到所要移动的波形的 X 轴位置,这个时候鼠标图标会变成一只手的形状,按下鼠标左键开始拖动, 将波形拖动到所要的位置,释放鼠标左键即可)。

(4)故障报告故障录波数据分析。

【课堂训练与测评】

简述 CSC-211 数字式线路保护装置主要功能。

【拓展提高】

结合校外实训基地(天楼地枕水力发电厂),讨论其输电线路保护的配置情况。

■ 工程实例　天楼地枕水力发电厂线路保护的配置

一、天楼地枕水力发电厂概况及电气一次部分简介

天楼地枕水力发电厂位于恩施市屯堡乡车坝村境内,是清江干流上游的一座径流引水式水电厂。水电厂由取水建筑物、引水建筑物、其他建筑物、前池、压力管道、厂房、升压站及高压输电线路等组成。水电厂装机容量 2.52 万 kW(4 台发电机组,每台发电机组单机容量 6 300 kW),设计年发电量 1.34 亿 kW·h,年利用小时 5 324 h。1987 年 12 月 5 日开工建设,1994 年 1 月 25 日全部机组正式投产发电。

水电厂一次主接线 110 kV 为单母带旁路母线接线方式,以一条 110 kV 坝天线路与 220 kV 龙凤坝变电站接入大电网系统。电厂 6.3 kV 的发电机中性点采用不接地运行方式,属于小电流接地系统。但是为了防止发电机内部或者外部过电压对发电机的绝缘造成损坏,将发电机中性点通过一个避雷器接地。

该电厂共设 6 300 kW 发电机 1F~4F 共 4 台,20 000 kVA 主变压器(简称主变)1B~2B 共 2 台,315 kVA 厂用变压器(简称厂用变)3B~4B 共 2 台,630 kVA 近区负荷变压器(简称近区变)5B 共 1 台。电厂共有 2 个电压等级,发电机出口电压等级为 6.3 kV,主变高压侧电压等级为 110 kV。6.3 kV 侧电气主接线为单母分两段(3M、4M)接线形式,110 kV 侧电气主接线为单母不分段(1M)带旁路母线(2M)接线形式。全厂正常运行方式下,4 台发电机产生的电能分别在 3M 和 4M 母线上汇集,经 1B、2B 升高电压等级后,在 1M

母线上汇流,通过坝天线将电能输送至电网。厂用变3B(4B)将6.3 kV电压降为400 V给厂用电负荷供电。近区变5B将6.3 kV电压升高至10 kV,与渠道及生活用电变压器连接,给近区负荷供电。

二、电厂主要电气设备继电保护配置

电厂于1994—2004年采用传统的常规继电保护装置(电磁性继电器),2005年继电保护装置进行改造,采用了四方CSC系列数字式保护测控装置,灵敏性、可靠性、稳定性、灵活性得到了很大提高。主要设备继电保护配置如下。

(一)发电机保护

4台发电机采用4个保护屏。1F发电机(天71开关)、2F发电机(天72开关)、3F发电机(天73开关)、4F发电机(天73开关)(天74开关)保护屏均采用CSC-306E数字式保护装置。配置了发电机的差动保护、复合闭锁过流保护、过电压保护、失磁保护、过负荷保护、转子一点接地保护、转子两点接地保护、零序电压定子接地保护、逆功率保护等。

(二)线路保护

110 kV线路、旁路保护屏采用CSC-161A数字式保护装置,6.3 kV线路采用CSC-211数字式保护装置。配置了三段式过电流保护、零序电流保护、过负荷保护等。

(三)变压器保护

1B主变(天11开关),2B主变(天14开关)保护测控屏采用CSC-326GD和CSC-326GH、CSC-326GL数字式保护装置。其中CSC-326GD装置作为主保护,配置了主变的差动保护。CSC-326GH装置作为主变高压侧后备保护,配置了复压闭锁过流保护、零序过流保护、间隙过流保护、间隙过压保护、过负荷保护等。CSC-326GL装置作为主变低压侧后备保护,配置了复压闭锁方向过流保护、电流限时速断保护、零序过压保护、过负荷保护等。

厂用变3B、4B、近区5B保护测控屏采用CSC-241C数字式保护测控装置,配置了电流速断保护、过电流保护、过负荷保护等。

(四)母线保护

110 kV母线(天11、12、13、14开关)、6.3 kV Ⅰ段母线(天71、72、75、77、11开关)、6.3 kV Ⅱ段母线采用CSC-150数字式保护装置。110 kV母线配置了复合闭锁纵联差动保护、TA断线警告、TA断线闭锁及充电保护等。

发电厂电气设备整体保护配置图、保护的整定参数如图3-48所示(该图为电厂原始图纸,故有些符号为老符号,后面项目中的工程实例均同——编者注)。

三、电厂线路微机保护

天楼地枕水力发电厂110 kV线路、旁路保护屏均采用CSC-161A数字式保护装置,6.3 kV线路采用CSC-211数字式保护装置。CSC-161A数字式线路保护装置实物如图3-49所示,CSC-211保护装置外形与CSC-161A保护装置相似。

下面只介绍该电厂CSC-211数字式线路保护装置。

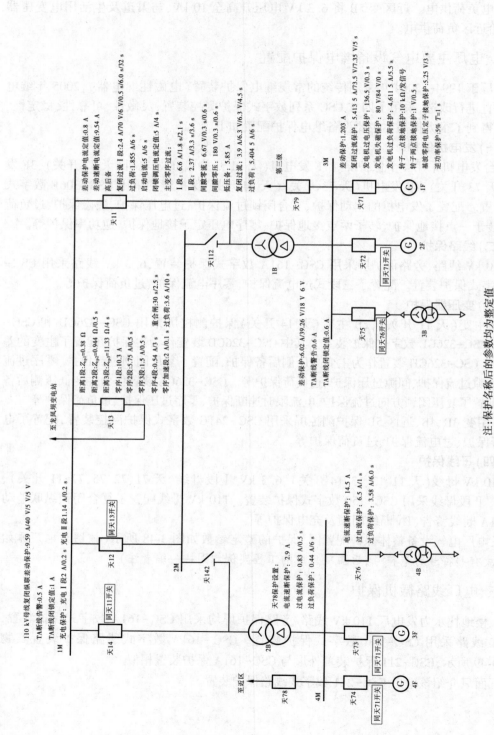

图 3-48　天楼地坑水力发电厂电气设备整体保护配置图

注:保护名称后的参数均为整定值

CSC-211 数字式线路保护装置主要功能包括：三段式过流保护(相间短路主保护)，三段式零序过流保护，小电流接地保护，过负荷保护(是否跳闸可选)，合闸加速保护(前加速、后加速、手合加速)，低周减载、低压解列，三相一次重合闸(检同期、检无压或非同期)，手合功能(手合检同期、检无压或非同期)。原理已在任务六中介绍过。

CSC-211 数字式线路保护装置屏布置图如图 3-50 所示。CSC-211 保护测控装置交流电压、电流回路如图 3-51 所示。

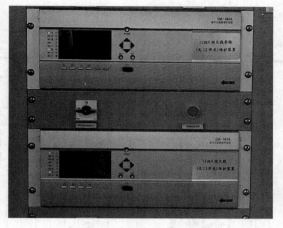

图 3-49　CSC-161A 数字式线路保护装置

学员根据相关知识通过学习,仔细查阅图纸,分组讨论保护的配置情况。

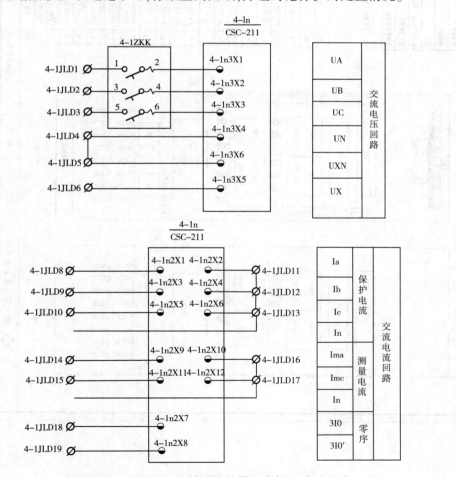

图 3-50　CSC-211 保护测控装置交流电压、电流回路

序号	符号	名称	型号	数量	备注
21	C22	端子	RJM1-25	30	
20		端子	TF-01A	1	某于屏后
19	1-4-1BS	电流并切	珠海并切	4	某于屏后
18	1-4-1DK2	自动空气开关	S25ES_C04DC	4	某于屏后
17	LK	切换连接片	CSN-201	1	
16	1n'	切换	LQ-300K+	1	某于屏后
15	J1 J2	光触头	DES-1008D	2	某于屏后
14	1Z	电阻	41Z7	1	
13	KG	连接柱	PS4127	4	
12	1-4-1FA	信号灯	PBC (A1I)	1	某于屏后
11	1-4-1LD	信号灯	A0116/21-6G ...	4	某于屏后
10	1-4-1HD	信号灯	A0116/21-6R ...	4	某于屏后
9	1-4-1KSH	万能转换开关	LV216D/49&20I2	2	
8	1-4-1KSH	万能转换开关	LV216/9.22D22	4	
7	1-4-1IK1	自动空气开关	S2ES3_C01	4	某于屏后
6	1-4-1IZ-40DK	自动空气开关	S2ES5_C03DC	4	某于屏后
5	C2	端子	TF-03B	4	
4	1-4-1LPI-Z LPI-8	连接片	RSH25-2	4	
3	1-40n 2-40n	保护管理机	CSN-313E/1E	16	
2	4-1n	线路保护装置	CSC-211	1	
1	1-3-1n	厂网保护装置	CSC-241C	3	HB0220C1

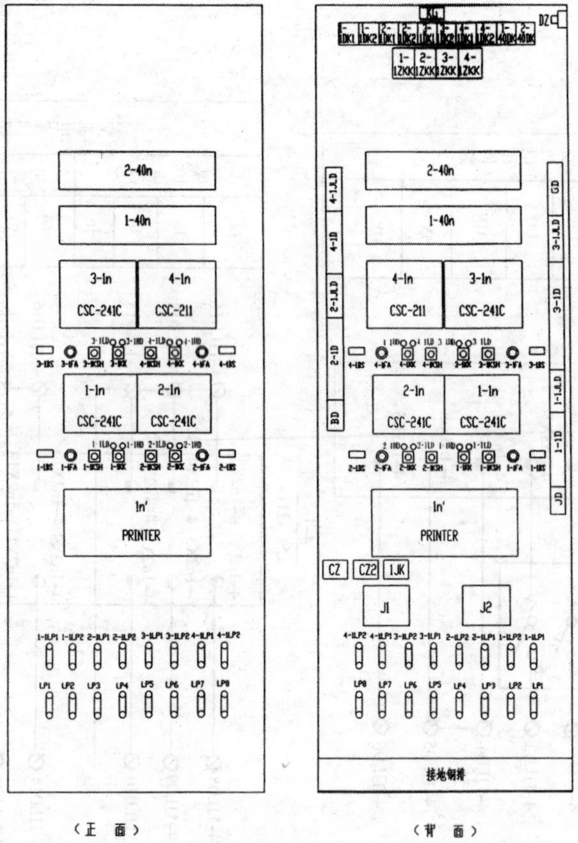

图 3-51　CSC-211 数字式线路保护装置屏布置图

■ 小　结

输电线路发生相间短路时,最主要的特征是电源至故障点之间的电流会增大,故障相母线上电压会降低,利用这一特征可构成输电线路相间短路的电流、电压保护。它们主要用于 35 kV 及以下的中性点非直接接地电网中单侧电源辐射形线路。

当电流保护灵敏系数不满足要求时,必须采取措施提高灵敏系数。提高灵敏系数最简单的方法也是降低动作电流,这样做的结果会使保护装置在保护范围外部故障时误动作,故在原有电流保护的基础上加装低电压闭锁元件,即构成电流电压联锁保护。

在中性点非直接接地电网中发生单相接地故障时,故障相对地电压为零,非故障相对地电压升高为正常运行时的 $\sqrt{3}$ 倍,同时会出现零序电压和零序电流,根据这一特点及接地时出现的基本特征量,可实现中性点非直接接地电网的接地保护。

中性点不接地电网接地保护的方式有:绝缘监视装置、零序电流保护、零序功率方向保护。中性点经消弧线圈接地的保护方式有:绝缘监视装置、反映高次谐波分量的接地保护、反映暂态过程的接地保护等。

CSC-211 数字式线路保护装置主要功能包括:三段式过流保护、三段式零序过流保护、小电流接地保护、过负荷保护等。

■ 习　题

一、判断题

1.(　　)三段式电流保护中,无时限电流速断保护在最小运行方式下保护范围最小。

2.(　　)电流Ⅱ段保护必须带时限,才能获得选择性。

3.(　　)三段式电流保护中,定时限过电流保护的保护范围最大。

4.(　　)越靠近电源处的过电流保护,时限越长。

5.(　　)保护范围大的保护,灵敏性好。

6.(　　)电流Ⅱ段保护可以作线路的主保护。

7.(　　)无时限电流速断保护的保护范围不随运行方式而改变。

8.(　　)三段式电流保护中,定时限过电流保护的动作电流最大。

9.(　　)无时限电流速断保护的保护范围与故障类型无关。

10.(　　)电流Ⅱ段保护仅靠动作时限的整定即可保证选择性。

11.(　　)中性点非直接接地电网发生单相接地时,线电压将发生变化。

12.(　　)出线较多的中性点不接地电网发生单相接地时,故障线路保护安装处流过的零序电容电流比非故障线路保护安装处流过的零序电容电流大得多。

13.(　　)绝缘监视装置适用于母线出线较多的情况。

14.(　　)中性点不接地电网发生单相接地时,故障线路保护通过的零序电流为本身非故障相对地电容电流之和。

二、单项选择题

1. 三段式电流保护中,灵敏性最好的是(　　　)。
　　A. 电流Ⅰ段 　　　　　　　　B. 电流Ⅱ段 　　　　　　　　C. 电流Ⅲ段

2. 三段式电流保护中,保护范围最小的是(　　　)。
　　A. 电流Ⅰ段 　　　　　　　　B. 电流Ⅱ段 　　　　　　　　C. 电流Ⅲ段

3. 对于无时限电流速断保护,计算动作电流时,应采用(　　　)。
　　A. 最大运行方式 　B. 最小运行方式 　　C. 常见运行方式 　　D. 以上都是

4. 电流保护Ⅰ段,其保护范围越长表明保护越(　　　)。
　　A. 可靠 　　　　　B. 不可靠 　　　　C. 灵敏 　　　　　　D. 不灵敏

5. 无时限电流速断保护的动作电流应大于(　　　)。
　　A. 被保护线路末端短路时的最大短路电流
　　B. 线路的最大负荷电流
　　C. 相邻下一线路末端短路时的最大短路电流

6. 继电保护的可靠系数用(　　　)表示。
　　A. K_{rel} 　　　　　　B. K_{ren} 　　　　　　C. K_{re} 　　　　　　D. K_w

7. 对于过电流保护,计算保护灵敏度时,应采用(　　　)。
　　A. 三相短路 　　　　　　　　　　B. 两相短路
　　C. 三相或两相短路都可以 　　　　D. 单相短路

8. 继电保护的灵敏系数 K_{sen} 要求(　　　)。
　　A. $K_{sen} < 1$ 　　　B. $K_{sen} = 1$ 　　　C. $K_{sen} > 1$ 　　　D. 以上都不对

9. 定时限过电流保护的动作值是按躲过线路(　　　)整定的。
　　A. 最大负荷电流 　　　　　　　　B. 最大短路电流
　　C. 最小短路电流 　　　　　　　　D. 尖峰电流

10. 定时限过电流保护的动作电流需要考虑返回系数,是为了(　　　)。
　　A. 提高保护的灵敏性 　　　　　　B. 外部故障切除后保护可靠返回
　　C. 解决选择性

11. 装有定时限过电流保护的线路,其末端变电所母线上有三条出线,各自的过电流保护动作时限分别为 1.5 s、0.5 s、1 s,则该线路过电流保护的时限应整定为(　　　)。
　　A. 1.5 s 　　　　　　B. 2 s 　　　　　　C. 3.5 s

12. 复合电压启动的过电流保护与简单的过电流保护比较,改进的地方是(　　　)。
　　A. 提高了电流元件的灵敏性 　　　　B. 提高了电压元件的灵敏性
　　C. 提高了电流元件和电压元件的灵敏性 　D. 延长保护范围

13. 中性点不接地电网的三种接地保护中,(　　　)是无选择性的。
　　A. 绝缘监视装置 　B. 零序电流保护 　　C. 零序功率方向保护

三、填空题

1. 在进行保护装置灵敏系数计算时,系统运行方式应取＿＿＿＿＿＿＿运行方式。

2. 无时限电流速断保护的选择性是靠_____获得的,保护范围被限制在_____以内。

3. 无时限电流速断保护的保护范围随_____和_____而变。

4. 本线路带限时电流速断保护的保护范围一般不超过相邻下一线路的_____保护的保护范围,故只需带_____延时即可保证选择性。

5. 为使过电流保护在正常运行时不误动作,其动作电流应大于_____;为使过电流保护在外部故障切除后能可靠地返回,其返回电流应大于_____。

6. 为保证选择性,过电流保护的动作时限应按_____原则整定,越靠近电源处的保护,时限越_____。

7. 线路三段式电流保护中,_____保护为主保护,_____保护为后备保护。

8. 线路过电流保护的保护范围应包括_____及_____。

9. 电流继电器的返回系数过低,将使过电流保护的动作电流_____,保护的灵敏系数_____。

10. 线路装设过电流保护一般是为了作本线路的_____及作相邻下一线路的_____。

11. 线路三段式电流保护中,_____保护最灵敏,_____保护最不灵敏。

12. 线路带时限电流速断保护的灵敏系数的校验点应取在_____,要求灵敏系数不小于_____。

13. 三段式电流保护中,最灵敏的是第_____段,因为_____。

14. 每套保护均设有一个信号继电器,其作用是_____,它的复归是靠_____实现的。

15. 电流电压联锁保护的灵敏度比电流保护的灵敏度_____。

四、简答题

1. 什么是无时限电流速断保护? 该保护为什么要采用带延时的中间继电器?

2. 画出无时限电流速断保护的原理图、展开图,并说明图中各继电器的作用。

3. 带时限电流速断保护的动作电流和动作时限应如何选择? 灵敏系数如何校验?

4. 为什么带时限电流速断保护的可靠系数比无时限电流速断保护的可靠系数取得要小些?

5. 在电流保护的整定计算中,使用了各种系数,如可靠系数 K_{rel}、返回系数 K_{re}、自启动系数 K_{ss}、灵敏系数 K_{sen}、接线系数 K_w 等,试分别说明它们的意义及作用。

6. 如果在输电线路上采用电流保护,是否一定要设置三段式电流保护? 用两段式电流保护行不行? 为什么?

7. 什么是电流电压联锁速断保护? 为什么要采用它? 本保护装置中的电流元件有何作用?

8. 试述在中性点不接地电网中发生单相接地故障时,电流、电压变化的特点。

9. 说明零序电流互感器的构造和工作原理,并指出为什么在中性点不接地电网中的零序电流保护中多采用零序电流互感器而不是零序电流滤过器。

五、计算题

在图 3-52 所示的网络中,各线路上均装设了定时限过电流保护,已知:保护 2、保护 5 均采用两相三继电器不完全星形接线方式;线路 WL1 和 WL2 的最大负荷电流分别为 200 A 和 120 A,负荷的自启动系数分别为 2.5 和 2.3;电流互感器的变比分别为 200/5 和 150/5;可靠系数 $K_{rel} = 1.2$,返回系数 $K_{re} = 0.85$,时限级差 $\Delta t = 0.5$ s;$I_k \approx I_\infty$,其他数据如图所示。图中线路和变压器的电抗值均为归算至 35 kV 的欧姆数。$E_s = 37$ kV,$X_{s.max} = 10$ Ω,$X_{s.min} = 6$ Ω,试计算:

(1)保护 1 和保护 2 的动作电流 I_{op}、灵敏系数 K_{sen}、动作时间 t。

(2)如果 K_{sen} 不满足,应采取什么措施?

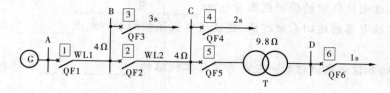

图 3-52

项目四 电力变压器保护的整定与调试

【知识目标】

掌握瓦斯保护的原理、接线及整定；

掌握电流速断保护、纵联差动保护的原理、接线及整定；

掌握相间短路的后备保护和过负荷保护的原理、接线及整定；

掌握零序电流保护的原理、接线及整定；

掌握非电量保护的原理及接线；

掌握变压器微机保护装置的使用和调试方法。

【技能目标】

具备识读变压器保护原理图、展开图的技能；

初步具备电力变压器保护配置及整定的基本技能；

具备电力变压器微机保护装置的调试技能。

【思政目标】

培养学生全面分析、辩证统一的思维方式；

学习一"丝"不苟、精益求精、追求卓越的工匠精神；

树立爱岗敬业、爱国奉献、技能立人的价值观。

【项目导入】

本项目学习的重点是变压器的保护配置，掌握瓦斯保护、电流速断保护、纵联差动保护、相间短路的后备保护和过负荷保护、零序电流保护、非电量保护的原理、接线及整定等。变压器保护对电力系统的正常运行起着非常重要的作用，对变压器保护原理的深刻理解和掌握，对于发电厂、变电站值班人员的继电保护实际工作有着重要的意义。

任务一 变压器的保护配置

电力变压器是电力系统中十分重要的电气元件，三相油浸式电力变压器的外形结构如图4-1所示。虽然变压器是静止设备，结构可靠，故障的机会较少，但由于绝大部分安装在户外，受自然环境影响较大，同时还受运行时承载负荷以及电力系统短路故障的影响，在变压器的运行过程中不可避免会出现各类故障和异常情况，对供电的可靠性和电力系统的正常运行带来严重的影响。因此，应根据变压器的容量和重要性考虑装设性能良好、工作可靠的继电保护装置。

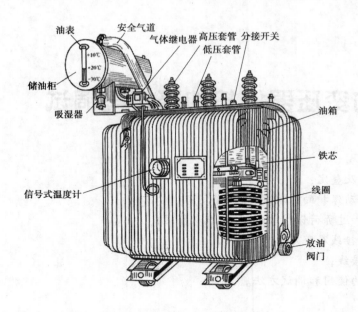

油表　安全气道　高压套管　分接开关
气体继电器　低压套管
储油柜
吸湿器
信号式温度计
油箱
铁芯
线圈
放油阀门

图 4-1　三相油浸式电力变压器的外形结构

码 4-1　图片-
变压器结构实物图

【任务分析】

为额定容量为 1 000 kVA、额定电压为 10.5 kV/0.4 kV 的油浸式变压器进行保护配置。

【知识链接】

一、变压器故障及不正常运行状态

油浸式变压器的故障分为油箱内部和油箱外部两种故障,如图 4-2 所示。

码 4-2　微课-
变压器故障及
不正常运行状态

（1）油箱内部故障主要包括变压器绕组相间短路、绕组匝间短路、绕组接地短路。

对变压器而言,内部发生故障是非常危险的,不仅会烧毁变压器,而且由于绝缘物和油在电弧作用下急剧变化,容易导致变压器油箱爆炸。因此,这些故障应该尽量切除。

（2）变压器油箱外部的故障有:绝缘套管的相间短路与接地短路、引出线上发生的相间短路和接地短路。这类故障有可能引起变压器绝缘套管爆炸,从而影响电力系统的正常运行。

（3）变压器的不正常运行状态主要有:外部短路引起的过电流;负荷长时间超过额定容量引起的过负荷,负荷超过额定容量引起的过负荷使变压器绕组过热,加速绕组绝缘老化;油箱漏油造成的油面降低。

另外,对于中性点不接地运行的星形接线变压器,外部接地短路时有可能造成变压器中性点过电压,威胁变压器的绝缘;大容量变压器在过电压或低频率等异常运行工况下会

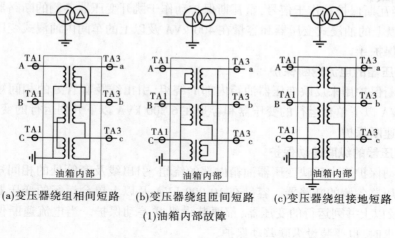

(a)变压器绕组相间短路　(b)变压器绕组匝间短路　(c)变压器绕组接地短路

(1)油箱内部故障

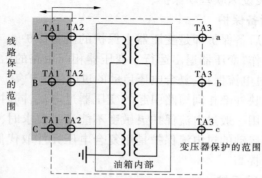

(2)油箱外部故障保护范围的划分

图 4-2　三相油浸式电力变压器油箱内部故障和外部故障

过励磁,引起铁芯和其他金属构件的过热。

　　上述这些不正常运行状态会使绕组和铁芯过热。因此,通常对这类不正常运行状态也要装设相应的继电保护装置,必须能够反映不正常运行状态,发出告警信号,或延时跳闸,使运行人员及时发现并采取相应的措施,以确保变压器的安全。

二、变压器继电保护的配置

　　为了保证电力系统安全稳定运行,当变压器发生故障或不正常状态时能够将影响范围限制到最小,电力变压器应装设瓦斯保护、差动保护或电流速断保护、外部相间短路和接地短路时的后备保护、过负荷保护以及反映变压器异常状态的保护等。

(一)变压器的瓦斯保护

　　瓦斯保护用来反映变压器油箱内部的故障。变压器油对变压器有绝缘和冷却作用,当变压器油箱内故障时,在故障电流和故障点电弧的作用下,变压器油(和其他绝缘材料)会因受热而分解,产生大量气体,气体排出的多少以及排出速度,与变压器故障的严重程度有关。利用这种气体来实现的保护为瓦斯保护。瓦斯保护能够反映变压器油箱内的各种轻微故障(例如绕组轻微的匝间短路、铁芯烧损等)。

其中,轻瓦斯保护动作于信号,重瓦斯保护动作于跳开变压器各侧的断路器。容量在800 kVA 及以上的油浸式变压器和容量在 400 kVA 及以上的车间内油浸式变压器一般都应装设瓦斯保护。

(二)变压器的电流速断保护

电流速断保护用来反映变压器油箱内部的绕组、引出线及套管处的相间短路。容量在 10 000 kVA 以下单台运行的变压器和容量在 6 300 kVA 以下并列运行的变压器,一般应装设电流速断保护。

(三)变压器的纵联差动保护

纵联差动保护用来反映变压器油箱内部的绕组、引出线及套管处的相间短路。保护动作跳开变压器各侧的断路器。容量在 10 000 kVA 及以上单台运行的变压器和容量在 6 300 kVA 及以上并列运行的变压器,都要装设纵联差动保护。当电流速断保护灵敏系数不满足要求时,也要装设纵联差动保护。

(四)相间短路的后备保护

变压器相间短路的后备保护即是变压器主保护的后备保护。当主保护拒动时,由后备保护经一定延时后动作,变压器退出运行。变压器相间短路的后备保护可采用过电流保护、带低电压启动的过电流保护、复合电压启动的过电流保护等。

过电流保护用于反映外部相间短路引起的变压器过电流,同时作为变压器内部相间短路的后备保护。当采用一般过电流保护灵敏度不能满足要求时,可采用低电压启动的过电流保护。复合电压启动的过电流保护是用复合电压元件取代低电压元件,使保护电压元件的灵敏度进一步提高。

(五)变压器的过负荷保护

过负荷保护用来反映变压器的对称过负荷。对于容量在 400 kVA 及以上的变压器,当数台并列运行或单台运行,并作为其他负荷的备用电源时,应根据可能过负荷的情况装设过负荷保护。保护装置只接于某一相电流中并作用于信号。

(六)变压器的零序电流保护

在 110 kV 及以上中性点直接接地的电网中,接地故障的概率很大,因此应装设接地(零序电流)保护,用来反映变压器外部接地短路引起的变压器过电流,同时作为变压器内部接地短路的后备保护。

(七)其他非电量保护

对变压器温度及油箱内压力升高和冷却系统故障,应按现行有关变压器的标准要求,专设可作用于信号或动作于跳闸的非电量保护。

三、有关重合闸的分析

根据重合闸控制的开关所接通或断开的电力元件不同,重合闸可分为线路重合闸、变压器重合闸、母线重合闸。所以,从"理论上"讲,变压器是可以装设重合闸的。

然而,在电力系统的故障中,大多数是输电线路(特别是架空线路)的故障,而输电线路故障大都是"瞬时性"的。输电线路加装"重合闸"可大大提高供电的可靠性。

变压器是充油设备,其故障大多数是"永久性"的,重合闸会加重变压器的损坏程度。

变压器发生故障时,无论主保护还是后备保护动作,均发永跳令,闭锁开关重合闸。另外,从造价和修复速度上讲,变压器远比线路大得多和慢得多。所以,变压器开关原则上不设重合闸。

【任务准备】

学员接受任务,学习相关知识以及查阅相关的资料。

【任务实施】

对图 4-3 所示的电力变压器继电保护配置进行整体认识,变压器采用 $Y_0/Y_0/d$ 的接线方式,高压侧的中性点装设了放电间隙,中、低压侧中性点直接接地运行。

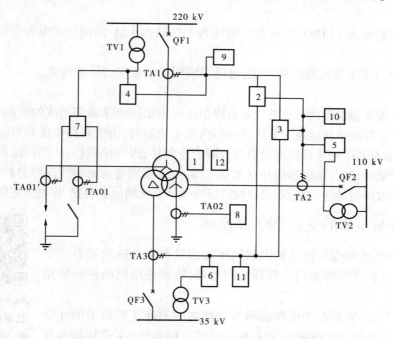

图 4-3 220 kV/110 kV/35 kV 变压器保护配置

图中 TA1、TA2、TA3 表示高、中、低压侧的电流互感器;TA01、TA02、TA01′表示高、中压侧中性线以及放电间隙回路的电流互感器;TV1、TV2、TV3 表示高、中、低压侧的电压互感器。

带有数字的小方框表示各种保护,例如方框 7 表示变压器高压侧装设了零序电流电压保护,电压引自 TV1,电流引自 TA01 和 TA01′。各种保护配为:1—瓦斯保护;2—第一纵联差动保护(二次谐波制动原理);3—第二纵联差动保护(间断角鉴别原理);4、5、6—高、中、低压侧的复合电压启动的过电流保护;7—高压侧的零序电流电压保护;8—中压侧的零序电流保护;9、10、11—高、中、低压侧的过负荷保护;12—其他非电量保护。

【课堂训练与测评】

(1)简述电力变压器不正常运行状态包括哪些情况。

(2)简述电力变压器故障包括哪些类型及相应后果。

(3)简述电力变压器保护配置原则。

【拓展提高】

为容量 2 000 kVA 的干式变压器进行保护配置。

任务二　变压器的瓦斯保护

瓦斯保护是可以反映主变内部各种故障(包括接头过热、局部放电、铁芯故障等)的非电量主保护。轻瓦斯保护动作于发信号,重瓦斯保护动作于瞬时跳开各侧开关。

码 4-3　音频-
变压器的瓦斯
保护

【任务分析】

1. 为额定容量为 15 000 kVA、额定电压为 110 kV/10 kV 的油浸式电力变压器配置瓦斯保护。

2. 进行电力变压器瓦斯保护测试,可选用模拟式或数字式保护装置。

【知识链接】

在油浸式变压器油箱内常见的故障有绕组匝间或层间绝缘破坏造成的短路、高压绕组对地绝缘破坏引起的单相接地。变压器油箱内发生故障时,由于短路电流和短路点电弧的作用,变压器油及其他绝缘材料因受热而分解产生气体,因气体较轻,从油箱流向油枕的上部。当故障严重时,油会迅速膨胀并有大量气体产生,强烈的油流和气流冲向油枕的上部。利用油箱内部故障时的这一特点,可以构成反映气体变化的保护装置,称之为瓦斯保护。

一、瓦斯继电器的安装、种类及原理

瓦斯保护是反映变压器油箱内部气体的数量和流动的速度而动作的保护,用于保护变压器油箱内各种短路故障,特别是绕组的相间短路和匝间短路。

码 4-4　微课-
瓦斯继电器安
装、种类及原理

瓦斯保护是由安装在变压器油箱与油枕之间的连接管道中的瓦斯继电器构成的,如图 4-4 所示。为了不妨碍气流的运动,在安装具有瓦斯继电器的变压器时,变压器顶盖与水平面应具有 1%~1.5% 的坡度,通往瓦斯继电器的连接管应具有 2%~4% 的坡度,安装油枕一侧方向向上倾斜。这样,当变压器发生内部故障时,可使气流容易进入油枕,并能防止气泡积聚在变压器的顶盖内。

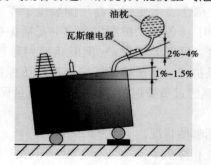

图 4-4　瓦斯继电器安装位置和安装要求

常用的瓦斯继电器有两种:浮子式和挡板式。

挡板式瓦斯继电器是将浮子式的下浮子改为挡板结构。挡板式结构又分为浮筒挡板式和开口杯挡板式两种形式。

开口杯挡板式瓦斯继电器用开口杯代替了老式的密封浮筒,克服了浮筒渗油的缺点;用干簧触点代替了水银触点,提高了瓦斯继电器的防振性能。下面介绍开口杯挡板式瓦斯继电器。

目前常用的是 QJ 系列和 FJ 系列的瓦斯继电器。FJ1-80 型开口杯挡板式瓦斯继电器的结构图和实物图如图 4-5 所示,动作原理图如图 4-6 所示。

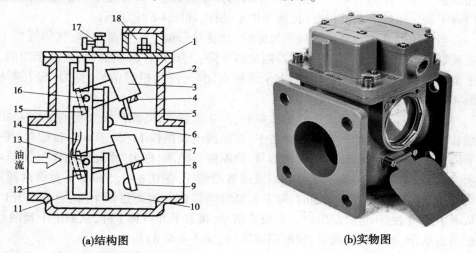

(a)结构图　　　　　　　　　　　　　(b)实物图

1—盖板;2—容器;3—上开口杯;4、8—永久磁铁;5、6—上干簧触点;7—下开口杯;9、10—下干簧触点;
11—支架;12、15—平衡锤;13、16—转轴;14—挡板;17—放气阀;18—接线盒

图 4-5　FJ1-80 型瓦斯继电器的结构图和实物图

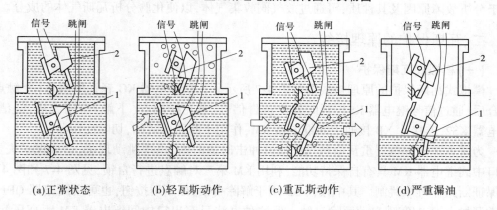

(a)正常状态　　　(b)轻瓦斯动作　　　(c)重瓦斯动作　　　(d)严重漏油

1—下开口杯;2—上开口杯

图 4-6　FJ1-80 型瓦斯继电器动作原理图

码 4-5　图片-
瓦斯继电器

码 4-6　微课-
瓦斯继电器的动作原理

当变压器正常运行时,瓦斯继电器内充满了油,开口杯内也充满了油。由于开口杯内油的重力所产生的力矩比平衡锤产生的力矩小,因此开口杯处于向上翘起的状态,上、下两对干簧触点处于断开位置,瓦斯保护不动作,如图 4-6(a)所示。

当变压器油箱内部发生轻微故障时,油受热分解产生少量气体,气体缓慢上升,聚集在瓦斯继电器容器上部,使继电器内油面下降,上开口杯露出油面,因其产生的力矩大于平衡锤的力矩而处于下降位置,上干簧触点闭合,发出报警信号,称为"轻瓦斯动作",如图 4-6(b)所示。

当变压器油箱内部发生严重故障时,产生大量气体,油汽混合物迅猛地从油箱通过联通管冲向油枕。在油汽混合物冲击下,瓦斯继电器挡板 14(见图 4-5)被掀起,使下开口杯下降,下干簧触点闭合,发出跳闸信号,使断路器跳闸,称为"重瓦斯动作",如图 4-6(c)所示。重瓦斯动作的油流速度可利用流速整定螺杆,在 0.6～1.5 m/s 的范围内调整。

当变压器油箱严重漏油时,随着瓦斯继电器内的油面逐渐下降,首先上开口杯下降,从而上干簧触点闭合,发出轻瓦斯报警信号,接着下开口杯下降,从而下干簧触点闭合,重瓦斯也动作,发出跳闸信号,使断路器跳闸,如图 4-6(d)所示。

值得注意的是,变压器初次投入运行时,或由于换油等工作,油中混入少量气体,经过一段时间后,这些气体又从油中分离出来,逐渐积聚在瓦斯继电器的上部,迫使开口杯下降,使轻瓦斯动作。此时,可通过瓦斯继电器顶部放气阀将气体放出。在故障发生后,为便于分析故障原因及其性质,可通过放气阀收集气体,以便化验分析瓦斯气体的成分。

二、瓦斯保护的原理接线

(一)模拟式瓦斯保护

模拟式瓦斯保护的原理接线图如图 4-7 所示。瓦斯继电器 KG 轻瓦斯触点(上触点)闭合后,通过信号继电器 KS1,延时发出预告信号;重瓦斯触点(下触点)闭合后,经信号继电器 KS2、连接片 XB 接通中间继电器 KM,作用于断路器跳闸,切除变压器。

为避免瓦斯继电器重瓦斯触点受油流冲击时通时断,出现跳动现象,造成保护失灵,出口中间继电器 KM 具有自保持功能,利用 KM 第三对触点进行自锁,见图 4-7 和图 4-8,以保证断路器可靠跳闸。其中按钮 SB 用于解除自锁,如不用按钮,也可用断路器 QF1 辅助常开触点 QF1′实现自动解除自锁。但这种办法只有出口中间继电器 KM 距高压配电室的断路器距离较近时才可采用,否则连线太长不经济。连接片 XB 用以将气体继电器下触点切换到信号灯,使重瓦斯保护退出工作。

(二)微机保护

将瓦斯继电器的重瓦斯触点引入保护装置(非电量保护装置),如图 4-9 所示,经保护

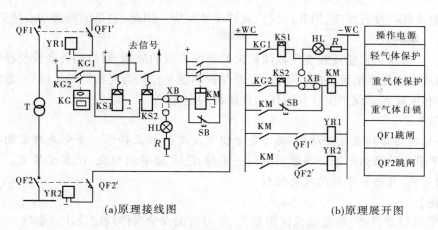

(a)原理接线图　　　　　　　　　　　　　　(b)原理展开图

图 4-7　模拟式瓦斯保护的原理接线图

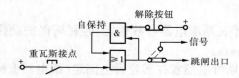

图 4-8　重瓦斯保护自锁逻辑框图

出口继电器和信号辅助插件,实现保护的跳闸功能和信号功能。同时还可将瓦斯继电器的触点引入保护模块 CPU 中,供 CPU 检测保护动作时刻,以便记录和打印动作信息。

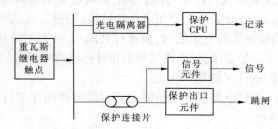

图 4-9　重瓦斯微机保护原理图

三、瓦斯保护整定

(1)轻瓦斯的动作值是按气体的容积来整定的,一般在 250～300 cm³ 范围内。气体容积的调整是通过改变平衡锤的位置来实现的。

(2)重瓦斯保护的动作值是按油的流速来整定的,一般整定在 0.6～1.5 m/s 范围内。

四、保护评价

优点:瓦斯保护具有灵敏度高、动作迅速、接线简单等优点。能反映变压器油箱内的各种故障,特别是能反映轻微匝间短路。瓦斯保护能反映变压器铁芯过热烧伤、油面降低,差动保护对此无反应;变压器绕组产生少数线匝的匝间短路,短路匝内短路电流很大会造成局部绕组严重过热,产生强烈的油流向油枕方向冲击,但表现在相电流上却并不

大,所以差动保护没有反应,但瓦斯保护能够灵敏反应。因此,它是油箱漏油或绕组、铁芯烧损的唯一保护。

缺点:瓦斯保护只能反映变压器油箱内部范围出现的故障,对油箱外套管与断路器引出线上的故障它是不能反映的。因此,瓦斯保护不能单独作为变压器的主保护,通常是将瓦斯保护和纵联差动保护配合共同作为变压器的主保护。

【课程思政】

从轻瓦斯动作到重瓦斯动作,其实是量变与质变的相互转化。量变是质变的必要准备,质变是量变的必然结果。当量变达到一定程度,突破事物的度,就发生质变。质变又引起新的量变,开始一个新的发展过程。

【任务准备】

(1)学员接受任务,熟悉微机保护装置,学习有关安全操作规定及注意事项。

(2)工器具及备品备件、材料准备。

【任务实施】

(1)首先进行 QJ-80 型瓦斯继电器参数整定:轻瓦斯保护动作值整定为 250 cm³,重瓦斯保护动作值整定为 1 m/s。

(2)轻瓦斯实验:将瓦斯继电器放在实验台上固定(继电器上标注箭头指向油枕),打开实验台上部阀门,从实验台下面气孔打气至继电器内部完全充满油后关闭阀门,放平实验台,打开阀门,观察油面降低到何处刻度线时轻瓦斯触点导通。若轻瓦斯不满足要求,可以调节开口杯背后的重锤,改变开口杯的平衡来满足要求。

(3)重瓦斯实验:从实验台气孔打入气体至继电器内部完全充满油后关上阀门,放平实验台,打开实验台计电源,选择表计上的瓦斯孔径挡位,测量方式选在"流速"。再继续打入气体,观察表计显示的流速值为整定值时,快速打开阀门,此时油流应能推动挡板将重瓦斯触点导通。若重瓦斯不满足要求,可以通过调节指针弹簧改变挡板的强度来满足要求。

(4)选用模拟式保护进行瓦斯保护实验。

①根据保护原理接线图,小组自行绘制模拟式实验电路图并进行接线。接线完成,经老师查线合格后,进行通电。

②将轻瓦斯保护动作,观察保护动作现象并记录。

③将重瓦斯保护动作,观察保护动作现象并记录。

④在通电实验过程中,要认真执行安全操作规程的有关规定,一人监护,一人操作。

(5)选用数字式保护进行瓦斯保护实验。

①绘制瓦斯保护的实验电路图,并进行接线。接线完成,经老师查线合格后,进行通电。

②进入微机保护装置测试界面,进行轻瓦斯、重瓦斯保护模拟测试。

③将轻瓦斯保护动作,观察保护动作现象并记录。

④将重瓦斯保护动作,观察保护动作现象并记录。

⑤在通电实验过程中,要认真执行安全操作规程的有关规定,一人监护,一人操作。

【课堂训练与测评】

(1)简述瓦斯保护作用及反映故障类型。

(2)说明瓦斯继电器安装位置及安装要求。

(3)简述瓦斯保护工作原理。

（4）画出瓦斯保护的原理接线图。

（5）简述瓦斯保护的优缺点。

【拓展提高】

变压器瓦斯保护动作后，运行人员应立即对变压器进行检查，查明原因，可在瓦斯继电器顶部打开放气阀，用干净的玻璃瓶收集蓄积的气体（注意：人体不得靠近带电部分），通过分析气体数量、颜色、化学成分、可燃性等，判断保护动作的原因和故障的性质。如表4-1所示。

表 4-1　瓦斯继电器动作后的气体分析和处理要求

气体性质	故障原因	处理要求
无色、无臭、不可燃	变压器含有空气	允许继续运行
灰白色、有剧臭、可燃	纸质绝缘物烧毁	应立即停电检修
黄色、难燃	木质绝缘部分烧毁	应停电检修
深灰色或黑色、易燃	油内闪络、油质炭化	分析油样，必要时停电检修

任务三　变压器的电流速断保护

变压器的电流速断保护是反映电流增大而瞬时动作的保护。保护装于变压器的电源侧，对变压器及其引出线上各种型式的短路进行保护。

码 4-7　微课-变压器的电流速断保护

【任务分析】

1. 为额定容量为 630 kVA、额定电压为 110 kV/10 kV，连接组别为 Y，d11 的电力变压器配置电流速断保护。

2. 进行变压器电流速断保护动作值和灵敏度测试。

【知识链接】

一、电流速断保护原理

为保证选择性，速断保护只能保护变压器的一部分，它适用于容量在 10 MVA 以下较小容量的变压器。当过电流保护时限大于 0.5 s 时，可在电源侧装设电流速断保护。其原理接线如图4-10所示，电源侧为 35 kV 及以下中性点非直接接地电网，保护采用两相不完全星形接线方式。

二、整定计算

保护的动作电流按下列条件计算，并选择其中较大者作为保护的动作电流。

（1）按大于变压器负荷侧母线上（k_1 点）短路时，流过保护的最大短路电流计算，即

$$I_{op} = K_{rel} I_{k1.\,max}^{(3)} \tag{4-1}$$

式中　K_{rel}——可靠系数，对于 DL-10 系列电流继电器采用 1.3～1.4；

　　　$I_{k1.\,max}^{(3)}$——最大运行方式下变压器负荷侧母线上三相短路时，流过保护的最大短路电流。

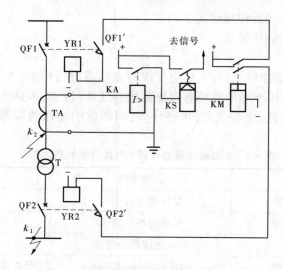

图 4-10 变压器电流速断保护原理接线图

(2)按大于变压器空载投入时的励磁涌流计算,即

$$I_{op} = (3 \sim 5)I_{N.B} \tag{4-2}$$

式中 $I_{N.B}$——变压器保护安装侧的额定电流。

保护的灵敏系数按 k_2 点(保护安装处)发生两相金属性短路进行校验,即

$$K_{sen} = \frac{I_{k2 \cdot min}^{(2)}}{I_{op}} \geq 2 \tag{4-3}$$

式中 $I_{k2 \cdot min}^{(2)}$——最小运行方式下,保护安装处两相短路时的最小短路电流。

电流速断保护动作后,瞬时断开变压器两侧的断路器。

三、保护评价

优点:电流速断保护接线简单、动作迅速。

缺点:当系统容量不大时,保护区很小,甚至保护不到变压器电源侧的绕组,如负荷侧 k_1 点发生故障时,只能靠过电流保护动作于跳闸,结果延长了动作时间,因此电流速断保护不能单独作为变压器的主保护。

【任务准备】

1.学员接受任务,熟悉保护原理,学习有关安全操作规定及注意事项。

2.工器具及备品备件、材料准备。

【任务实施】

(1)学员根据所学内容在校内继电保护实训室的微机保护实验台上分组进行变压器的电流速断保护动作值和灵敏度测试。

(2)各小组成员之间、各小组之间互相检查,发现问题,提出意见。

(3)老师检查各小组及个人完成的任务,提出问题,给出成绩。

【课堂训练与测评】

(1)画出电流速断保护的原理接线图。

（2）简述电流速断保护的优缺点。

任务四 变压器的纵联差动保护

码4-8 音频-
变压器的纵联
差动保护

电流速断保护虽然动作迅速，但它有保护"死区"，不能保护整个变压器。过电流保护虽然能保护整个变压器，但动作时间较长。气体保护虽然动作灵敏，但它也只能保护变压器油箱内部故障。GB 50062—2008规定，10 000 kVA 及以上的单独运行变压器和 6 300 kVA 以上的并列运行变压器，应装设纵联差动保护；10 000 kVA 及以下单独运行的重要变压器，也可装设纵联差动保护。当电流速断保护灵敏度不符合要求时，宜装设纵联差动保护。

【任务分析】

1. 掌握变压器纵联差动保护的原理及整定值的计算、调整方法。
2. 进行变压器微机差动保护测试。

【知识链接】

码4-9 微课-
变压器纵联差动
保护的工作原理

一、变压器纵联差动保护的工作原理

变压器差动保护是按照循环电流原理，在假设变压器的电能传递为线性的情况下，基于基尔霍夫电流定律构成的，它是按比较被保护变压器两侧电流的大小和相位的原理来实现的，即正常运行和外部故障时 $\sum i = 0$（变压器各侧电流在差动保护中相量和等于零）。

双绕组变压器的纵联差动保护单相原理接线如图 4-11 所示，变压器两侧各装设一组电流互感器 TA1、TA2，其二次侧按环流法接线，其保护范围为两侧电流互感器 TA1、TA2之间的全部区域，包括变压器的高、低压绕组、引出线及套管等。

从图 4-11 中可见，正常运行和外部短路时，流过差动继电器的电流为 $\dot{I}_r = \dot{I}_{L.2} - \dot{I}_{II.2}$，在理想情况下，其值等于零。但实际上由于两侧电流互感器特性不可能完全一致等原因，仍有差电流流过差动回路，即为不平衡电流 i_{unb}，此时流过差动继电器的电流 $\dot{I}_r$ 为

$$\dot{I}_r = \dot{I}_{L.2} - \dot{I}_{II.2} = \dot{I}_{unb} \qquad (4-4)$$

要求不平衡电流尽可能小，保证保护装置不会误动作。

当变压器内部发生相间短路时，在差动回路中由于 $i_{II.2}$ 改变了方向或等于零（无电源侧），这时流过差动继电器的电流为 $\dot{I}_{L.2}$ 与 $\dot{I}_{II.2}$ 之和，即

$$\dot{I}_r = \dot{I}_{L.2} + \dot{I}_{II.2} \qquad (4-5)$$

该电流为短路点的短路电流，使差动继电器 KD 可靠动作，并作用于变压器两侧断路器跳闸。

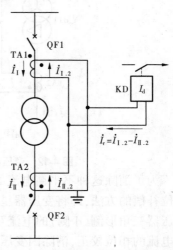

图 4-11 变压器的纵联差动保护
单相原理接线图

变压器的纵联差动保护的保护范围是构成变压器差动保护的两侧电流互感器之间的变压器及引出线。由于差动保护对区外故障不反应,因此差动保护不需要与保护区外相邻元件在动作值和动作时限上互相配合,所以在区内故障时,可瞬时动作。

二、产生不平衡电流的主要原因及解决措施

变压器纵联差动保护的特点是形成不平衡电流的因素多,在保护范围内不发生故障时也会产生较大的不平衡电流流过差动继电器。为防止正常运行时变压器差动保护误动作,必须设法减小和躲过不平衡电流。

变压器差动保护不平衡电流产生的原因有:

(1)变压器接线组别的影响;

(2)电流互感器的计算变比与实际变比不一致;

(3)变压器带负载调整分接头;

(4)两侧电流互感器型号不同、误差不同的影响;

(5)变压器励磁涌流的影响。

码 4-10　音频-不平衡电流产生的主要原因

(一)变压器接线组别的影响及补偿措施

在电力系统中,大、中型变压器采用 Y,d11 接线的很多,变压器一、二次侧线电流相位差30°,如图 4-12 所示。如果两侧电流互感器采用相同接线方式,即使和的数值相等,其不平衡电流为 $I_{unb} = 2I_{2d}\sin15° = 0.518I_{2d}$。

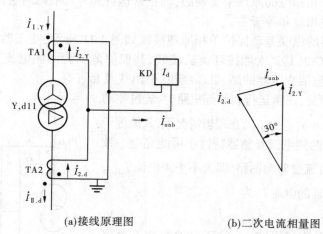

(a)接线原理图　　　　　　　　(b)二次电流相量图

图 4-12　变压器 Y,d11 接线时电流互感器二次电流相量图

为了消除这种不平衡电流的影响,就必须消除差动保护两臂电流的相位差,通常采用相位补偿的方法,即将变压器星形侧(Y 侧)的电流互感器二次侧按三角形(d 形)接线,变压器三角形侧(d 侧)的电流互感器二次侧按星形(Y 形)接线,就可以将电流互感器二次电流的相位校正,消除因变压器接线组别不同引起的不平衡电流。采用相位补偿法的接线及相量图如图 4-13(a)和(b)所示。

图 4-13 中 $\dot{I}_{A.Y}$、$\dot{I}_{B.Y}$ 和 $\dot{I}_{C.Y}$ 分别表示变压器星形侧的三个线电流,与之对应的电流互感器(TA1)二次电流为 $\dot{I}'_{a.Y}$、$\dot{I}'_{b.Y}$ 和 $\dot{I}'_{c.Y}$。由于变压器星形侧电流互感器(TA1)的二次

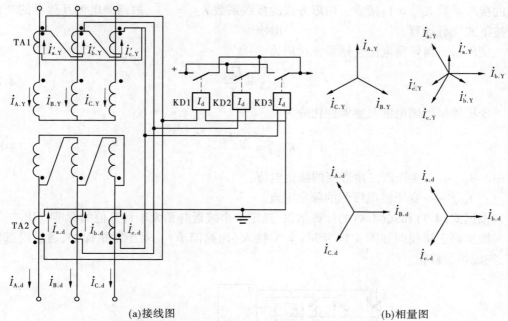

(a)接线图　　　　　　　　　　　　　(b)相量图

电流互感器二次的接法:变压器星形侧(一次侧)接成三角形;
(非微机修正)变压器三角形侧(二次侧)接成星形

图 4-13　Y,d11 接线变压器纵联差动保护的接线及相量图

绕组为三角形接线,所以流进差动臂的电流为

$$\begin{cases} \dot{I}_{\mathrm{a.Y}} = \dot{I}'_{\mathrm{a.Y}} - \dot{I}'_{\mathrm{b.Y}} \\ \dot{I}_{\mathrm{b.Y}} = \dot{I}'_{\mathrm{b.Y}} - \dot{I}'_{\mathrm{c.Y}} \\ \dot{I}_{\mathrm{c.Y}} = \dot{I}'_{\mathrm{c.Y}} - \dot{I}'_{\mathrm{a.Y}} \end{cases} \tag{4-6}$$

它们分别超前于变压器星形侧的线电流 $\dot{I}_{\mathrm{A.Y}}$、$\dot{I}_{\mathrm{B.Y}}$ 和 $\dot{I}_{\mathrm{C.Y}}$ 30°,如图 4-13(b)所示。

在变压器的三角形侧,其三相线电流分别为 $\dot{I}_{\mathrm{A.d}}$、$\dot{I}_{\mathrm{B.d}}$ 和 $\dot{I}_{\mathrm{C.d}}$,相位分别超前 $\dot{I}_{\mathrm{A.Y}}$、$\dot{I}_{\mathrm{B.Y}}$ 和 $\dot{I}_{\mathrm{C.Y}}$ 30°,该侧电流互感器(TA2)的二次绕组为星形接线,因此该侧电流互感器输出电流为 $\dot{I}_{\mathrm{a.d}}$、$\dot{I}_{\mathrm{b.d}}$ 和 $\dot{I}_{\mathrm{c.d}}$。若以变压器星形侧的线电流 $\dot{I}_{\mathrm{A.Y}}$、$\dot{I}_{\mathrm{B.Y}}$ 和 $\dot{I}_{\mathrm{C.Y}}$ 为参考量,则 $\dot{I}_{\mathrm{a.d}}$、$\dot{I}_{\mathrm{b.d}}$ 和 $\dot{I}_{\mathrm{c.d}}$ 分别与高压侧加入差动臂的电流 $\dot{I}_{\mathrm{a.Y}}$、$\dot{I}_{\mathrm{b.Y}}$ 和 $\dot{I}_{\mathrm{c.Y}}$ 同相,这样就使 Y,d11 接线的变压器两侧电流的相位差得到了校正,从而有效地消除了因变压器的接线组别不同而引起的不平衡电流。

对于非微机保护,通过电流互感器的二次接线,完成相位修正。在电流互感器绕组接成三角形的一侧,流入差动臂中的电流要比电流互感器的二次电流大 $\sqrt{3}$ 倍,而变压器三角形侧的电流互感器的二次电流却没有增大。为了保证在正常工作及外部故障时差动回路中两差动臂的电流大小相等,可通过正确选择电流互感器变比来解决。

一般电流互感器的二次额定电流为 5 A,考虑到电流互感器二次侧接成星形接线方

式的接线系数 $K_{con} = 1$，接成三角形方式的接线系数 $K_{con} = \sqrt{3}$ ，故两侧电流互感器的变比应按下式进行计算。

变压器三角形侧电流互感器变比应为

$$K_{TA.d} = \frac{I_{N.d}}{5} \qquad (4-7)$$

变压器星形侧电流互感器变比应为

$$K_{TA.Y} = \frac{\sqrt{3} I_{N.Y}}{5} \qquad (4-8)$$

式中　　$I_{N.d}$——变压器三角形侧的额定电流；

　　　　$I_{N.Y}$——变压器星形侧的额定电流。

根据式(4-7)和式(4-8)的计算结果，选定一个接近并稍大于计算值的标准变比。

微机修正接线图如图4-14所示：全Y接入(回路简单)。对于微机保护，通过内部计算，完成相位修正。

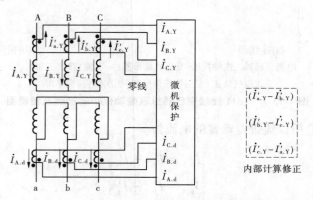

图4-14　Y,d11接线变压器纵联差动保护的微机修正接线图

(二)电流互感器的实际变比与计算变比不一致而产生的不平衡电流

电流互感器是定型产品，其规格已系列化和标准化，因此实际需要的计算变比与产品的标准变比不一定相同，致使在差动回路中产生不平衡电流。为了减小不平衡电流对纵联差动保护的影响，现以一台Y,d11接线，容量为31.5 MVA，变比为115 kV/10.5 kV的变压器为例，计算由于电流互感器的实际变比与计算变比不等引起的不平衡电流，见表4-2。

表4-2　变压器两侧电流互感器额定电流与不平衡电流计算

电压侧	115 kV(Y)	10.5 kV(d)
额定电流	158	1 730
电流互感器接线方式	△	Y
电流互感器计算变比	$\sqrt{3} \times \dfrac{158}{5} = \dfrac{273}{5}$	$\dfrac{1\ 730}{5}$
电流互感器实际变比	300/5 = 60	2 000/5 = 400
差动臂电流(A)	$\sqrt{3} \times \dfrac{158}{60} = 4.56$	$\dfrac{1\ 730}{400} = 4.33$
不平衡电流(A)	4.56−4.33 = 0.23	

由表 4-2 可见,由于电流互感器实际变比与计算变比的差异,正常情况下就有 0.23 A 的不平衡电流流过差动继电器。在外部故障时,不平衡电流将更大。为了减小不平衡电流对纵联差动保护的影响,一般采用自耦变流器或利用差动继电器的平衡线圈予以补偿,如图 4-15、图 4-16 所示。

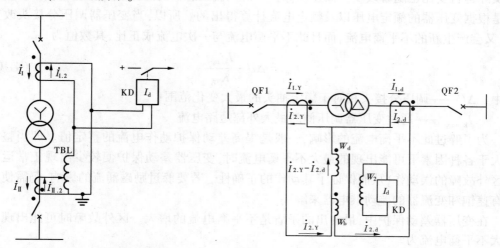

图 4-15　自耦变流器　　　图 4-16　用差动继电器中的平衡线圈对不平衡电流的补偿

图 4-15 中,自耦变流器 TBL 接于变压器三角形侧电流互感器的二次绕组。改变自耦变流器 TBL 的变比,使 $\dot{I}_{\text{I.2}} = \dot{I}_{\text{II.2}}$,从而补偿了不平衡电流。图 4-16 中,差动继电器 KD 铁芯上绕有两个一次线圈,W_{d} 为差动线圈,接入差动回路;W_{b} 为平衡线圈,接在变压器三角形侧电流互感器的二次侧。若极性连接和电流正方向如图 4-16 中所示,并且 $I_{\text{2.Y}} > I_{\text{2.d}}$,则适当选择 W_{d} 和 W_{b} 的匝数,使之满足关系式

$$W_{\text{b}}I_{\text{2.d}} = W_{\text{d}}(I_{\text{2.Y}} - I_{\text{2.d}}) \tag{4-9}$$

则差动继电器铁芯的磁化力为零,其二次线圈 W_2 无感应电势,继电器 KD 中的电流为零,从而补偿了不平衡电流。实际上,差动继电器平衡线圈只有整数匝可供选择,因而其铁芯的磁化力不会等于零,其二次线圈中仍有残余不平衡电流,这在保护的整定计算中应予以考虑。

(三) 两侧电流互感器的型号不同、误差不同而产生的不平衡电流

由于变压器两侧的额定电流、电压大小不等,因而装设在两侧的电流互感器型号和规格就不同。例如 35 kV 侧是利用断路器中的套管式电流互感器,而 10 kV 侧多数是在高压开关柜内装设独立的环氧树脂浇铸式电流互感器,这两者不但型号不同,而且特性也不同。

由于它们的饱和特性不一样,也将引起不平衡电流。即使对同一型号的电流互感器,饱和特性基本相同,但在不同饱和程度下也有不同的误差,越饱和,误差越大。对于不同型号的电流互感器,饱和特性不一样,在不同工作条件下误差就会更大。为减少此类不平衡电流的影响,在整定计算时应充分考虑互感器型号的差异。引入一个电流互感器同型系数 K_{ts} 的概念,即流入继电器的电流为 $K_{\text{ts}}I_{\text{unb.max}}$。当两侧电流互感器型号相同时,流入继电器的电流为 $I_{\text{unb.max}}$ 的一半,即 $K_{\text{ts}} = 0.5$;当两侧电流互感器的型号不同时,$K_{\text{ts}} = 1$,从

而提高纵联差动保护的动作电流,以躲过不平衡电流的影响。

(四)变压器在运行中带负载调整分接头而产生的不平衡电流

在电力系统中,变压器在运行中要根据系统电压的需要改变调压分接头,因此变压器的实际运行变比也随着改变。而差动保护中的电流互感器的选择、平衡线圈匝数的确定,都是根据变压器的额定电压以及额定电流计算得出的。所以,当变压器调压分接头改变时,又会产生新的不平衡电流,而且此不平衡电流与一次电流成正比,其数值为

$$I_{\text{unb}} = \Delta U \cdot \frac{I_{\text{k. max}}}{K_{\text{TA}}} \tag{4-10}$$

式中　ΔU——调压分接头相对于额定抽头的最大变化范围;

　　　$I_{\text{k. max}}$——通过变压器调压侧的最大外部短路电流。

为了躲过此不平衡电流的影响,一般是提高差动保护动作电流的整定值。即当整定值大于各种因素下可能出现的最大不平衡电流时,变压器差动保护便较少出现正常运行或区外故障的误动作,从而保证了其动作的正确性。若要躲过励磁涌流的影响,仍需使用带有速饱和变流器的差动继电器来解决。

在变压器差动保护中,最突出的矛盾是不平衡电流的增大。区外故障时可能出现的最大不平衡电流为

$$I_{\text{unb. max}} = (K_{\text{ts}} \times 10\% + \Delta U + \Delta f_{\text{er}}) \frac{I_{\text{k. max}}^{(3)}}{K_{\text{TA}}} \tag{4-11}$$

式中　K_{ts}——变压器两侧电流互感器同型系数,当两侧电流互感器型号相同时,$K_{\text{ts}} = 0.5$,当两侧电流互感器的型号不同时,$K_{\text{ts}} = 1$;

　　　10%——电流互感器容许的最大相对误差;

　　　ΔU——由变压器分接头改变引起的相对误差,取调压范围的一半;

　　　Δf_{er}——由继电器平衡线圈的整定匝数与计算匝数不同引起的相对误差,一般取$\Delta f_{\text{er}} = 0.05$进行计算;

　　　$I_{\text{k. max}}^{(3)}$——外部短路时流过基本侧的最大短路电流。

(五)变压器励磁涌流的影响及防止措施

当变压器空载合闸或外部故障切除后电压恢复过程中,由于变压器铁芯中的磁通急剧增大,使变压器铁芯瞬时饱和,出现数值很大的励磁电流(称为励磁涌流)。励磁涌流可达变压器额定电流的6~8倍,如不采取措施,变压器纵联差动保护将会误动。

励磁涌流波形如图4-17(b)所示,如果变压器空载合闸,电源电压瞬时值u为零,由于铁芯中磁通总是落后于外加电压90°,如图4-17(a)所示,所以这时铁芯中周期分量的磁通ϕ_1瞬时值恰好达到负的最大值$-\Phi_{\text{m}}$。因为合闸瞬间铁芯中总磁通不能突变,此时在铁芯中将出现一个非周期分量的磁通ϕ_2,初始幅值为$+\Phi_{\text{m}}$。经半周期后,若不考虑ϕ_2的衰减,铁芯中总磁通将达到最大值$2\Phi_{\text{m}}$,见图中的ϕ_{Σ}。此时,变压器铁芯处于高度饱和状态,励磁电流剧烈增大,可达到变压器额定电流的6~8倍,其波形呈尖顶波,并几乎全部偏于时间轴一侧,且含有大量高次谐波分量。由于此电流只流过变压器电源侧绕组,故在差动回路中必然要出现较大的不平衡电流。

单相变压器励磁涌流的波形具有如下特点:

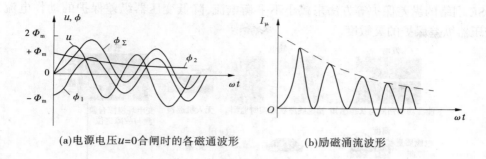

(a)电源电压u=0合闸时的各磁通波形　　　(b)励磁涌流波形

图 4-17　变压器励磁涌流的产生及其波形

(1)波形中含有很大成分的非周期分量,约占基波的 60%,涌流偏向时间轴的一侧。

(2)波形包含有大量的高次谐波,且以二次谐波为主,占基波的 30%~40%以上。

(3)励磁涌流的波形出现间断,即有间断角 α,可达 80°以上,如图 4-18 所示。

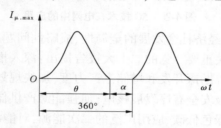

图 4-18　励磁涌流波形的间断角

三相变压器有励磁涌流时,至少一相有涌流,因为至少有一相在电压非峰值、非谷值时合闸。一个典型的励磁涌流录波(空载合闸)如图 4-19 所示。

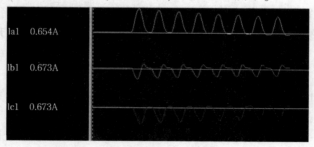

Ia1	0.654A
Ib1	0.673A
Ic1	0.673A

图 4-19　变压器励磁涌流录波

变压器差动保护中长期的运行经验表明:励磁涌流的判别是一个关键性的问题。近几十年来,国内外许多学者专家致力于这方面的研究,提出了许多判别励磁涌流的新方法。从目前提出的理论来看,常用方法主要有以下几种:

二次谐波制动(闭锁)原理、电压谐波制动原理、间断角原理、波形叠加原理、积分型波形对称原理、小波变换方法、磁通特性原理、等值电路原理、模糊贴近度原理,基于模糊多判据原理的鉴别方法等。以上方法中,二次谐波制动(闭锁)原理应用的最多,也最成熟。

近几年来,更多学者提出了基于稀疏形态梯度奇异熵的变压器差动保护、基于物联网下 5G 通信方式(见图 4-20),通过判定 3 次及 5 次谐波电流实现快速差动保护、基于

GOOSE 网络的纵差保护等方法来减小不平衡电流,降低变压器纵差保护的动作电流,提高变压器纵差保护的灵敏度。

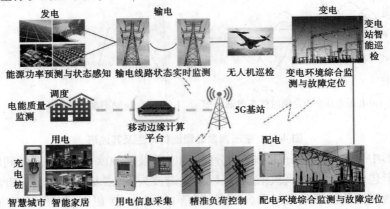

图 4-20　5G 技术在电网中的应用

能源安全是关系国家经济社会发展的全局性、战略性问题,对国家繁荣发展、人民生活改善、社会长治久安至关重要。党的二十大报告提出:深入推进能源革命,加强煤炭清洁高效利用,加大油气资源勘探开发和增储上产力度,加快规划建设新型能源体系,统筹水电开发和生态保护,积极安全有序发展核电,加强能源产供储销体系建设,确保能源安全。氢能作为来源丰富、绿色低碳、应用广泛的二次能源,对能源绿色低碳转型、实现"双碳"目标具有重要意义。其对能源高质量发展提出了更高的要求,也对电网高质量发展提出了更高的要求。

随着科技的飞速发展,应用大数据、物联网、移动互联网等信息技术,推动继电保护管理信息化,构建智能整定与在线校核平台、设备在线监视与智能预警平台,实现由"人工整定"向"智能整定"、"离线分析"向"在线分析"的跨越,进一步提升继电保护的技术水平。

【任务准备】

(1)学员接受任务,学习有关安全操作规定及注意事项。

(2)工器具及备品备件、材料准备。

(3)熟悉 YHB-Ⅳ型继电保护装置,变压器差动保护实验的一次系统图如图 4-21 所示。变压器高压侧为星形接法,线电压为 220 V,低压侧为三角形接法,线电压为 127 V。高、低压侧变比为 $\sqrt{3}$:1;线路正常运行方式下低压侧每相负荷电阻为 61 Ω。

(4)为躲开励磁涌流的影响,装置的微机差动保护是利用二次谐波作为制动量。$(I_1 - 6I_2) > 0$ 判为内部故障,$(I_1 - 6I_2) < 0$ 判为励磁涌流。式中:I_1 为励磁涌流的基波分量;I_2 为励磁涌流的二次谐波分量。差动保护软件框图如图 4-22 所示。

(5)变压器差动保护中,虽然采用了种种办法来减少不平衡电流的影响,但是不平衡电流仍然比较大,而且其值随着一次穿越变压器的短路电流的增大而增大,这种关系可近似用图 4-23 的直线 1 来描述。若变压器差动保护的动作电流按躲开外部故障的最大短路电流来整定,如图 4-23 的直线 2,可见保护的动作电流较大,这时对于短路电流较小的

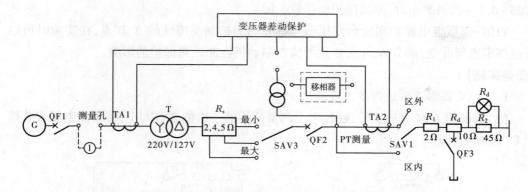

图 4-21　变压器差动保护实验的一次系统图

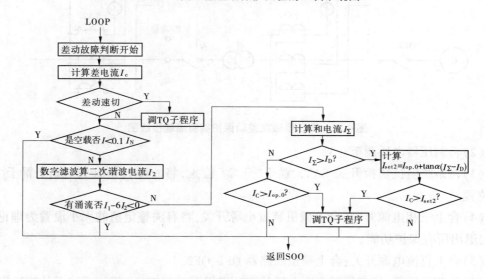

图 4-22　变压器微机差动保护软件基本框图

内部故障,灵敏度往往不能满足要求。如果能利用变压器的穿越电流来产生制动作用,使得穿越电流大时,产生的制动作用大,穿越电流小时,产生的制动作用小,并且使保护的动作电流也随制动作用的大小而改变,即制动作用大时,动作电流大些,制动电流小时,动作电流也小,那么在任何外部短路电流的情况下,差动保护的动作电流都能大于相应的不平衡电流,从而既提高灵敏度,又不致误动作。差动保护的制动特性曲线如曲线 3 所示,曲线 3 上方阴影部分的区域为差动保护的动作区。曲线 3 中 A 点对应为差动保护的最小动作电流 $I_{\text{op.0}}$,一般取 $(0.25 \sim$

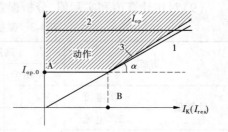

图 4-23　制动特性说明图

$0.5)I_{\text{N}}$。$I_{\text{op.0}}$ 小时保护较灵敏。B 点对应的制动电流,一般取 $(1 \sim 3)I_{\text{N}}$。当 B 点取值小时,保护不易动作。曲线 3 的斜率 $\tan\alpha$,视不平衡电流的大小程度确定,一般取 $\tan\alpha =$

0.25～0.5。当斜率小时,差动保护动作较灵敏。

　　YHB-Ⅳ型继电保护实验台变压器微机差动保护制动特性的 A、B 点,在实验时可以通过整定进行改变,调节 A 点或 B 点可检查制动特性曲线对保护的影响。

【任务实施】

　　1. 模拟变压器正常运行方式实验

　　(1)根据图 4-24 完成实验接线,为了测量变压器一次侧参数大小,将交流电压表并接到 PT 测量插孔。

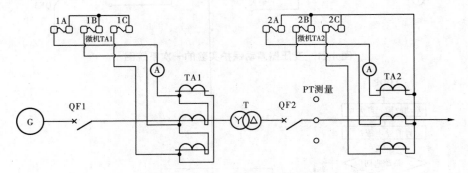

图 4-24　变压器微机差动保护实验原理接线图

　　(2)将调压器电压调至 0 V。

　　(3)将系统阻抗切换开关 SAV3 置于"正常"位置,将故障转换开关 SAV1 置于"线路"位置。

　　(4)合上三相电源开关,合上微机装置电源开关,将有关整定值的大小设置为理论计算值,退出所有保护功能。

　　(5)合上直流电源开关;合上模拟断路器 QF1、QF2。

　　(6)调节调压器,使变压器二次电压从 0 V 慢慢上升到 50 V,模拟系统无故障运行。

　　(7)在表 4-3 中记录有关实验数据。

　　(8)实验完成后,使调压器输出电压为 0 V,断开所有电源开关。

　　(9)对比计算值和实际值,分析误差产生的原因。

表 4-3　微机差动保护实验数据记录

方式		高压侧电流(A)			低压侧电流(A)		
		A 相	B 相	C 相	A 相	B 相	C 相
计算值	一次电流						
	二次电流						
测量值	一次电流						
	二次电流						
误差计算	一次电流						
	二次电流						

2. 变压器内部故障实验

（1）按上个实验中的方法让模拟变压器在正常运行方式下运行。

（2）让微机保护装置运行在变压器差动保护程序下，将其有关整定值整定为理论计算值，将变压器保护切换为 ON，其他关闭。将故障转换开关 SAV1 置于"区内"位置。

（3）从微机装置上记录变压器两侧 TA 二次侧电流幅值的大小。由于变压器实验时，只要故障转换开关 SAV1 置于"区内"位置，则从硬件电路上将变压器二次侧 TA2 的一次回路短接了，因此这时变压器二次侧 TA2 的测量电流幅值基本为 0 A。

（4）将短路电阻滑动头调至 50%处。

（5）合上短路类型选择按钮 SA、SB。

（6）合上短路操作开关 QF3（见图 4-21），模拟系统发生两相短路故障，此时负荷灯全熄，模拟断路器 QF1、QF2 断开，将有关实验数据记录在表 4-4 中。

（7）断开短路操作开关 QF3，合上 QF1、QF2，恢复无故障运行。

（8）改变短路类型，重复步骤（6）。

（9）改变步骤（4）中短路电阻的大小，如取值分别为 80%或 100%，重复步骤（5）~（8），将实验结果记录于表 4-4 中。

（10）实验完成后，使调压器输出电压为 0 V，断开所有电源开关。

表 4-4 微机差动保护变压器内部故障实验数据记录

正常运行时微机测量值（A）		1A	1B	1C	2A	2B	2C
差电流（A）		短路电阻					
		5 Ω		8 Ω		10 Ω	
两相短路	AB						
	BC						
	CA						
三相短路	ABC						

3. 变压器外部故障实验

实验步骤与"变压器内部故障实验"完全一样，只须先将故障转换开关 SAV1 置于"区外"。将变压器保护 I 段打开，Ⅲ段关闭。实验记录表格也与表 4-4 一样。当变压器外部故障时，差动保护不会动作，变压器后备保护 I 段动作。

4. 变压器发生内部故障时，保护动作配合测试

（1）将变压器差动保护切换为 OFF，变压器后备保护 I 段、Ⅲ段投入，模拟变压器内部故障。

（2）将短路电阻滑动到 50%，短路类型任意选择，按下短路按钮模拟故障。

（3）此时差动保护不动作，后备过电流 I 段保护动作。

（4）手动跳开短路开关，切除故障点，复位微机出口信号灯，恢复变压器正常运行。

（5）将变压器保护切换为 OFF，变压器后备保护 I 段切换为 OFF，Ⅲ段为 ON，重复步

骤(2)。

（6）此时,差动保护不动作,差动后备保护Ⅰ段不动作,过电流保护Ⅲ段动作。

（7）实验完成后,使调压器输出电压为 0 V,断开所有电源开关。

按照确定的工作步骤完成任务过程中,如发现问题,需共同分析,遇到无法解决的问题请教老师。各小组成员之间、各小组之间互相检查,发现问题,提出意见。老师检查各小组及个人完成的任务,提出问题,给出成绩。

【课堂训练与测评】

（1）简述纵联差动保护作用及反映故障类型。

（2）简述纵联差动保护工作原理。

（3）简述变压器纵联差动保护中,不平衡电流可能产生的原因及改善措施。

【拓展提高】　改变差动保护制动特性对保护灵敏度影响实验

变压器微机差动保护制动特性如图 4-25 所示,A 点上下移动,B 点左右移动都可以改变动作区,但 A 点上下移动改变的是差动保护的灵敏度,B 点左右移动改变的是差动保护躲不平衡电流的能力。在变压器微机差动保护整定值中,通过改变"差电流"项取值的大小可改变 A 点;通过改变"制动电流"项取值的大小可改变 B 点。

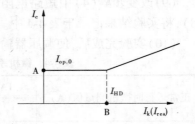

图 4-25　差动保护制动特性

实验接线及实验步骤与前面介绍的变压器内部故障实验过程完全一样,只需要在每次故障之前将变压器整定值根据实验要求进行改变,实验记录表格可使用前 2 个实验同样的格式,也可根据实际情况自行设计记录表格。

请通过改变 $I_{op.0}$（增加或减少）和 I_{HD}（增加或减少）模拟变压器内部或外部短路情况,观察和分析差动保护的动作情况。

任务五　变压器相间短路的后备保护和过负荷保护

变压器相间短路的后备保护既是变压器主保护的后备保护,又是相邻母线或线路的后备保护。变压器相间短路的后备保护可采用过电流保护、低电压启动的过电流保护、复合电压启动的过电流保护等。

【任务分析】

1.熟悉变压器过电流保护、低电压启动的过电流保护、过负荷保护的接线、工作原理、整定方法。

2.对变压器进行过电流保护的校验。

3.对变压器进行过负荷保护动作值和延时测试。

【知识链接】

一、过电流保护

变压器过电流保护装置的接线、工作原理和线路过电流保护（电流Ⅲ段保护）完全相同，这里不再叙述。整定也和线路过电流保护的整定类似。

过电流保护一般用于容量较小的降压变压器，安装地点在电源侧。其单相原理接线如图 4-26 所示。

码 4-11　音频-变压器相间短路的后备保护

码 4-12　微课-变压器相间短路的后备保护

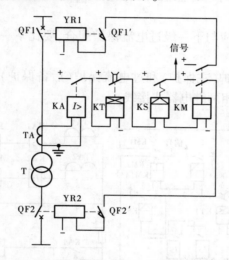

图 4-26　变压器过电流保护单相原理接线图

保护装置的动作电流应按躲过变压器可能出现的最大负荷电流 $I_{L.max}$ 来整定，即

$$I_{op} = \frac{K_{rel}}{K_{re}} \cdot I_{L.max} \tag{4-12}$$

式中　K_{rel}——可靠系数，一般采用 1.2~1.3；

　　　K_{re}——返回系数，一般采用 0.85；

　　　$I_{L.max}$——变压器的最大负荷电流。

$I_{L.max}$ 可按下述两种情况来考虑：

（1）对并列运行的变压器，应考虑切除一台变压器以后所产生的过负荷。若各变压器的容量相等，可按下式计算

$$I_{L.max} = \frac{m}{m-1} I_{N.B} \tag{4-13}$$

式中　m——并列运行变压器的台数；

　　　$I_{N.B}$——变压器的额定电流。

（2）对降压变压器，应考虑负荷中电动机自启动时的最大电流，即

$$I_{L.max} = K_{ss} I'_{L.max} \tag{4-14}$$

式中　K_{ss}——自启动系数，其值与负荷性质及用户与电源间的电气距离有关，在 110 kV

降压变电站,对 6~10 kV 侧,$K_{ss}=1.5\sim2.5$;35 kV 侧,$K_{ss}=1.5\sim2.0$。

$I'_{L.\,max}$——正常运行时的最大负荷电流。

保护装置的灵敏度校验

$$K_{sen}=\frac{I_{k.\,min}^{(2)}}{I_{op}}\tag{4-15}$$

式中　$I_{k.\,min}^{(2)}$——最小运行方式下,在灵敏度校验点发生两相短路时,流过保护装置的最小短路电流。

在被保护变压器受电侧母线上短路时,要求 $K_{sen}=1.5\sim2.0$;在后备保护范围末端短路时,要求 $K_{sen}\geq1.2$。

保护装置的动作时限应与下一级过电流保护配合,要比下一级保护中最大动作时限大一个时限级差 Δt。

变压器的电流速断保护(主保护)和过电流保护(后备保护)原理接线图与展开图如图 4-27 所示,保护均为两相两继电器式接线。

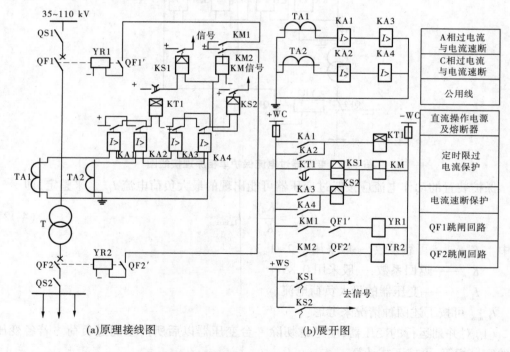

图 4-27　变压器的电流速断保护和过电流保护原理接线图与展开图

二、低电压启动的过电流保护

低电压启动的过电流保护逻辑框图如图 4-28 所示,保护的启动元件包括电流继电器和低电压继电器。只有电压测量元件和电流测量元件同时动作后才能启动时间继电器,经预定的延时发出跳闸脉冲。

低电压启动的过电流保护原理接线图如图 4-29 所示。

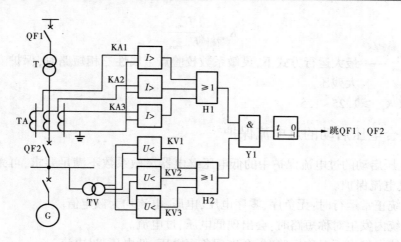

图 4-28　低电压启动的过电流保护逻辑框图

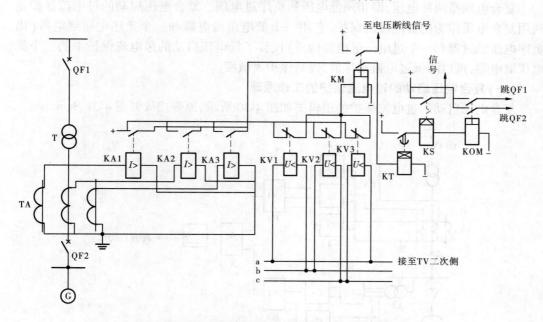

图 4-29　低电压启动的过电流保护原理接线图

电流继电器 KA1、KA2、KA3 的一次动作电流按躲开变压器额定电流来整定,即

$$I_{op} = \frac{K_{rel}}{K_{re}} I_{N.B} \tag{4-16}$$

$I_{N.B}$ 为变压器的额定电流,由上式可见,其动作电流比过电流保护动作电流小,因此提高了保护的灵敏系数。

低电压继电器 KV1、KV2、KV3 的一次动作电压按躲开正常运行时的最低工作电压整定。一般取 $0.7U_{N.B}$($U_{N.B}$ 为变压器额定线电压),即

$$U_{op} = 0.7U_{N.B} \tag{4-17}$$

电流元件的灵敏系数按式(4-16)校验,电压元件的灵敏系数按下式校验,即

$$K_{sen} = \frac{U_{op}}{U_{k.max}} \tag{4-18}$$

式中　　$U_{k.max}$——最大运行方式下,灵敏系数校验点金属性三相短路时,保护安装处的最大残压。

一般取 $K_{sen} \geqslant 1.25 \sim 1.5$。

三、复合电压启动的过电流保护

若低电压启动的过电流保护中的低电压继电器灵敏系数不满足要求,可采用复合电压启动的过电流保护。

(1)系统正常运行时:无负序、零序电压,电压、电流均为额定值。

(2)系统内发生对称短路时:会出现低电压、过电流。

(3)系统内发生不对称短路时:会出现负序电压、低电压、过电流。

复合电压指两种电压,即相间低电压和负序过电压。复合电压启动的过电流保护是利用复合电压作为闭锁的过流保护,它用一个低电压继电器和一个负序电压继电器(由负序电压滤过器和一个过电压继电器构成)代替了低电压启动的过电流保护中的三个低电压继电器,可以降低过电流动作值,提高保护灵敏度。

(一)复合电压启动的过电流保护的工作原理

复合电压启动的过电流保护的逻辑图如图 4-30 所示,原理接线如图 4-31 所示。

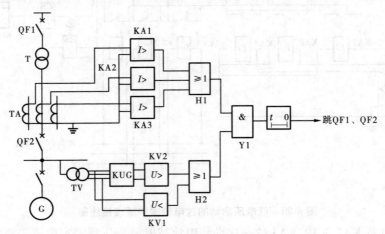

图 4-30　复合电压启动的过电流保护的逻辑图

在正常运行时,由于电压没有负序分量,所以负序电压继电器 KVZ 的常闭触点闭合,将线电压加入低电压继电器 KV1 的线圈上,KV1 常闭触点断开,保护装置不动作。

当外部发生不对称短路时,故障相电流启动元件 KA 动作,负序电压继电器中的负序电压滤过器 KUG 输出负序电压,负序电压继电器 KVZ 动作,其常闭触点断开,低电压继电器 KV1 线圈失磁动作,其常闭触点闭合,启动中间继电器 KM、时间继电器 KT,经过其整定时限后,启动出口中间继电器 KOM,将变压器两侧断路器 QF1、QF2 跳闸,切断故障电流。

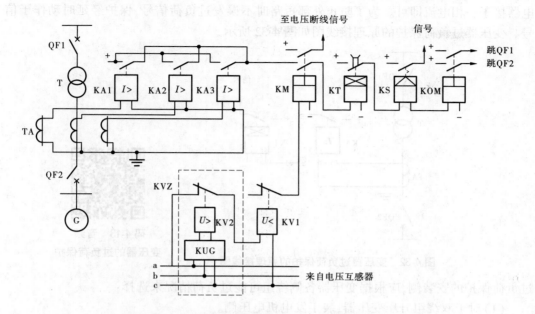

图 4-31　复合电压启动的过电流保护原理接线图

当发生三相短路时,由于电压没有负序分量,负序电压继电器不动作,KVZ 的常闭触点闭合。因出口母线电压下降,低电压继电器 KV1 线圈失磁而动作,其常闭触点闭合,同时,电流继电器 KA 动作,按低电压启动的过电流保护方式,作用于 QF1、QF2 跳闸。

(二)复合电压启动的过电流保护的整定计算

电流元件的动作电流与低电压启动的过电流保护中的电流元件的动作电流整定值相同,按式(4-16)整定。低电压元件的动作电压按式(4-17)整定。低电压元件的灵敏系数为

$$K_{sen} = \frac{U_{op} K_{re}}{U_{k.max}} > 1.2 \tag{4-19}$$

式中　　$U_{k.max}$——相邻元件末端三相金属性短路故障时,保护安装处的最大线电压;

　　　　K_{re}——低电压元件的返回系数。

负序电压元件的动作电压根据运行经验确定,即

$$U_{op.2} = (0.06 \sim 0.12) U_{N.B} \tag{4-20}$$

负序电压元件灵敏系数为

$$K_{sen} = \frac{U_{k2.min}^{(2)}}{U_{op.2}} \tag{4-21}$$

式中　　$U_{k2.min}^{(2)}$——相邻元件末端两相短路故障时的最小负序电压。

这种保护方式灵敏度高,接线简单,故应用比较广泛。

四、变压器的过负荷保护

变压器的过负荷,在大多数情况下是三相对称的,所以过负荷保护只须用一个电流继

电器接于一相电流即可。为了防止外部短路时不误发过负荷信号,保护经延时动作于信号。变压器过负荷保护的原理接线图如图 4-32 所示。

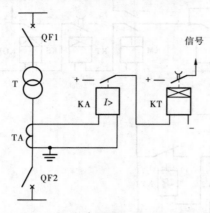

码 4-13　音频-
变压器的过负荷保护

图 4-32　变压器过负荷保护的原理接线图

过负荷保护的安装侧,应根据变压器各侧绕组可能过负荷情况来选择:

（1）对于双绕组升压变压器,装于发电机电压侧。

（2）对于一侧无电源的三绕组升压变压器,装于发电机电压侧和无电源侧。

（3）对于三侧有电源的三绕组升压变压器,三侧均应装设。

（4）对于双绕组降压变压器,装于高压侧。

（5）仅一侧有电源的三绕组降压变压器,若三侧的容量相等,只装于电源侧;若三侧的容量不等,则装于电源侧及容量较小侧。

（6）对两侧有电源的三绕组降压变压器,三侧均应装设。

过负荷保护的动作电流,按躲过变压器的额定电流整定,即

$$I_{op} = \frac{K_{rel}}{K_{re}} I_{N.B} \tag{4-22}$$

式中　　K_{rel}——可靠系数,取 1.05;

　　　　K_{re}——返回系数;取 0.85。

变压器过负荷保护的动作时限比变压器的后备保护动作时限大一个 Δt ,一般整定为 5~10 s。

【任务准备】

（1）学员接受任务,熟悉微机保护装置,学习有关安全操作规定及注意事项。

（2）工器具及备品备件、材料准备。

【任务实施】

1. 变压器过电流保护的校验

（1）加一个比定值略小的电流,然后按固定步长增加这个电流,直至变压器过电流保护动作。为减小保护延时定值对动作定值校验速度和精度的影响,可在校验动作定值时将延时时间改为最小。

（2）分相进行校验。

（3）测量整组动作时间,填入表4-5,要求整组动作时间与时间定值之差不能大于定值的5%。

表 4-5　变压器过电流保护动作值及动作时间测试

项目	内容
保护动作值	
动作时间	

2.变压器过负荷保护动作值和延时测试

（1）将主变过负荷延时整定为0.1 s,从主变高压侧电流通道任一相加入实验电流,实测并记录动作电流值;

（2）整定主变过负荷延时,从主变高压侧电流通道任一相突加大于1.2倍电流定值的电流,进行主变过负荷延时定值测试。

（3）记录数据同表4-5。

【课堂训练与测评】

画出低电压启动的过电流保护的原理接线图及展开图。

【拓展提高】

分组进行变压器复合电压启动的过电流保护动作值和灵敏度测试。

■ 任务六　变压器的零序电流保护

对110 kV及以上中性点直接接地系统中的变压器,一般应装设零序电流(接地)保护,作为变压器主保护的后备保护及相邻元件接地故障的后备保护。

中性点直接接地系统发生接地短路时,零序电流的大小和分布与变压器中性点接地的数目和位置有关。为使零序电流的大小和分布少受系统运行方式的影响,在发电厂和变电所中,仅将部分变压器的中性点接地。因此,这些变压器的中性点,有时接地运行,有时不接地运行。

当变压器外部发生接地故障时,中性点接地变压器的中性点产生过电流$3\dot{I}_0$,中性点不接地变压器的中性点产生过电压$3\dot{U}_0'$,如图4-33所示。

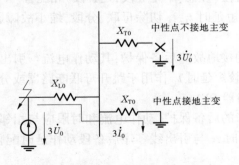

图 4-33　当变压器外部发生接地
故障时变压器中性点情况

码 4-14　音频-
变压器的零序电流保护

对于中性点有两种运行方式的变压器,需要装设两套相互配合的接地保护装置:

(1)零序电流保护(用于中性点接地运行方式)。

(2)零序电压保护(用于中性点不接地运行方式)。

【任务分析】

1.熟悉变压器零序电流保护、零序电压保护的工作原理、整定方法。

2.进行变压器零序电流保护动作值和灵敏度测试。

【知识链接】

一、中性点直接接地变压器的零序电流保护

(一)零序电流保护的原理

中性点直接接地变压器需要装设零序电流保护,作为变压器接地后备保护。其逻辑框图如图4-34所示。保护用零序电流互感器TAN接在中性点引出线上,其额定电压可选低一级,其变比根据短路电流引起的热稳定和电动力动稳定条件来选择。

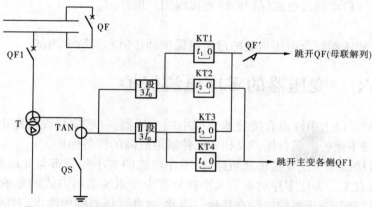

码 4-15　微课-中性点直接接地变压器的零序电流保护

图 4-34　中性点直接接地运行变压器的零序电流保护逻辑框图

为缩小接地故障的影响范围及提高后备保护的速动性,通常在中性点处配置两段式零序电流保护,变压器零序保护Ⅰ段通常和相邻元件的零序保护Ⅰ段相配合;变压器零序保护Ⅱ段与相邻元件零序电流保护后备段(注意:不是Ⅱ段,是Ⅲ段)相配合。

每段零序保护都有两个动作时限:短延时 t_1、t_3 切除母联、分段,缩小故障影响范围。长延时 t_2、t_4 跳主变。

零序保护Ⅰ段作为变压器及母线的接地故障后备保护,其动作电流与引出线零序电流保护Ⅰ段在灵敏系数上配合整定,以较短延时 t_1 作用于跳开母联断路器或分段断路器QF;以长延时 t_2 作用于跳开变压器断路器QF1。

零序保护Ⅱ段作为引出线接地故障的后备保护,动作电流和时限应与相邻元件零序电流保护的后备段相配合(Ⅲ段),短延时 t_3 与引出线零序后备段动作延时配合,长延时 t_4 比第一级 t_3 延长一个阶梯时限 Δt。

(二)零序电流保护的整定计算

(1)零序电流保护Ⅰ段动作电流为:

$$I_{\text{op. }0}^{\text{I}} = K_{\text{co}} K_{\text{b}} I_{\text{op. }0l}^{\text{I}} \tag{4-23}$$

式中 K_{co}——配合系数,取 $1.1 \sim 1.2$;

K_{b}——零序电流分支系数,其值等于在最大运行方式下,相邻元件零序电流保护 I 段保护范围内末端发生接地短路时,流过本保护的零序电流与流过相邻元件保护的零序电流之比;

$I_{\text{op. }0l}^{\text{I}}$——相邻元件零序电流保护 I 段动作值。

第一级短延时 $t_1 = 0.5 \sim 1 \text{ s}$,第二级长延时 $t_2 = t_1 + \Delta t$。

(2) 零序电流保护 II 段动作电流为

$$I_{\text{op. }0}^{\text{II}} = K_{\text{co}} K_{\text{b}} I_{\text{op. }0l}^{\text{II}} \tag{4-24}$$

式中 $I_{\text{op. }0}^{\text{II}}$——相邻元件零序电流后备段的动作电流。

第一级短延时 t_3 应比相邻元件零序保护后备段最大时限大一个 Δt,即 $t_3 = t_{\text{max}} + \Delta t$；第二级长延时 $t_4 = t_3 + \Delta t$。

两段时限总结如下：

$$t_1 = 0.5 \sim 1 \text{ s} , \ t_3 = t_{\text{max}} + \Delta t$$
$$t_2 = t_1 + \Delta t , \ t_4 = t_3 + \Delta t \tag{4-25}$$

式中 t_{max}——相邻线路零序保护 III 段最长动作时间。

为防止断路器 QF1 在断开状态下(变压器未与系统并联之前),在变压器高压侧发生接地短路时误将母联断路器 QF 跳闸,故在 t_1 和 t_3 出口回路中串接 QF′常开辅助触点将保护闭锁。

对自耦变压器和高、中压侧及中性点都直接接地的三绕组变压器,其高、中压侧均应装设零序电流保护。当有选择性要求时,应增设功率方向元件。

保护灵敏度校验,按变压器二次侧干线末端最小单相短路电流 $I_{\text{k. min}}^{(1)}$ 校验。

$$K_{\text{sen}} = \frac{I_{\text{k. min}}^{(1)}}{I_{\text{op. }1}} \geqslant \begin{cases} 1.5 & (\text{架空线路}) \\ 1.25 & (\text{电缆线路}) \end{cases} \tag{4-26}$$

零序电流保护 I 段的灵敏度按变压器母线处故障校验,零序电流保护 II 段的灵敏度按相邻元件末端故障校验,校验方法与线路零序电流保护相同。

二、中性点可能接地或不接地变压器的零序保护

中性点不接地系统接地保护根据变压器绝缘等级的不同,分别采用不同的方案。

(1) 全绝缘变压器：变压器中性点端的耐压能力、绝缘水平等于绕组首端。中性点耐压能力较好。

(2) 分级绝缘变压器：变压器中性点端的耐压能力、绝缘水平低于绕组首端。这种半绝缘结构变压器可降低造价,节省成本。中性点耐压能力较差,应在中性点装放电间隙进行保护。

(一) 全绝缘变压器的接地保护

全绝缘变压器应装设零序电流保护,作为中性点直接接地运行时的保护,还应装设零序电压保护,作为变压器中性点不接地运行时的保护。逻辑框图如图 4-35 所示。

若有几台变压器在高压母线上并列运行,当发生接地短路故障后,中性点接地运行的变压器由其零序电流保护动作先被切除。当电网失去中性点时,中性点不接地运行变压

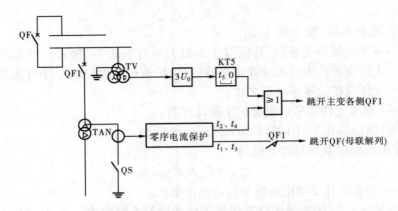

图 4-35　全绝缘变压器零序电流保护逻辑框图

器由其零序电压保护动作而断开。零序电压继电器动作电压按躲过部分变压器接地电网发生单相接地短路时保护安装处可能出现的最大零序电压整定,动作电压较高,一般可取 $U_{op.0} = 180 \sim 200$ V。

　　由于零序电压保护是在中性点接地变压器全部断开后才动作的,因此保护动作时限 t_5 不需要与电网中其他接地保护的动作时限相配合,可以整定得很小。为躲开电网单相接地短路暂态过程的影响,保护通常取 $t_5 = 0.3 \sim 0.5$ s 的延时。

　　(二)分级绝缘变压器的接地保护

　　220 kV 及以上电压等级的大型变压器,为了降低造价,高压绕组采用分级绝缘,中性点绝缘水平比较低,在单相接地故障且失去中性点接地时,其绝缘将受到破坏。为此可以在变压器中性点装设放电间隙,如图 4-36 所示,当间隙上的电压超过动作电压时迅速放电,形成中性点对地的短路,从而保护变压器中性点的绝缘。

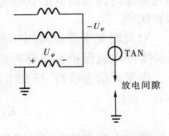

图 4-36　装设放电间隙的变压器

　　当放电间隙击穿,放电电流超过 100 A 时,则不需要等中性点接地运行主变跳闸,直接跳开中性点不接地变压器。因放电间隙不能长时间通过电流,故在放电间隙上装设零序电流元件,在检测到间隙放电后迅速切除变压器。另外,放电间隙是一种比较粗糙的设施,气象条件、连续放电的次数都可能会导致该动作而不能动作的情况,因此还需装设零序电压元件,作为间隙不能放电时的后备,动作于切除变压器,动作电压和时限的整定方法与全绝缘变压器的零序电压保护相同。

　　【任务准备】

　　(1)学员接受任务,熟悉微机保护装置,学习有关安全操作规定及注意事项。

　　(2)工器具及备品备件、材料准备。

　　【任务实施】

　　分组进行变压器零序电流保护动作值和灵敏度测试。

　　【课堂训练与测评】

　　(1)讨论图 4-37 所示接线的变压器零序电流保护接线是否正确,为什么? 应如何接线?

　　(2)全绝缘和分级绝缘变压器接地保护有何异同?

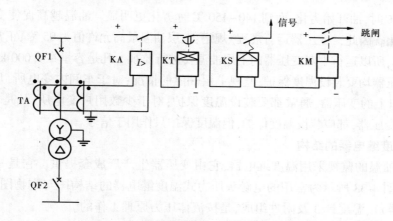

图 4-37　变压器零序电流保护接线示意

■ 任务七　变压器的非电量保护

码 4-16　微课-
变压器的非电
量保护

非电量保护是利用变压器的油、气、温度构成的变压器保护,主要有瓦斯保护、防爆保护(压力释放保护)、温度保护、油位保护、冷却器全停保护等。非电量保护根据现场需要,可作用于信号或动作于跳闸。

【任务分析】

1. 掌握变压器非电量保护的类型、作用。
2. 掌握变压器温度保护的原理。
3. 进行变压器温度保护动作值测试。

【知识链接】

一、瓦斯保护

这部分内容在本项目任务二中已经介绍,不再赘述。

二、防爆保护

保护测量和启动元件为压力释放阀。变压器油箱内部发生故障、压力升高至压力释放阀的开启压力时,压力释放阀在 2 ms 内迅速开启,使变压器油箱内的压力很快降低。当压力降到压力关闭值时,压力释放阀便可靠关闭,使变压器油箱内永远保持正压,有效地防止外部空气、水分及其他杂质进入油箱。

压力释放阀是机械式的释压装置,为适应变压器全密封运行的特殊性,释放口径只能达到 130 mm,此口径的压力释放阀设计泄压能力只能保护变压器内压力速率低于 15 kPa/ms 时的故障产生的压力,故障压力速率超过此限值易造成变压器油箱损坏。

三、温度保护

当变压器的冷却系统发生故障或发生外部短路和过负荷时,变压器油温升高。当油温

达 115~120 ℃时,油开始劣化,而到 140~150 ℃时劣化更明显。油温越高促使变压器绕组绝缘加速老化。因此,《变压器运行规程》规定:上层油温最高允许值为 95 ℃,正常情况下不应超过 85 ℃,所以运行中对变压器的上层油温要进行监视。凡是容量在 1 000 kVA 及以上的油浸式变压器均要装设温度保护,监视上层油温的情况;对于车间内变电所,凡是容量在 315 kVA 及以上的变压器,通常都要装设温度保护;对于少数用户变电所,凡是容量在 800 kVA 左右的变压器,都应装设温度保护,但温度保护只作用于信号。

(一) 温度继电器的结构

变压器油温的监视采用温度继电器,它由变压器生产厂成套提供。它是一种非电量继电器。如图 4-38 所示为常用的电触头压力式温度继电器的结构图与实物图,它由受热元件(传感器)1、温度计 3 及附件组成,是按流体压力原理工作的。

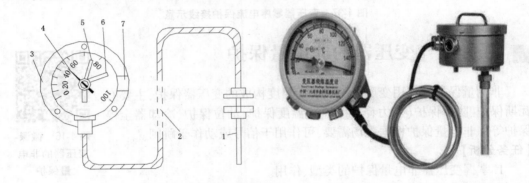

1—受热元件;2—铜质连接管;3—温度计;4—可动指针(黑色);
5—定位指针 1(黄色);6—定位指针 2(红色);7—接线盒

图 4-38　压力式温度继电器的结构图与实物图

温度计是一只灵敏的流体压力表,它有一支可动指针(黑色)和两支定位指针(分别为黄色和红色)。铜质连接管内充有乙醚液体(或氯甲烷、丙酮等),受热元件 1 插在变压器油箱顶盖的温度测孔内。

(二) 温度继电器的工作原理

当变压器油温升高时,受热元件 1 发热升高使铜质连接管 2 中的液体膨胀,温度计 3 中的压力增大,可动指针 4 向指示温度升高的方向转动。当可动指针 1 与事先定位的黄色指针 5 接触时,发出预告信号并开启变压器冷却风扇。如经强迫风冷后变压器油温降低,则可动指针 4 逆时针转动,信号和电扇工作停止;反之,如果变压器油温继续升高,可动指针 4 顺时针转动到与红色定位指针 6 接触,这时为避免事故发生而接通断路器跳闸回路,使断路器跳闸,切除变压器,并发出音响灯光信号。

【任务准备】

(1)学员接受任务,熟悉保护原理,学习有关安全操作规定及注意事项。

(2)工器具及备品备件、材料准备。

【任务实施】

分组进行变压器温度保护动作值测试。

【课堂训练与测评】

简述温度保护的工作原理。

■ 任务八　CSC-326G 数字式变压器保护装置的使用

校外实训基地(恩施天楼地枕水力发电厂)采用了 CSC-326GD 装置作为主变的主保护,采用 CSC-326GH 装置作为主变高压侧后备保护。CSC-326G 数字式变压器保护装置是由 32 位微处理器实现的保护装置,见图 4-39,采用主后分开、后备保护带测控功能的设计原则,主要适用于 110 kV 及以下电压等级的各种接线方式的变压器。

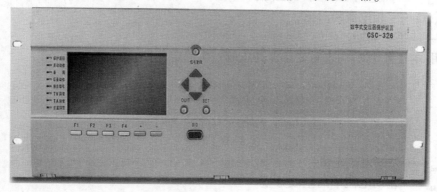

图 4-39　CSC-326G 数字式变压器保护装置

【任务分析】

CSC-326G 数字式变压器保护装置的整定与调试。

【知识链接】

一、保护配置及一键化操作

主保护为差动保护;高压侧后备配置了复压闭锁过流保护、复压闭锁方向过流保护、零序过流保护、间隙过流保护、间隙过压保护、过负荷等;中低侧后备配置了限时电流速断保护、零序过压保护、过负荷等。

码 4-17　图片-CSC-326G 操作图

【F1】键:打印最近一次动作报告,在查看修改定值界面时向下翻页。

【F2】键:打印当前定值区的定值,在查看修改定值界面时向上翻页。

【F3】键:打印当前采样值。

【F4】键:打印装置信息和运行工况。

【+】键:定值区号加 1。注:总共 0、1、2、3 四个定值区。

【-】键:定值区号减 1。注:总共 0、1、2、3 四个定值区。

二、CSC-326GD 数字式变压器差动保护装置(主保护)

CSC-326GD 为适用于 110 kV 及以下电压等级的变压器差动保护装置,最多支持四

侧差动。装置包括两块硬件完全相同的 CPU,主 CPU 负责保护元件的动作出口,启动 CPU 负责开放启动继电器,这种设计方法完全杜绝了因硬件原因(如 A/D 转换回路损坏)所引起的保护误动。

保护以相电流突变量为主要的启动元件,差流启动元件作为辅助启动元件。

(一)启动元件

(1)相电流突变量

$$\begin{cases} \Delta i_\phi > I_{qd} \\ \Delta i_\phi = |\, i_\phi(t) - 2i_\phi(t-T) + i_\phi(t-2T)\,| \end{cases}$$

式中　　I_{qd}——固定门槛(等于 $0.2I_e$);

　　　　$i_\phi(t)$——相电流瞬时值;

　　　　T——采样周期。

说明:本任务中 I_e 均表示变压器高压侧二次额定电流,以下同。

(2)差流启动元件

$$\begin{cases} I_{d\phi max} > I_{cdqd} \\ I_{d\phi max} = Max\,|\,I_{d\phi}\,|,\phi = a,b,c \\ I_{cdqd} = 0.875I_{cd} \end{cases}$$

式中　　I_{cd}——差动电流定值;

　　　　$I_{d\phi}$——差动电流中的基波分量。

(二)差动速断保护

当任一相差动电流大于差动速断整定值时,差动速断保护瞬时动作,跳开各侧开关,其动作判据为:$I_d > I_{sd}$,其中:I_d 为变压器差动电流,I_{sd} 为差动电流速断保护定值。

(三)励磁涌流闭锁原理(二次谐波闭锁原理)

采用三相差动电流中二次谐波与基波的比值作为励磁涌流闭锁判据

$$I_{d\phi 2} > K_{xb.2}I_{d\phi}$$

式中　　$I_{d\phi 2}$——差动电流中的二次谐波分量;

　　　　$K_{xb.2}$——二次谐波制动系数;

　　　　$I_{d\phi}$——差动电流中的基波分量。

采用或门闭锁方式,即三相差流中某相判为励磁涌流,闭锁整个比率差动保护。

(四)差动保护动作逻辑图

差动保护动作逻辑图见图 4-40。

三、CSC-326GH 数字式变压器后备保护装置(后备保护)

本装置适用于 110 kV 变压器的高压侧后备保护。主要功能包括:三段式复合电压闭锁(方向)过电流保护、两段式零序过电流保护、间隙零序保护、启动风冷功能、闭锁调压功能、过负荷告警。简单列举零序过电流保护如下,其他不再一一赘述。

零序过电流保护反映大电流接地系统的接地故障,作为变压器接地故障后备保护。共设两段经零序电压闭锁的零序过电流保护(零压闭锁元件可投退),Ⅰ 段设三个时限,

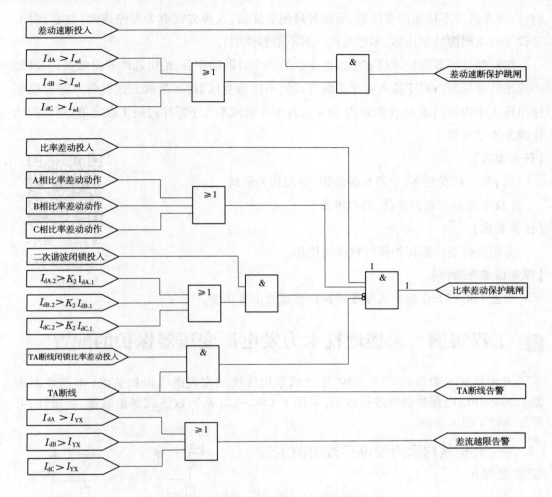

图 4-40　差动保护动作逻辑图

Ⅱ段设两个时限,各段均固定采用外接零序电流。

1. 零序电压元件动作判据

$$3U_0 > U_{0zd}$$

式中　$3U_0$——自产零压;

　　　　U_{0zd}——零序电压闭锁门槛,固定为 6 V。

一般情况下,建议用户投入零序电压闭锁元件;当高压侧无 PT 时,可退出零序电压闭锁元件。

2. 零序电流元件动作判据

$$3I_0 > 3I_{0zd}$$

式中　$3I_{0zd}$——零序过电流定值。

3. 零序选跳

如果一台主变接地运行,另一台主变未装放电间隙而不接地运行,当发生接地故障

时,应该先跳开不接地的变压器,后跳开接地变压器,这种方式称为零序选跳(注意,对于装设了放电间隙的变压器,零序选跳一般不推荐使用)。

接地的变压器保护通过零序过流Ⅰ段的三个时限动作后,给出选跳开出触点,去跳开不接地的变压器。对于投入零序选跳方式的不接地变压器,如果收到选跳开入时外接零序电压大于内部门槛 U_{0zd}(固定为10 V),且零序电流不大于零序过流Ⅰ段定值,则保护动作跳开本变压器。

【任务准备】

(1)学员接受任务,学习相关知识,查阅相关资料。

(2)工器具及备品备件、材料准备。

【任务实施】

分组进行变压器保护调试软件的操作。

【课堂训练与测评】

简述 CSC-326G 数字式变压器保护装置的主要功能。

码4-18　图片-
变压器保护
装置流程

■ 工程实例　天楼地枕水力发电厂变压器保护的配置

天楼地枕水力发电厂于2004年之前采用传统的常规继电保护装置(电磁性继电器),2005年继电保护装置进行改造,采用了 CSC-326 系列数字式保护装置,灵敏性、可靠性得到了很大提高。

一、天楼地枕水力发电厂改造前主变常规保护

天楼地枕水力发电厂未改造之前,主变配置了瓦斯保护、差动保护作为主保护,配置了正序过电压保护、零序过电流保护、零序过电压保护、复合电压闭锁过电流保护作为后备保护,此外还配置了过负荷保护反映变压器的过负荷运行。一次主接线、二次直流回路、二次交流回路分别如图4-41~图4-43所示。

学员根据所学相关知识,仔细阅读图纸,分组讨论并记录主变的常规继电保护配置情况。

二、天楼地枕水力发电厂改造后主变微机保护

电厂2005年继电保护装置进行更新改造,1B 主变(天11开关),2B 主变(天14开

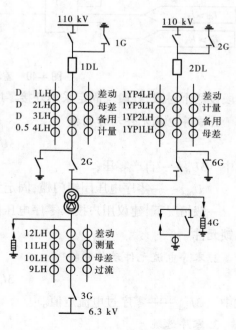

图4-41　一次主接线

关)保护测控屏采用 CSC-326GD 和 CSC-326GH、CSC-326GL 数字式保护装置。

　　CSC-326GD 装置作为主保护,配置了主变的差动保护。

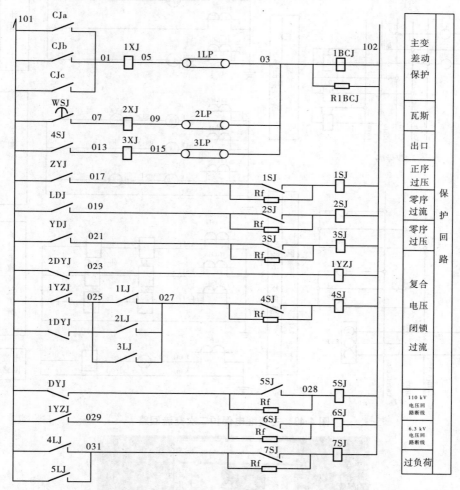

图 4-42　主变继电保护直流回路

　　CSC-326GH 装置作为主变高压侧后备保护,配置了复合电压闭锁过电流保护、零序过电流保护、间隙过电流保护、间隙过电压保护、过负荷保护等。

　　CSC-326GL 装置作为主变低压侧后备保护,配置了复合电压闭锁方向过电流保护、电流限时速断保护、零序过电压保护、过负荷保护等。

　　CSC-241C 数字式保护装置作为厂用变 3B、4B,近区变 5B 保护屏,配置了电流速断保护、过电流保护、过负荷保护等。

　　保护装置图、屏面布置图及交流回路图如图 4-44~图 4-46 所示。

　　学员根据所学相关知识,仔细阅读图纸,理解微机保护装置的实际案例原理。

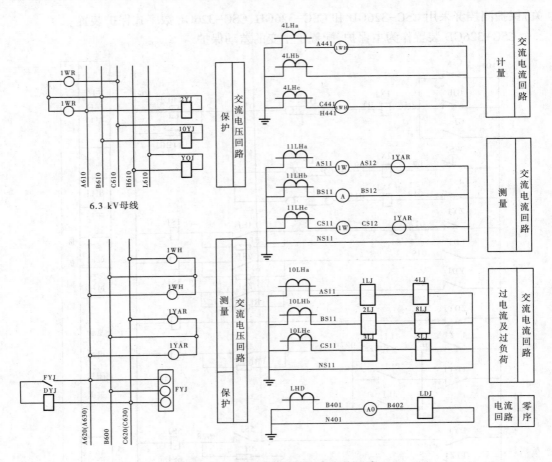

图 4-43　主变继电保护二次交流回路

图 4-44　CSC-326GD 和 CSC-326GH、CSC-326GL 数字式保护装置

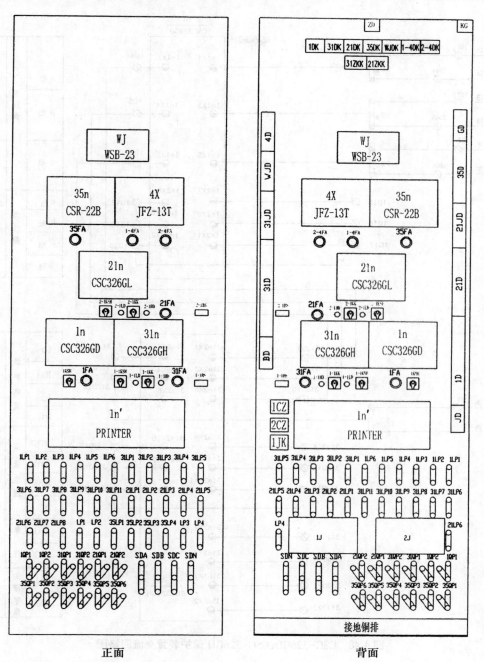

图 4-45　CSC-326GD、CSC-326GL 和 CSC-326GH 屏面布置图

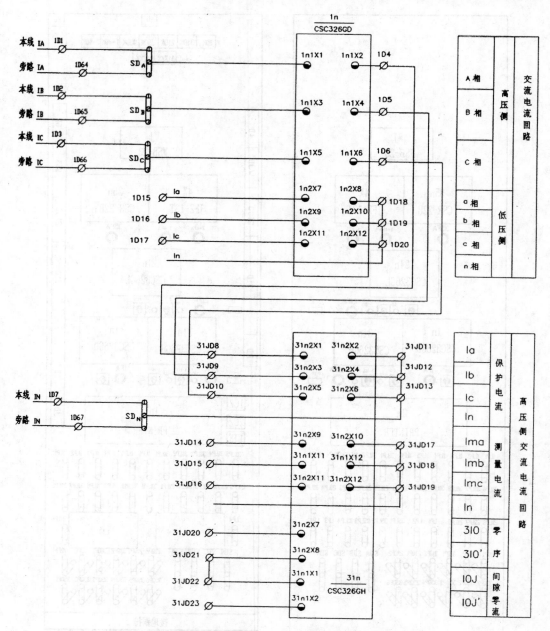

图 4-46　CSC-326GD、CSC-326GH 保护装置交流回路图

■ 小　结

　　电力变压器的故障分为油箱内部故障和油箱外部故障两种。变压器的不正常工作状态有过电流、过负荷、油面降低等。

　　变压器的主保护有瓦斯保护、电流速断保护或纵联差动保护。瓦斯保护反映油箱内

的各种故障,但不能反映套管及引出线的故障,不能单独作为变压器的主保护,需要与电流速断保护或纵联差动保护一起,共同作主保护。

变压器的后备保护分为相间故障的后备与接地故障的后备两种保护。相间故障的后备保护是过电流保护,为了提高过电流保护的灵敏度,可采用低电压启动的过电流保护或复合电压启动的过电流保护。

接地故障后备保护主要采用零序分量保护或靠母线的绝缘监视装置来实现。

采用单相电流继电器即可对变压器对称过负荷的不正常状态加以监视。

CSC-326G 数字式变压器保护装置是由 32 位微处理器实现的数字式变压器保护装置,采用主后分开、后备保护带测控功能的设计原则,主要适用于 110 kV 及以下电压等级的各种接线方式的变压器。

■ 习　题

一、判断题

1. (　　) 差动保护能够代替瓦斯保护。

2. (　　) 当变压器重瓦斯保护动作时,将发出动作信号,断路器不跳闸。

3. (　　) 瓦斯保护与纵联差动保护都是变压器的主保护,是可以互相替代的。

4. (　　) 当变压器轻瓦斯保护动作时,将发出动作信号,断路器不跳闸。

5. (　　) 变压器油箱外的故障比油箱内的故障危险性更大。

6. (　　) 变压器运行过程中温度过高为故障状态。

7. (　　) 变压器运行过程中过负荷为故障状态。

8. (　　) 当变压器处于不正常运行状态时,应发出相应的报警信号及跳闸。

9. (　　) 当变压器发生故障时,保护装置应可靠而迅速地动作。

10. (　　) 对电力变压器进行保护配置,应设置主保护、后备保护和辅助保护。

11. (　　) 电力变压器的主保护应能反映变压器短路故障,并延时动作。

12. (　　) 电力变压器的后备保护是当主保护拒动时,由后备保护经一定延时后动作,使变压器退出运行。

13. (　　) 大容量油浸式电力变压器的主保护一般设置有瓦斯保护和电流速断保护。

14. (　　) 瓦斯保护可以作为电力变压器各种故障的唯一保护。

15. (　　) 变压器瓦斯保护可用来反映变压器绕组、引出线及套管的各种短路故障。

16. (　　) 变压器空载合闸时,变压器纵联差动保护应可靠动作。

17. (　　) 正常运行时,流过差动继电器的电流理想为零。

18. (　　) 常用的变压器相间短路的后备保护有过电流保护、变压器差动保护、零序电流保护等。

19. (　　) 变压器差动保护的差动元件通常采用比率制动特性,外部故障时,短路电流增大,制动量增大,保护不动作。

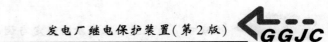

20. ( )变压器差动保护可实现外部故障时不动作,内部故障时动作,从原理上能够保证选择性。

二、单项选择题

1. 大容量电力变压器的主保护是瓦斯保护与( )保护。

　　A. 电流速断　　　　B. 纵联差动　　　　C. 过负荷　　　　D. 温度保护

2. 变压器瓦斯保护采用具有自保持线圈的中间继电器作出口继电器,是为了( )。

　　A. 提高保护的灵敏度　　　　　　　B. 防止保护误动作

　　C. 使断路器可靠跳闸　　　　　　　D. 快速动作

3. 能反映变压器油箱内油面降低的保护是( )。

　　A. 瓦斯保护　　　　B. 纵联差动保护　　C. 过励磁保护　　D. 电流速断保护

4. Y,d11接线变压器纵联差动保护采用电流相位补偿接线后,星形侧电流互感器流入差动臂的电流是电流互感器二次电流的( )倍。

　　A. 1　　　　　　　B. 2　　　　　　　C. $\sqrt{2}$　　　　　　D. $\sqrt{3}$

5. 变压器主保护包括( )、电流速断保护、纵联差动保护。

　　A. 过负荷保护　　　B. 过电流保护　　　C. 零序保护　　　D. 气体保护

6. 变压器过负荷保护动作后,( )。

　　A. 延时动作于信号　　　　　　　　B. 跳开变压器各侧断路器

　　C. 给出轻瓦斯信号

7. 变压器内部发生严重故障时,油箱内产生大量气体,使瓦斯继电器动作,则( )。

　　A. 发出轻瓦斯信号　　　　　　　　B. 保护跳闸,断开变压器各侧断路器

　　C. 发出过电流信号　　　　　　　　D. 发出过负荷信号

8. 瓦斯继电器安装在变压器的( )。

　　A. 油箱内　　　　　　　　　　　　B. 油枕内

　　C. 油箱与油枕的连接管道上　　　　D. 绕组内

9. 下列( )不是变压器差动保护不平衡电流产生的原因。

　　A. 变压器两侧绕组接线方式不同　　B. 电流互感器的计算变比与实际变比不同

　　C. 变压器励磁涌流　　　　　　　　D. 过负荷

10. 变压器保护中,( )、零序电流保护为变压器的后备保护。

　　A. 过电流保护　　　B. 瓦斯保护　　　　C. 过负荷保护　　D. 电流速断保护

11. 变压器差动保护反映( )而动作。

　　A. 变压器两侧电流的大小和相位

　　B. 变压器电流升高

　　C. 变压器电压降低

　　D. 功率方向

三、填空题

1. 变压器差动回路中不平衡电流越大,差动保护的灵敏度就越_____。

2. 变压器的故障分为油箱_____故障和_____故障。

3. 轻瓦斯保护动作于_____,重瓦斯保护动作于_____。

4. 瓦斯保护的主要元件是_____继电器,又称为_____继电器,文字符号表示为_____。

5. 为了提高过电流保护的灵敏度,可采用_____保护或_____保护。

6. 瓦斯保护不能单独作为变压器的主保护,需要与_____保护或_____保护一起,共同作主保护。

7.《变压器运行规程》规定:上层油温最高允许值为_____℃,正常情况下不应超过_____℃,所以运行中对变压器的上层油温要进行监视。

8. 变压器差动保护因变压器的各侧电流互感器型号不同而产生不平衡电流,解决办法是_____。

四、简答题

1. 电力变压器可能发生的故障和不正常工作情况有哪些? 应该装设哪些保护?

2. 什么是瓦斯保护? 它的作用特点和组成如何? 对其安装有什么要求?

3. 变压器纵联差动保护产生不平衡电流的原因有哪些? 如何消除这些影响?

4. 在 Y,d11 接线的变压器上装设纵联差动保护时为什么要进行相位补偿? 补偿的方法和原理是什么? 变压器两侧电流互感器的变比应如何选择?

5. 变压器差动保护与瓦斯保护的作用有何异同?

6. 变压器相间短路的后备保护有哪几种常用方式? 试比较它们的优缺点及适用范围。

7. 采用复合电压启动的过电流保护,与采用低电压启动时相比,就电压元件而言,对不对称故障时的灵敏性有明显提高,试问对对称短路的灵敏性有否提高? 为什么? 对电流元件的灵敏性有否提高?

8. 低电压启动或复合电压启动的过电流保护中的电压元件如何整定? 低电压启动的低电压元件与复合电压启动的对称故障用低电压元件的整定原则是否相同?

项目五　发电机保护的整定与调试

【知识目标】

熟悉发电机的故障类型和异常运行状态；

掌握发电机保护配置；

掌握发电机纵差保护、过电流保护、过负荷保护、定子接地保护、转子绕组接地保护、失磁保护的基本工作原理。

【技能目标】

掌握发电机基本保护的整定方法；

掌握用 CSC-306 数字式发电机保护装置进行测试的方法。

【思政目标】

培养学生的职业自豪感和责任心；

养成认真谨慎的敬业精神；

引导学生对问题全面、充分、深入思考的能力。

【项目导入】

发电机是电力系统中十分贵重和重要的设备，关系到电力系统的安全稳定运行和供电可靠性，保证发电机安全运行依赖于发电机继电保护装置。

发电机依据其常见故障和异常工况设置，发电机常见故障主要分为定子故障和转子故障，一般需设置发电机纵联差动保护、定子绕组接地保护、转子一点接地保护和两点接地保护等。针对异常工况一般需设置过电流保护、过负荷保护、过电压保护、失磁保护、逆功率保护等。

■ 任务一　发电机的保护配置

发电机的安全运行对保证电力系统的安全和电能质量起着决定性的作用，同时发电机本身是十分贵重的设备，故应对各种不同的异常运行和故障，装设性能完善的继电保护装置。由于发电机保护种类众多，教材篇幅有限，本项目结合校外实训基地采用的 CSC-306 数字式发电机保护装置重点介绍几种主要保护。

【课程思政】

"业精于勤,荒于嬉;行成于思,毁于随。"

——唐·韩愈《进学解》

电点亮千家万户,无法想象如果没有了电,我们的生活会成为什么样子!

作为电力生产人员,倍感光荣,同时也承担着巨大的责任。

电有着光的传播速度,容不得我们有丝毫迟缓。

唯有学好本领,练好技能,才能在今后的工作中从容应对,乐业奉献!

【任务分析】

掌握发电机保护的配置方案。

【知识链接】

一、发电机的常见故障

发电机故障主要是由定子绕组及转子绕组绝缘损坏引起的。发电机定子绕组或输出端部发生相间短路故障或相间接地短路故障,将产生很大的短路电流,大电流产生的热、电动力或电弧可能烧坏发电机线圈、定子铁芯及破坏发电机结构。

码 5-1　图片-
发电机线圈烧毁

(一)发电机定子故障

(1)定子绕组相间短路:如图 5-1 所示(k_1 故障),这种情况对发电机危害最大,产出很大的短路电流使绕组过热,故障点的电弧将破坏绝缘,烧坏铁芯和绕组,甚至导致发电机着火。

(2)定子绕组匝间短路:如图 5-1 所示,分为绕组同相同分支匝间短路(k_2 故障)和绕组同相不同分支匝间短路(k_3 故障)。匝间短路可能发展为单相接地和相间短路。

(3)定子绕组单相接地:如图 5-2 所示(k_4 故障),可造成铁芯烧伤或局部熔化,发生概率最大。发电机电压网络的电容电流将流过故障点,当电流较大时,会使铁芯局部熔化,给修理工作带来很大困难。

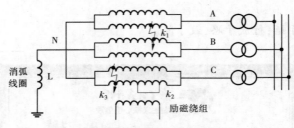

图 5-1　发电机定子故障示意图

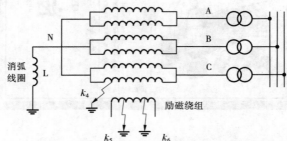

图 5-2　发电机定子绕组单相接地和转子故障示意图

(二)发电机转子故障

(1)转子绕组一点接地,如图 5-2 所示(k_5 故障),由于没有构成接地电流通路,因此对发电机没有直接的危害。

(2)转子绕组两点接地,如图 5-2 所示(k_5、k_6 故障)破坏了转子磁通的平衡,可能引起发电机的强烈震动或将转子绕组烧损。

(3)转子励磁电流消失:从系统吸收无功功率,造成失步,从而引起系统电压下降,甚至可使系统崩溃。

二、发电机异常工况

发电机异常工况即指不正常运行状态,主要现象有:

(1)外部短路或系统振荡引起的定子绕组过电流。

(2)负荷超过发电机额定容量而引起的三相对称过负荷。

(3)外部不对称短路或不对称负荷(如单相负荷,非全相运行等)而引起的发电机负序过电流和过负荷。

(4)突然甩负荷而引起的定子绕组过电压。调速系统惯性较大的发电机(如水轮发电机)因突然甩负荷,转速急剧上升,发电机电压迅速升高,造成定子绕组绝缘击穿。

(5)励磁回路故障或强励时间过长而引起的转子绕组过负荷。

(6)水轮机主阀突然关闭而引起的发电机逆功率运行。

(7)发电机低频、失步、过励磁等。

三、发电机的保护配置

因为发电机设备贵重且对电力系统影响大,故配置的保护种类较多。具体配置与发电

机类型、在系统中的地位及发电机容量等有关。天楼地枕水力发电厂发
电机配置的保护情况如下。

（一）针对故障设置的保护

发电机主保护为保护发电机定子、转子绕组发生故障时首先动作的
保护。天楼地枕水力发电厂配置了以下保护：

码5-2　微课-
发电机保护配置

（1）纵联差动保护。对于 1 MW 以上的发电机的定子绕组及其引出
线的相间短路，应装设纵联差动保护。

（2）发电机定子绕组接地保护。对于直接联于母线的发电机定子绕组单相接地故
障，当单相接地电流≥5 A（不考虑消弧绕组的补偿作用）时，应装设动作于跳闸的零序电
流保护；当接地电流<5 A 时，则装设作用于信号的接地保护。对于发电机变压器组，容量
在 100 MW 以上的发电机应装设保护区为 100%的定子绕组接地保护；容量在 100 MW 以
下的发电机应装设保护区不小于 90%的定子绕组接地保护。

（3）发电机转子绕组一点接地保护。

（4）发电机转子绕组两点接地保护。

（二）针对异常状态设置的保护

（1）过电流保护。为了防御外部短路引起的过电流，并作为发电机主保护的后备保
护，根据发电机容量的大小，可采用过电流保护（1 MW 以下的小型发电机）、复合电压启
动的过电流保护（1 MW 以上的发电机）。

（2）过电压保护。对于水轮发电机和 200 MW 及以上的汽轮发电机，应装设过电压
保护。

（3）过负荷保护。定子绕组非直接冷却的发电机，应装设定时限过负荷保护。

（4）失磁保护。对于 100 MW 以下不允许失磁运行的发电机，当采用直流励磁机时，
在自动灭磁开关断开后应联动断开发电机断路器；当采用半导体励磁系统时，则应装设专
用的失磁保护。100 MW 以下但对电力系统有重大影响的发电机和 100 MW 及以上的发
电机，也应装设专用的失磁保护。

（5）逆功率保护。对大容量的发电机组可考虑装设逆功率保护。

【任务实施】

结合校外实训基地，分组讨论发电机配置了哪些保护？

【课堂训练与测评】

（1）简述电力发电机异常运行状态包括哪些情况。

（3）简述发电机故障包括哪些类型及相应后果。

（4）简述发电机保护配置原则。

【拓展提高】

查阅 CSC-306 数字式发电机保护装置说明书，熟悉保护配置及原理。

码5-3　微课-
发电机的
纵联差动保护

任务二　发电机的纵联差动保护

发电机发生相间短路和匝间短路时，将出现很大的短路电流，既会

危及系统安全，又会严重损伤发电机。发电机纵联差动保护是发电机定子绕组相间短路的主保护。

【任务分析】

（1）掌握发电机纵联差动保护的工作原理。

（2）在 CSC-306 数字式发电机保护装置上进行纵联差动保护测试。

【知识链接】

一、纵联差动保护原理

码 5-4　动画-发电机纵差保护动作原理

发电机的纵联差动保护是利用比较发电机中性点侧和引出线侧电流幅值和相位的原理构成的，因此在发电机中性点侧和引出线侧装设特性和变比完全相同的电流互感器来实现纵联差动保护。两组电流互感器之间为纵联差动保护的保护范围。电流互感器二次侧按照循环电流法接线，即如果两组电流互感器一次侧的极性分别以中性点侧和母线侧为正极性，则二次侧同极性相连接。差动继电器和两侧电流互感器的二次绕组并联。保护的单相原理接线图如图 5-3 所示。

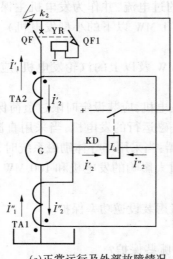
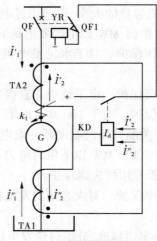

（a）正常运行及外部故障情况　　　　（b）内部故障情况

图 5-3　发电机纵差保护单相原理接线图

（1）如图 5-3（a）所示，当正常运行或外部 k_2 点发生短路故障时，流入 KD 的电流为

$$\dot{I}_d = \frac{\dot{I}'_1}{K_{TA}} - \frac{\dot{I}''_1}{K_{TA}} = \dot{I}'_2 - \dot{I}''_2 \approx 0$$

故 KD 不动作。

（2）如图 5-3（b）所示，当在保护区 k_1 点发生故障时，流入 KD 的电流为

单侧电源：

$$\dot{I}_d = \frac{\dot{I}'_1}{K_{TA}} = \dot{I}'_1$$

双侧电源：
$$\dot{I}_{d} = \frac{\dot{I}'_{1}}{K_{TA}} + \frac{\dot{I}''_{1}}{K_{TA2}} = \dot{I}'_{2} + \dot{I}''_{2}$$

当此值大于 KD 的整定值时，KD 动作。

【课程思政】

"三人行，必有我师焉。择其善者而从之，其不善者而改之。"

——《论语·述而》

发电机纵联差动保护是通过对两个电流的比较获得动力的。

这启示我们要善于与其他事物进行比较，特别是要与好的事物比较，这样就能不断发现自身的不足和存在的问题，达到不断自我完善的目的。

二、纵联差动保护接线图

在中小型发电机中，常采用带有断线监视的发电机纵联差动保护，其原理接线图如图 5-4 所示。由于装在发电机中性点侧的电流互感器受发电机运转时的振动影响，接线端子容易松动而造成二次回路断线，因此在差动回路中线上装设断线监视继电器 KVI，任何一相电流互感器的二次回路断线时，KVI 均能动作并经延时发信号。

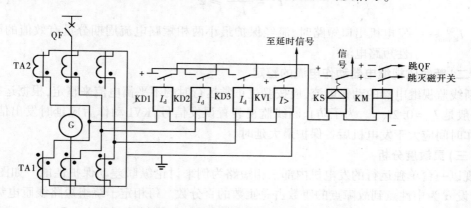

图 5-4　发电机纵联差动保护原理接线图

三、纵差保护的整定计算

(一)差动保护动作电流的整定

(1)防止电流互感器断线条件整定。

为防止电流互感器二次回路断线时保护误动作,保护动作电流按躲过发电机额定电流整定,即

$$I_{op} = K_{rel}I_{N.G} \tag{5-1}$$

式中　　K_{rel}——可靠系数,取1.3;

$I_{N.G}$——发电机额定电流。

(2)按躲过最大不平衡电流条件整定。

发电机正常运行时,I_{unb}很小,当外部故障时,由于短路电流的作用,电流互感器的误差增大,再加上短路电流中非周期分量的影响,使I_{unb}增大,一般外部短路电流越大,I_{unb}就可能越大。为使保护在发电机正常运行或外部故障时不发生误动作,保护的动作电流按躲过外部短路时的最大不平衡电流整定。

$$I_{op} = K_{rel}I_{unb.max} = K_{rel}K_{unp}K_{st}f_{er}I_{k.max} \tag{5-2}$$

式中　　K_{rel}——可靠系数,取1.3;

F_{er}——电流互感器最大相对误差,取0.1;

K_{unp}——非周期分量系数,当用DCD-2型继电器时取1;

K_{st}——同型系数,取0.5;

$I_{k.max}$——发电机出口短路时的最大短路电流。

一般来说,发电机差动保护比变压器差动保护的不平衡电流小。因为发电机差动处在同一电压等级,可选用同型号同变比的电流互感器,发电机调压,不会引起差动两侧电流误差增大,不存在相位及励磁涌流的问题。

发电机纵联差动保护动作电流取式(5-1)与式(5-2)计算所得较大者作为整定值。

(3)灵敏度校验。

$$I_{op} = \frac{I_{k.min}^{(2)}}{I_{op}} \geqslant 2 \tag{5-3}$$

式中　　$I_{k.min}^{(2)}$——发电机出口短路时,流经保护最小两相短路电流周期分量有效值的周期性短路电流。

(二)断线监视继电器动作电流的整定

断线监视继电器的动作电流,应按躲过正常运行时的不平衡电流来整定,根据运行经验,一般是$I_{op} = 0.2I_{N.G}$。为了防止断线监视装置误发信号,KVI动作后应延时发出信号,其动作时间应大于发电机后备保护最大延时。

(三)灵敏度分析

现以一台单独运行的发电机内部三相短路为例来讨论纵联差动保护性能。如图5-5所示,设α为中性点到故障点的匝数占总匝数的百分数。每相定子绕组短路线匝电势E_α与α成正比,即$E_\alpha = \alpha E$。若每相定子绕组有效电阻为R,则短路回路中电阻$R_\alpha = \alpha R$,而短路回路中电抗$X = \alpha^2 X$,设短路点的过渡电阻为R_F,则α处三相短路时的短路电流为

$$I_{k(\alpha)}^{(3)} = \frac{\alpha E}{\sqrt{(R_F + \alpha R)^2 + \alpha^2 X^2}} \tag{5-4}$$

三相短路电流随 α 变化的曲线见图 5-6。分析可知：

（1）当过渡电阻为零时，三相短路电流 $I_k^{(3)}$ 随 α 的减小而增大，如图 5-6 中曲线 1 所示。只要发电机出口短路时灵敏度满足要求，则内部金属性短路时保护灵敏度必然满足要求。

（2）当过渡电阻不为零时，靠近中性点附近短路时，短路电流很小，如图 5-6 中曲线 2 所示。当短路电流小于动作电流 I_{op}（图 5-6 中曲线 3）时，保护不能动作，出现动作死区。死区的大小与保护的动作电流 I_{op} 大小有关。

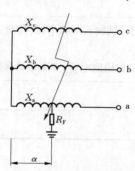

图 5-5　发电机绕组三相短路示意图

图 5-6　短路电流与 α 关系曲线图

（四）比率制动式发电机纵联差动保护

如上所述，在发电机纵联差动保护中，保护动作电流必须躲过最大外部短路时的不平衡电流。外部短路电流越大，产生的不平衡电流也就越大，这样就会导致纵联差动保护的整定电流要按最严重短路时的不平衡电流来整定，从而使整定电流值较大，在发电机内部故障电流较小时，保护有可能会拒动，从而使保护动作灵敏度降低。

为此可采用比率制动式发电机纵联差动保护。

比率制动式纵联差动保护的动作电流 I_{op} 不是固定不变的，而是随着外部短路电流增大而增大。在外部短路电流很大时，其动作电流也大，不会因不平衡电流很大而误动；在内部短路电流很小时，其动作电流也小，不会出现保护拒动，从而提高了保护的灵敏性。

图 5-7 是比率制动式纵联差动保护的制动特性曲线，由图 5-7 可以看到，当制动电流（一般可看成是短路电流）较小时（小于 I_B），保护具有较小的动作电流

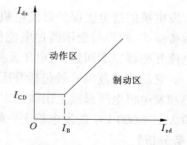

图 5-7　比率制动特性曲线

值（I_{CD}）；而当制动电流较大时，动作电流随制动电流增大而增大（斜线部分），具有较强的躲过区外故障不平衡电流的能力。

【任务准备】

（1）学员接受任务，学习相关知识，详细阅读 CSC-306 数字式发电机保护装置配套的说明书、设计说明文件、装置的调试方法和调试记录等。了解保护功能的配置，装置模拟量输入、开入、压板、跳闸、信号等的信息。

(2)工器具及备品备件、材料准备。

(3)在进行保护前,首先对装置的模拟量进行检查,都正确的情况下,再进行保护的调试。

【任务实施】

发电机纵差保护测试——差动最小动作电流及差动动作时间测试,填写表 5-1。

表 5-1　差动最小动作电流及差动动作时间测试

项目	内容
压板状态	投入发电机差动保护压板
测试方法	1. 从发电机机端或中性点 A、B、C 相分别加入单相电流,实测并记录保护动作电流值; 2. 从发电机机端或中性点加入 2 倍动作值的电流,实测差动保护动作时间
差动保护最小动作电流	
差动保护动作时间	

【课堂训练与测评】

叙述发电机纵联差动保护的原理。

【拓展提高】

投入发电机差动保护压板,分组进行比率制动特性测试,描出比率制动特性曲线;如果测试仪有自动测试功能,则可选择自动测试。

任务三　发电机的过电流和过负荷保护

码 5-5　微课-
过电流和
过负荷保护

发电机的过电流保护是发电机外部短路和定子绕组内部相间短路的后备保护,原理与变压器过电流保护类似,电流元件接在发电机中性点电流互感器二次回路上,电压元件接在发电机出口电压互感器二次回路上。它的保护范围一般包括升压变压器的高中压母线、厂用变压器低压侧和发电机电压母线上出线的末端,一般只能够用在容量小于 1 000 kW 的发电机上。容量大于 1 000 kW 的发电机上一般装设复合电压启动过电流保护提高灵敏度。

【任务分析】

在 CSC-306 数字式发电机保护装置上进行复合电压过电流保护和过负荷保护测试。

【知识链接】

一、复合电压启动过电流保护原理

复合电压启动过电流保护原理接线图如图 5-8 所示。电流元件应接在发电机中性点电流互感器二次回路上。电压元件应接在发电机出口电压互感器二次回路上。

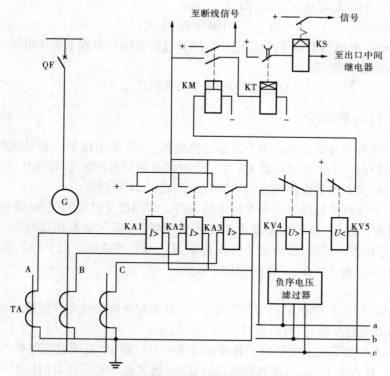

图 5-8　复合电压启动过电流保护原理接线图

（1）发电机正常运行时，发电机定子电流小，电流继电器 KA1～ KA3 不动作，常开触点断开；由于电压没有负序分量，所以负序电压继电器不动作，KV4 的常闭触点闭合；将线电压加入低电压继电器 KV5 的线圈上，因发电机出口母线电压较高，KV5 常闭触点断开，保护装置不动作。

（2）发电机发生不对称短路时，发电机定子电流上升，到达整定值时，至少一个电流继电器（KA1～ KA3）动作，常开触点闭合；同时因负序电压继电器中的负序电压滤过器输出负序电压，过电压继电器 KV4 动作，常闭触点断开，造成低电压继电器 KV5 失压动作，常闭触点闭合，启动 KM、KT；复合电压启动过电流保护装置延时动作于跳闸。

（3）发电机发生三相对称短路时，至少一个电流继电器（KA1～KA3）动作，常开触点闭合；同时因发电机出口母线电压下降，低电压继电器 KV5 失压，常闭触点闭合（由于电压没有负序分量，负序电压继电器不动作，KV4 的常闭触点闭合），保护装置按低电压启动的过电流保护的方式延时动作于跳闸。

二、整定计算

（1）过电流保护的动作电流按照躲过发电机的额定电流 $I_{N.G}$ 整定，即

$$I_{op} = (1.3 \sim 1.4)I_{N.G} \tag{5-5}$$

从公式可以看出电流元件动作值较小，灵敏度较高。

（2）低电压继电器 KV5 的动作电压 U_{op} 按照躲过电动机自启动或发电机失磁而出现

非同步运行方式时的最低电压整定,即

$$U_{op} = (0.6 \sim 0.7)U_{N.G} \tag{5-6}$$

(3)负序电压继电器 KV4 的动作电压按照躲过正常运行方式下负序电压滤过器输出的最大不平衡电压整定,即

$$U_{op.2} = (0.06 \sim 0.12)U_{N.G} \tag{5-7}$$

三、定子过负荷保护

对于定子绕组非直接冷却的中小容量的发电机,通常采用接于一相电流的过负荷保护。过负荷保护由一个电流继电器 KA 和一个时间继电器 KT 组成,动作时发信号。发电机定时限过负荷保护的整定值按发电机额定电流的 1.24 倍整定。

发电机定子绕组通过的电流和允许电流的持续时间成反时限的关系,即电流 I 越大,允许时间 t 越短。因此,对于大型发电机的过负荷保护,应尽量采用反时限特性的继电器,以模拟定子的发热特性,反应定子过负荷能力。为了正确反应定子绕组的温升情况,保护装置应采用三相式接线,动作时作用于跳闸。

【任务准备】

(1)学生接受任务,熟悉微机保护装置,学习有关安全操作规定及注意事项。

(2)工器具及备品备件、材料准备。

(3)CSC-306 数字式发电机保护装置整定保护总控制字"复压过流保护""定子过负荷保护"置 1。投入屏上"投入发电机短路后备"压板、"投入定子过负荷保护"硬压板。

【任务实施】

1. 复压过流保护的测试

(1)过电流动作值及动作时间测试,填写表 5-2。

表 5-2　过电流动作值及动作时间测试

项目	内容
压板状态	投入发电机短路后备压板
测试方法	以下实验不加电压: 1. 从发电机中性点任一相加入实验电流,实测并记录保护动作电流值; 2. 分别整定保护 T1 和 T2 的延时,从中性点电流通道任一相通入电流>1.2 倍电流定值,突加以上交流量进行时间测试
保护电流动作值	
T1 时限动作时间	
T2 时限动作时间	

(2)低电压动作值测试,填写表 5-3。

表 5-3　低电压动作值测试

项目	内容
压板状态	投入发电机短路后备压板
测试方法	整定负序电压定值为 99 V,先在机端电压回路施加三相正常的额定电压;然后从中性点电流回路任一相通入大于整定值的电流;等待上述状态稳定后,逐渐降低相间电压,直到保护动作,实测并记录保护动作时的电压值
实测动作值	

（3）负序电压动作值测试,填写表 5-4。

表 5-4　负序电压动作值测试

项目	内容
压板状态	投入发电机短路后备压板
测试方法	整定低电压定值为 0 V,从中性点电流回路任一相通入大于整定值的电流,同时在机端电压回路施加负序电压,实测并记录保护动作电压值
实测动作值	

2.定子过负荷定时限电流动作值及动作时间测试

定子过负荷定时限电流动作值及动作时间测试填写表 5-5。

表 5-5　定子过负荷定时限电流动作值及动作时间测试

项目	内容
压板状态	投入定子过负荷保护压板
测试方法	1. 将定子过负荷定时限延时整定为 0.1 s;从发电机中性点电流回路任一相电流回路加入实验电流,实测并记录保护动作电流; 2. 整定定子过负荷定时限延时,从发电机中性点电流回路任一相突加试验电流大于 1.2 倍定值,实测保护动作时间
动作值	
动作时间	

【课堂训练与测评】

叙述发电机过电流和过负荷保护的工作原理。

■ 任务四　发电机定子绕组接地保护

发电机定子绕组因绝缘破坏而引起的单相接地故障比较普遍。出于安全考虑,发电

机的外壳、铁芯都是接地的,当发电机定子绕组与外壳、铁芯间绝缘在某一点上遭到破坏,就可能发生单相接地故障。发生定子绕组单相接地故障的主要原因是高速旋转的发电机的振动,造成机械损伤而接地;对于水内冷发电机,由于漏水也会使定子绕组接地。

发电机发生单相接地时,发电机端三相电压是不对称的,接地相电压最低,非接地相电压升高,电压升高相继发展成两点接地短路、匝间短路或匝间短路。接地电流会产生电弧,烧伤、烧结铁芯,检修困难。接地电流会破坏绕组绝缘,扩大事故。故应配备发电机定子接地保护。

【任务分析】

(1)掌握发电机定子绕组接地保护的工作原理、整定计算。

(2)在 CSC-306 数字式发电机保护装置上进行发电机定子接地保护测试。

【知识链接】

为了提高发电机供电的连续性,中性点一般不直接接地,或通过消弧线圈、高阻接地。发电机绕组单相接地时电流为发电机系统的电容电流。该电流电弧不但会烧伤定子绕组的绝缘还会烧损铁芯,甚至会将多层铁芯叠片烧接在一起在故障点形成涡流,使铁芯进一步加速熔化导致铁芯严重损伤。分析表明:接地点距发电机中性点越远,接地运行对发电机的危害越大;反之越小。

发电机定子接地保护可根据发电机额定电压、容量等采用反映零序电压、零序电流及三次谐波电压等方式,本案例采用零序电压定子接地保护。

一、零序电压定子绕组接地保护原理

码5-6　动画-
零序电压定子
绕组接地保护原理

设 A 相定子绕组某点发生接地故障,假设 A 相接地发生在定子绕组距中心点 α 处,α 表示中性点到故障点的绕组占全部绕组匝数的分数。

由图 5-9 可以看出:A 相绕组接地时,B 相及 C 相对地电压,由相电压升高到另一值;当机端 A 相接地时,B、C 两相的对地电压由相电压升高到线电压(升高到 $\sqrt{3}$ 倍的相电压)。

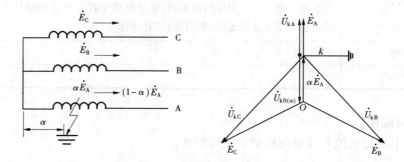

图 5-9　定子绕组单相接地短路接线图及机端电压相量图

此时机端各相的对地电压为

$$\left.\begin{array}{l} \dot{U}_{kA} = (1 - \alpha)\dot{E}_A \\ \dot{U}_{kB} = \dot{E}_B - \alpha\dot{E}_A \\ \dot{U}_{kC} = \dot{E}_C - \alpha\dot{E}_A \end{array}\right\}$$

所以故障点的零序电压为

$$\dot{U}_{k0(\alpha)} = \frac{1}{3}(\dot{U}_{kA} + \dot{U}_{kB} + \dot{U}_{kC}) = -\alpha\dot{E}_A \qquad (5\text{-}8)$$

由式(5-8)可看出,定子单相接地时,故障点零序电压与 α 成正比,故障点离中性点越远,零序电压越高。如图 5-10 所示,在机端单相接地时零序电压最大(等于发电机相电压),在中性点处接地时零序电压为 0。

在图 5-10 中:$U_{\Phi e}$ 为发电机相电压额定值;$3U_0$ 为发电机系统的零序电压;α 为接地点距中性点的电气距离,机端接地时,$\alpha = 1$。

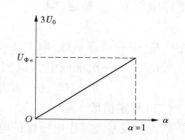

图 5-10 零序电压与接地位置的关系

二、零序电压定子绕组接地保护原理接线图

利用零序电压构成的定子接地保护原理图如图 5-11 所示。发电机正常运行时,或相间短路时,机端三相无零序电压。发电机定子绕组单相接地故障时,机端三相电压不对称,产生零序电压,当零序电压大于 KV 动作值时,保护动作,发定子绕组接地信号。

当接地电容电流大于等于 5 A 时,应装设动作于跳闸的接地保护;当接地电容电流小于 5 A 时,一般装设作用于信号的接地保护。

码 5-7 动画-零序电压定子绕组接地保护原理接线图

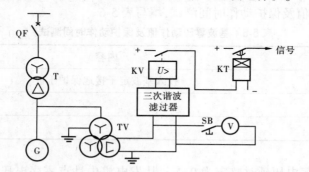

图 5-11 反映零序电压的发电机定子绕组接地保护

由图 5-10 可知,发电机绕组单相接地故障点离中性点越近零序电压越低。当零序电压小于电压继电器的动作电压时,保护不动作。因此,该保护存在死区,死区的大小与整定值的大小有关,整定值越大,则死区也越大。为了减小死区,图中采取了加装 3 次谐波滤波器来降低保护定值,提高保护灵敏度。此外,还可以采取以下措施降低整定值:在高

压侧直接接地电网中,利用保护延时躲过高压侧接地故障;在高压侧非直接接地电网中,利用高压侧接地出现的零序电压闭锁发电机接地保护。

三、整定计算

基波零序电压保护一般设两段定值,一段为低定值段,另一段为高定值段。

(一)低定值段

低定值段基波零序电压保护的动作电压 $U_{0.\,op}$,应按躲过正常运行时的最大不平衡基波零序电压 $U_{0.\,max}$ 整定,即

$$U_{0.\,op} = K_{rel}U_{0.\,max} \tag{5-9}$$

式中　　K_{rel}——可靠系数,取 $1.2~1.3$;

　　　　$U_{0.\,max}$——机端或中性点实测不平衡基波零序电压,实测之前,可初设为$(5\% ~ 10\%)U_{0n}$,U_{0n} 为机端单相金属性接地时中性点或机端的零序电压(二次值)。

(二)高定值段

高定值段基波零序电压保护电压定值应可靠躲过传递过电压,即当与发电机联接的变压器高压侧接地时,通过变压器高低压绕组间的耦合电容传递到发电机端的零序电压。可取

$$U_{0.\,op} = (15\% ~ 25\%)U_{0n} \tag{5-10}$$

延时可取 $0.3~1.0$ s。

【任务准备】

(1)学生接受任务,熟悉微机保护装置,学习有关安全操作规定及注意事项。

(2)工器具及备品备件、材料准备。

(3)CSC-306数字式发电机保护装置整定保护总控制字"定子接地保护投入"置1;投入屏上"投定子接地零序电压保护"硬压板。

【任务实施】

基波零压动作值及保护动作时间测试,填写表5-6。

表5-6　基波零压动作值及保护动作时间测试

项目	内容
压板状态	投入基波定子接地保护压板
动作值	
动作时间	

(1)将基波零序电压延时整定为 0.1 s,从发电机中性点零序电压通道加入电压(同时要在机端零压通道加入大于 0.9 倍定值的电压),实测并记录保护动作值。

(2)整定基波零序电压延时,从发电机中性点零序电压通道接入大于 1.2 倍定值的零序电压(同时要在机端零压通道加入大于 0.9 倍定值的电压),突加以上交流量进行时间测试。

【课堂训练与测评】

叙述发电机定子接地保护的工作原理。

任务五 发电机转子绕组接地保护

正常运行时,发电机转子绕组仅承受几百伏的直流励磁电压,且转子绕组及励磁系统对地是绝缘的。因此,当转子绕组或励磁回路发生一点接地时,不会对发电机构成危害。但是,当发电机转子绕组出现不同位置的两点接地或匝间短路时,很大的短路电流可能烧伤转子本体;另外,由于部分转子绕组被短路,使气隙磁场不均匀或发生畸变,从而使电磁转矩不均匀并造成发电机振动,损坏发电机。

为确保发电机组的安全运行,当发电机转子绕组或励磁回路发生一点接地后,应立即发出信号,告知运行人员进行处理;若发生两点接地,应立即切除发电机。因此,对发电机组装设转子一点接地保护和转子两点接地保护是非常必要的。

【任务分析】

(1)掌握发电机转子一点接地保护和转子两点接地保护的工作原理。

(2)在 CSC-306 数字式发电机保护装置上进行转子一点接地定值整定,转子一点接地测试。

【知识链接】

一、转子一点接地保护

发电机励磁回路一点接地是比较常见的故障,由于不形成电流通路,所以对发电机无直接危害。但是发生一点接地故障后,励磁回路对地电压升高,可能导致第二点接地。转子一点接地保护的方法有电桥法、叠加直流电压法、叠加交流电压法、切换采样法等方法,本案例介绍直流电桥法和微机切换采样法。

码5-8 微课-发电机转子一点接地保护

(一)直流电桥式一点接地保护

直流电桥式一点接地保护原理如图 5-12 所示。励磁绕组以中点分界的两部分 R_{L1}、R_{L2} 与外接电阻 R_1、R_2 组成电桥。正常时绝缘电阻 R_y 很大,调节 R_1 使电桥平衡,KA 仅流过不平衡电流;k 点经 R_g 发生接地时电桥失去平衡,KA 中有电流达到整定值,发出接地信号。但在绕组中点附近接地时电桥仍然平衡,不能发出信号,故存在工作死区。

(二)微机型切换采样式一点接地保护

基于切换采样原理的励磁回路一点接地保护原理如图 5-13 所示,由接地点将励磁绕组分成的两部分直流电源 αE 和 $(1-\alpha)E$,与接地电阻 R_{tr}、4 个电阻 R 和 1 个取样电阻 R_1 共同构成了两个网孔的直流电路。两个电子开关 S1、S2 轮流导通:

当 S1 接通、S2 断开时,可得到一组回路方程:

$$(R + R_1 + R_{tr})I_1 - (R_1 + R_{tr})I_2 = \alpha E$$
$$- (R_1 + R_{tr})I_1 + (2R + R_1 + R_{tr})I_2 = (1 - \alpha)E$$

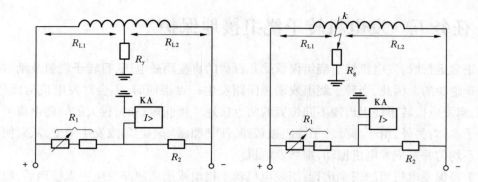

图 5-12　直流电桥式一点接地保护原理图

当 S2 接通、S1 断开时,可得到另一组回路方程:

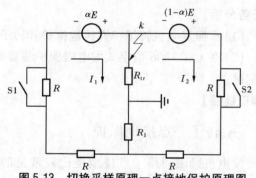

$$(2R + R_1 + R_{tr})I'_1 - (R_1 + R_{tr})I'_2 = \alpha E'$$
$$- (R_1 + R_{tr})I'_1 + (R + R_1 + R_{tr})I'_2$$
$$= (1 - \alpha)E'$$

由上两组方程可知,只要微机系统不断采样励磁电压 E,两网孔电流 I_1、I_2,便可根据 S1、S2 轮流导通得到的两组方程,利用微机运算能力求解得到接地电阻 R_{tr} 与接地位置 α。如 R_{tr} 小于整定值,则可

图 5-13　切换采样原理一点接地保护原理图

判断转子发生了一点接地,且可根据 α 值大致判断出接地点位置。

微机型切换采样式一点接地保护无保护死区,无须人员调节电桥,运行方便,获得了越来越广泛的应用。

二、转子两点接地保护

传统的转子绕组两点接地保护可由直流电桥平衡原理构成,但由于该方式存在保护死区(特殊情况下死区甚至达到了 100%),且投入前需人员手动调节电桥平衡,当两点接地发生很快时,将失去保护,故已很少采用。在目前的微机保护中,可采用基于定子机端电压二次谐波原理来构成转子两点接地保护,下面介绍其原理。

发电机正常运行时,定子中是没有二次谐波电压的。当转子绕组两点接地或匝间短路时,定转子间的气隙磁通的对称性遭到破坏,这样就会在三相定子绕组中感应出偶次谐波分量。利用定子电压的二次谐波分量,就可以实现转子两点接地及匝间短路保护。保护的逻辑框图如图 5-14 所示。

由图 5-14 可见,转子两点接地保护是在转子一点接地保护动作后投入的。定子的正序二次谐波电压 U_{12} 可通过对采样得到的机端电压波形进行傅立叶算法得到,将其与二次谐波整定电压值 U_{2S} 比较,当 $U_{12} > U_{2S}$ 时,保护动作。

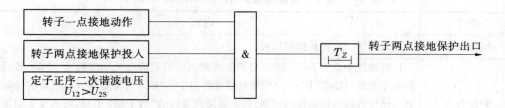

图 5-14　二次谐波原理的转子两点接地保护逻辑框图

【任务准备】

（1）学生接受任务，熟悉微机保护装置，学习有关安全操作规定及注意事项。

（2）工器具及备品备件、材料准备。

（3）CSC-306 数字式发电机保护装置整定保护总控制字"转子一点接地保护"置 1。投入屏上"投入转子一点接地保护"硬压板。励磁电压接线示意图如图 5-15 所示。

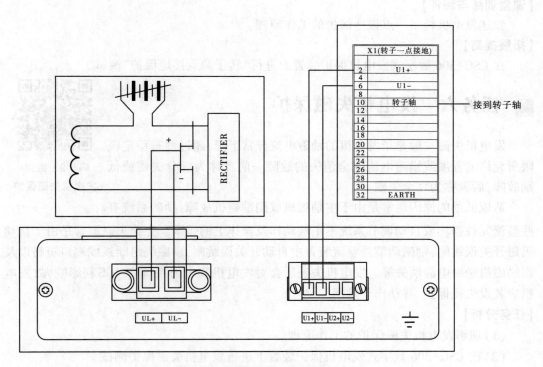

图 5-15　励磁电压回路接线示意图

【任务实施】

转子一点接地保护动作值和动作时间测试，填写表 5-7。

表 5-7　转子一点接地保护动作值和动作时间测试

项目	内容
压板状态	投入转子一点接地保护压板
测试方法	1.将滤波小盒"UL+""UL-"分别接到测试仪的直流电压输出的正、负端,然后将滤波小盒的"U2+""U2-"分别接到装置的"U2+""U2-";将旋转式电阻箱的一端接到测试仪直流电压输出的正端,另一端接到装置的"转子轴"上,从测试仪上输出足够大的直流电压,改变电阻箱的阻值,实测保护动作值; 　2.实验的同时检查并记录保护动作时间
高定值动作电阻	
高定值动作时间	
低定值动作电阻	
低定值动作时间	

【课堂训练与测评】

叙述发电机转子一点接地保护的工作原理。

【拓展提高】

在 CSC-306 数字式发电机保护装置上进行"转子两点接地保护"测试。

■ 任务六　发电机失磁保护

码 5-9　微课-
发电机失磁保护

　　发电机失磁一般是指发电机的励磁电流异常下降,超过静态稳定极限所允许的程度或励磁电流完全消失的故障。前者称为部分失磁或低励故障,后者称为完全失磁。

　　造成低励的原因通常是由于主励磁机或副励磁机故障;励磁系统有些整流元件损坏或自动调节系统不正确动作及操作上的错误。完全失磁通常是由于自动灭磁开关误跳闸,励磁调节器整流装置中自动开关误跳闸,励磁绕组断线或端口短路以及副励磁机励磁电源消失等。发电机失磁后会对发电机和电力系统产生不利影响,故发电机应装设失磁保护,并动作于跳闸。

【任务分析】

　　(1)理解发电机失磁保护的工作原理。

　　(2)在 CSC-306 数字式发电机保护装置上进行发电机失磁保护测试。

【知识链接】

一、发电机失磁运行及后果

　　当发电机失去励磁时,励磁电流逐渐减小至零,气隙磁场迅速减弱,发电机定子的感应电动势随之降低,同时由于磁场减弱,电磁转矩也将小于原动机转矩,从而引起转子加速,使发电机功角 δ 增大。当 δ 增大到 90°后,发电机失去同步,发电机转速超过同步转

速,转子中感应出 f_G-f_S 的差频交流电流,从而产生异步转矩,当异步转矩与原动机转矩达到新的平衡时,发电机进入稳定的异步运行状态。

发电机失磁进入异步运行后,将对电力系统和发电机产生以下的影响:

(1)发电机由发出无功功率,转换为向系统吸收无功,引起系统的电压下降。

(2)重负荷失磁后,发电机将因吸收大量无功电流引起的过电流使定子发热。

(3)发电机转速超过同步转速,产生差频电流,引起转子过热。

(4)转子在纵轴和横轴不对称时,可能产生振动。

(5)低励磁或失励磁运行时,定子端部漏磁增加,将使端部和边段铁芯过热。

二、失磁保护的判定方法

发电机的失磁故障可采用机端测量阻抗的变化(定子判据)、励磁电压的变化(转子判据),以及无功功率方向改变(逆无功判据)等。同时还可以将机端电压下降或励磁电流下降作为辅助判据。以下主要介绍前面三种判据的原理。

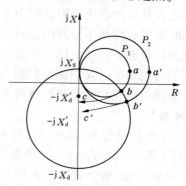

$a \rightarrow b \rightarrow c$ 为 P_1 较大时的轨迹
$a' \rightarrow b' \rightarrow c'$ 为 P_1 较大时的轨迹

图5-16　发电机端测量阻抗
在失磁后的变化轨迹

(一)失磁时的机端测量阻抗(定子判据)

分析表明,发电机正常励磁运行和失磁运行,其机端测量阻抗会发生变化。如图5-16所示,正常励磁运行时,其测量阻抗位于"等有功阻抗圆"的第一象限(P_1、P_2 对应不同的有功出力时的阻抗圆),如 a 或 a' 点。失磁后,测量阻抗沿着等有功阻抗圆进入第四象限,当它与静稳阻抗圆(等无功阻抗圆)相交时(b 或 b' 点),机组进入静稳定极限位置(功角 $\delta = 90°$)。越过 b (或 b')后,转入异步运行,最后稳定于 c 或 c' 点,表示发电机进入稳定异步运行状态。

根据失磁过程中机端测量阻抗的以上变化规律,可构成失磁保护的定子判据,如机端测量阻抗超越静稳边界圆作为判断依据。

(二)励磁电压的变化(转子判据)

目前较多采用励磁电压整定值随有功功率改变的转子判据。其基本原理是这样的:因为励磁电压 u_f 是随着发电机有功出力变化而变化的,发电机每一个有功出力对应一个最小的励磁电压,这样可以把每一个有功出力 P 对应的最小励磁电压 $u_{f.lim}$ 画成曲线。发电机运行时,比较励磁电压 u_f 与当前出力 P 对应的最小励磁电压 $u_{f.lim}$,如小于 $u_{f.lim}$,则判断发电机失磁。

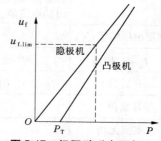

图5-17　极限励磁电压与
有功功率关系曲线

如图5-17所示为隐极和凸极发电机的极限励磁电压与有功功率关系曲线,发电机在某一有功功率 P 时失磁,其达到静态稳定极限的励磁电压 $u_{f.lim}$ 也是一定值。转子欠电压继电器即按此静稳极限励磁电压整定,当 P 改变时,整定值跟随改变。

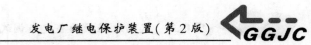

(三) 无功功率方向改变 (逆无功判据)

逆无功判据是根据在失磁过程中,发电机由送出无功功率变为从系统吸收无功功率,无功功率改变了方向。逆无功判据为

$$-Q > Q_z$$

此外,失磁保护还可以采用变压器高压侧低电压、定子过电流等作为辅助判据。

三、失磁保护的构成

发电机的失磁保护可采用无功功率改变方向、机端测量阻抗超越静稳边界圆、机端测量阻抗进入异步静稳边界阻抗圆为主要判据,来检测失磁故障。但是仅用以上的主要判据来判断失磁故障是不全面的,而且可能判断错误。为了保证保护动作的选择性,还需要用失磁运行状态下的某些特征作为失磁保护的辅助判据,例如励磁电压的下降、系统电压的降低均可用作失磁保护辅助判据。

本案例失磁保护的逻辑框图可见本章任务七图5-28。

【任务准备】

(1) 学生接受任务,熟悉微机保护装置,学习有关安全操作规定及注意事项。

(2) 工器具及备品备件、材料准备。

(3) CSC-306数字式发电机保护装置整定保护总控制字"发电机失磁保护投入"置1。投入屏上"投失磁保护"硬压板。

【任务实施】

进行逆无功判据动作值测试,填写表5-8。

表 5-8　逆无功判据动作值测试记录

项目	内容				
压板状态	投入失磁保护压板				
测试方法	从发电机机端电压回路通入电压:$\dot{U}_a$ 相位 $\angle 0°$、$\dot{U}_b$ 相位 $\angle -120°$、$\dot{U}_c$ 相位 $\angle 120°$;从发电机机端或测量电流回路通入电流:保持 $\dot{I}_a$ 相位落后 $\dot{I}_c$ 相位为 $120°$,固定电压幅值不变,改变电流电压之间的相位差,改变电流值,实测保护动作时的电流值,并根据动作时的电流、电压,计算出实际动作的逆无功功率数值				
固定电压幅值(V)					
$\dot{I}_a - \dot{U}_a$ 相角	30°	60°	90°	120°	150°
I (计算)					
I (实测)					
实测无功					

当试验电流小于6 A的时候,电流通道取测量TA。一次额定无功:$Q_{1n} = S_n \sin\varphi = $ _____ Mvar;二次额定有功:$Q_{2n} = Q_{1n} / (n_{TA} \cdot n_{TV}) = $ _____ var;定值整定为 _____;则逆无功的实际动作值折算为:_____ var。

【课堂训练与测评】

简述失磁保护的判据有哪些。

■ 任务七　CSC-306 数字式发电机保护装置的使用

校外实训基地(恩施天楼地枕水电厂)采用了 CSC-306 数字式继电保护装置作为发电机保护。该装置适用于各种容量等级、各种类型的发电机/调相机的保护,也可适用于电厂综合自动化系统(可以直接与后台系统进行通信)。

装置体现了"加强主保护、简化后备保护"的原则。自动设置的辅助定值和固定的输入定值使用户需要整定的保护定值减到最少,以发挥微机继电保护的优越性,保护装置整定的特点是除了后备保护、失步保护等需要和系统参数与保护配合外,其他保护不需要系统参数,可以根据发电机的参数独立完成保护的整定。

【任务分析】

CSC-306 数字式发电机保护装置的使用。

【知识链接】

一、CSC-306 数字式发电机保护装置硬件结构与保护配置

装置的安装方式为嵌入式,接线为后接线方式。保护装置屏面图见图 5-18。面板上的 8 个指示灯分别为:保护运行、差动动作、匝间动作、后备动作、预告信号、TV 异常、TA 异常、装置异常。其中保护运行灯为绿色,其他 7 个灯均为红色。

图 5-18　CSC-306 数字式发电机保护装置

装置配置了:发电机纵联差动保护、过电流保护、复合电压闭锁过电流保护、转子一点接地保护、转子两点接地保护、定子绕组过负荷保护、过电压保护、失磁保护、逆功率保护等保护。

二、CSC-306 保护装置的工作原理

(一)发电机的纵差保护

纵联差动保护作为发电机内部相间短路故障的主保护,采用两段比率制动特性。纵联差动保护有两种方案可选,即比率制动系数的纵差保护和比率制动斜率的纵差保护方案。

发电机完全纵差保护逻辑框图如图 5-19 所示。

(二)复合电压过电流保护

发电机复合电压过电流保护的各时限逻辑框图如图 5-20 所示。当不带电流记忆时,TV 异常时,复合电压过电流保护变为过电流保护;当带电流记忆时,TV 异常时退出记忆

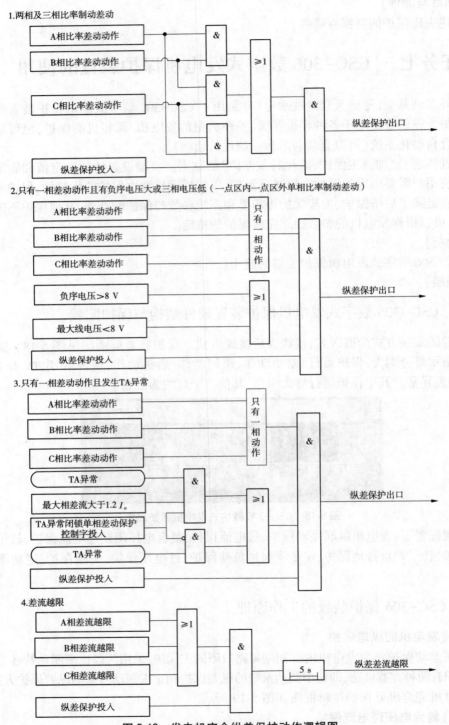

图 5-19　发电机完全纵差保护动作逻辑图

回路,即复压记忆过电流保护变为过电流保护。

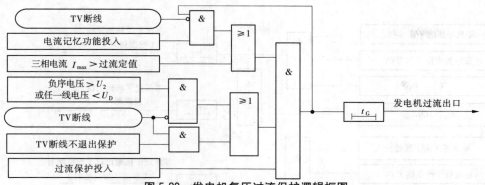

图 5-20　发电机复压过流保护逻辑框图

(三) 定子过负荷保护

定子过负荷保护反映发电机定子绕组的平均发热状况。定子过负荷保护由定时限和反时限组成,定时限设一段,一般为减出力或发信。反时限特性由三部分即下限段、反时限段和上限段组成。下限段设电流启动值,当电流大于启动电流时,发电机开始热积累,当电流小于启动电流且原先已有热量积累时,发电机开始散热过程。

发电机定子过负荷保护的逻辑框图如图 5-21。

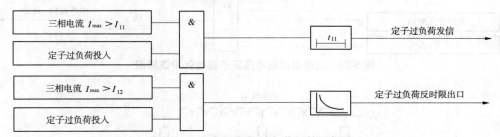

图 5-21　发电机定子过负荷保护逻辑图

(四) 定子接地保护

基波零序电压原理反应发电机机端 TV 开口三角的零序电压或发电机中性点单相TV(或消弧线圈或配电变压器)的零序电压大小以保护发电机由机端至机内 90% 左右范围的定子绕组接地故障。

基波零压定子接地保护逻辑框图如图 5-22。图中,U_{t3} 为机端侧零序电压的三次谐波分量,U'_{n3} 为经变比补偿后的中性点侧零序电压的三次谐波分量。

(五) 转子一点接地保护

转子一点接地保护采用"乒乓式"变电桥原理,保护测量电路原理图如图 5-23,其设计思想是:通过电子开关 S1、S2 轮流切换,改变电桥两臂电阻值的大小。通过求解三种状态下的回路方程,实时计算转子接地电阻和接地位置。

保护的动作判据为:R_g、R_s 为接地电阻值,分两段,高定值段为灵敏段,仅发信;低定值段可发信也可出口。发电机转子一点接地保护逻辑框图如图 5-24。

(六) 转子两点接地保护

转子一点接地保护动作后,装置自动投入转子两点接地保护。转子两点接地保护采用机端正序电压的二次谐波分量作为判别量。动作判据为:$U_{12} > U_{2S}$。U_{12}、U_{2S} 分别为机

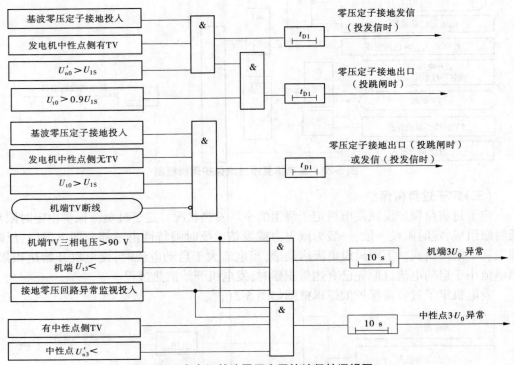

图 5-22　发电机基波零压定子接地保护逻辑图

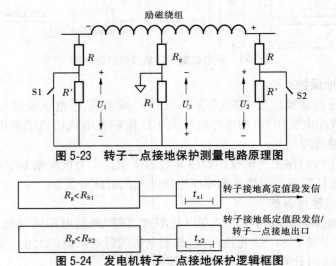

图 5-23　转子一点接地保护测量电路原理图

| $R_g < R_{S1}$ | | t_{z1} | 转子接地高定值段发信 |

| $R_g < R_{S2}$ | | t_{z2} | 转子接地低定值段发信/
转子一点接地出口 |

图 5-24　发电机转子一点接地保护逻辑框图

端正序电压的二次谐波分量和定值。

发电机转子两点接地保护逻辑框图如图 5-25 所示。

(七) 失磁保护

发电机的励磁系统发生故障出现低励失磁时,发电机测量阻抗、励磁电压、发电机与系统的无功交换等都会与正常运行时有所不同,失磁保护根据这些变化分别构成定子判

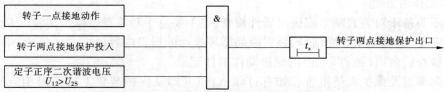

图5-25　发电机转子两点接地保护逻辑框图

据、转子判据和逆无功判据。另辅以机端低电压切换厂用和母线低电压加速跳闸判据。

低励失磁保护的逻辑框图如图5-26所示。

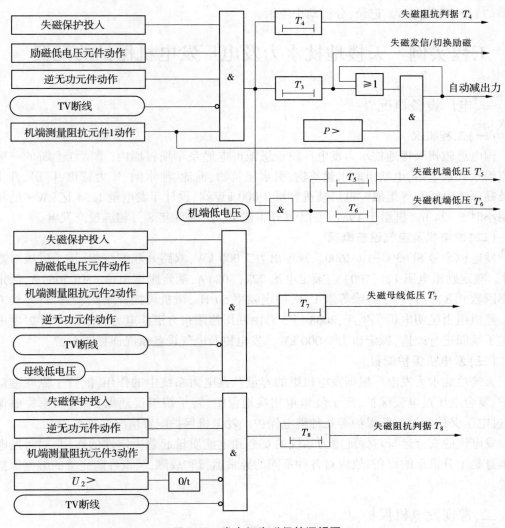

图5-26　发电机失磁保护逻辑图

【任务实施】

装置测试操作说明在前面的任务中介绍过,这里不再赘述。

保护动作后处理:

(1)不要急于对装置断电或拔出插件检查,也不要急于对装置做模拟实验。

(2)完整、准确记录灯光信号、装置液晶循环显示的报告内容。

(3)检查后台机(或打印机)的保护动作事件记录。

(4)向调度及保护人员报告。如有打印机,应立即从保护装置上打印出相应的保护报告。如果无打印机或工程师站,应通知制造厂来人处理。在此之前不应断开装置的直流电源或做模拟实验。

(5)收集、整理动作报告。

(6)如有录波,请及时取出录波数据。

(7)集中所有报告、记录,分析动作原因。

■ 工程实例　天楼地枕水力发电厂发电机保护的配置

一、电厂设备概况

(一)工程概况

国电恩施州天楼地枕水力发电厂位于恩施市屯堡乡车坝村境内,是清江上游的一座径流引水式水电站,电站由取水建筑物、引水建筑物、前池、泄水闸、压力管道、厂房、升压站及高压输电线路等组成。电厂装机容量 7 000 kW×4,设计年发电量 1.34 亿 kW·h,年利用小时 5 324 h。机组于 1987 年 12 月开工建设,于 1993 年 8 月相继投产发电。

(二)发电机及电气设备概况

发电机型号 SF6300-10/2600。额定出力 7 000 kW,双路并联波绕组,转子磁极对数 5 对。额定励磁电压 121(100) V,额定电流 722(802) A,额定励磁电流 480(505) A,额定功率因数 0.8 滞后,转子绝缘等级 B/F,额定频率 50 Hz,微机可控硅励磁装置,自并励方式。原机组由昆明电机厂生产,2008 年 3 月由四川德阳东方汇能电力有限公司对 2# 发电机定子线圈进行改造,额定出力 7 000 kW。发电机及电气设备情况详见图 5-27。

(三)发电机保护配置

天楼地枕水力发电厂根据发电机组的容量及在电力系统中的作用,配置了纵联差动保护、复合电压过电流保护、定子绕组单相接地保护、转子绕组接地保护、逆功率失磁保护、过电压保护和过负荷保护等几种继电保护。发电机保护配置情况详见图 5-28。

发电机的安全运行对保证电力系统的安全和电能质量起着决定性的作用,同时发电机本身是十分贵重的设备,故应对各种不同的异常运行和故障,装设性能完善的继电保护装置。

二、常规发电机保护

天楼地枕水力发电厂发电机继电保护装置改造前为常规继电保护装置,即由反映各类电量的电磁继电器按照一定的逻辑关系构成的继电保护装置。为便于理解发电机继电保护的工作原理,特附常规保护原理接线图,详见图 5-29。

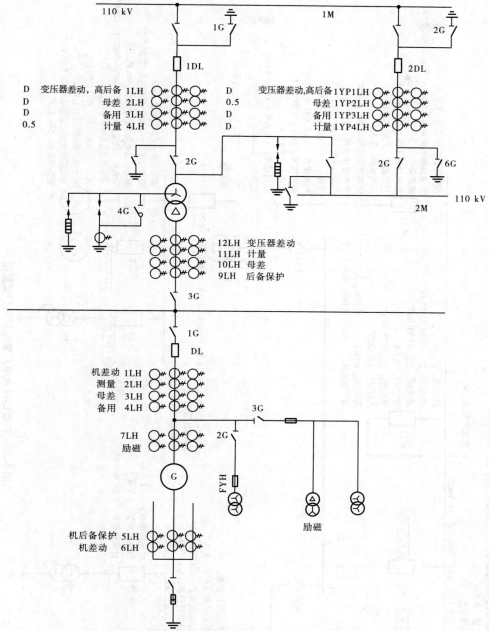

图 5-27 天楼地枕水力发电厂电气主接线图

三、微机型发电机保护

天楼地枕水电厂发电机继电保护装置改造后采用北京四方公司微机型
CSC-306 继电保护装置,保护测控屏如图 5-30 所示。保护接线图如图 5-31 所示。

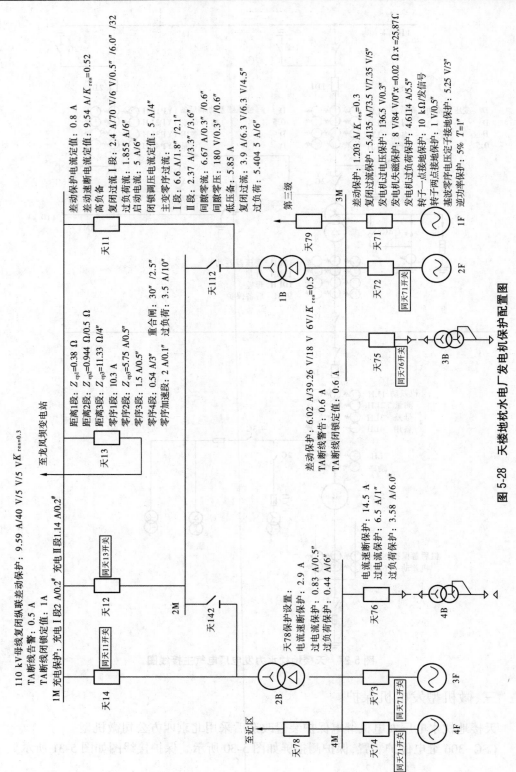

图 5-28　天楼地坑水电厂发电机保护配置图

110 kV母线复闭纵联差动保护：9.59 A/40 V/5 V/5 V$\bar{K}_{res}$=0.3
TA断线告警：0.5 A
TA断线闭锁定值：1A
1M 充电保护：充电 I 段 2 A/0.2$^{\#}$ 充电 II 段1.14 A/0.2$^{\#}$

差动保护电流定值：0.8 A
差动速断电流定值：9.54 A/K_{res}=0.52
高负备
复闭过流 I 段：2.4 A/70 V/6 V/0.5″ /6.0″ /32
过负荷流：1.855 A/6″
启动电流：5 A/6″
闭锁调压电流定值：5 A/4″
主变零序过流：
I 段：6.6 A/1.8″ /2.1″
II 段：2.37 A/3.3″ /3.6″
间隙零流：6.67 A/0.3″ /0.6″
间隙零压：180 V/0.3″ /0.6″
低压过流：5.85 A
复闭过流：3.9 A/6.3 V/6.3 V/4.5″
过负荷：5.404 5 A/6″

第三级

差动保护：1.203 A/K_{res}=0.3
复闭过电压保护：5.4135 A/73.5 A/73.5 V/5″
发电机过电压保护：136.5 V/0.3″
发电机失磁保护：8 V/84 V/0″x=0.02 Ω x=25.87Ω
发电机过负荷保护：4.6114 A/5.5″
转子一点接地保护：10 kΩ/发信号
转子两点接地保护：1 V/0.5″
基波零序电压定子接地保护：5.25 V/3″
逆功率保护：5% T=1″

距离1段：Z_{cp1}=0.38 Ω
距离2段：Z_{cp2}=0.944 Ω/0.5 Ω
距离3段：Z_{cp3}=11.33 Ω/4″
零序1段：10.3 A
零序2段：Z_{cp3}=5.75 A/0.5″
零序3段：1.5 A/0.5″
零序4段：0.54 A/3″
零序加速度：2 A/0.1″

重合闸：30″ /2.5″
过负荷：3.5 A/10″

差动保护：6.02 A/39.26 V/18 V 6V/K_{res}=0.5
TA断线告警：0.6 A
TA断线闭锁定值：0.6 A

天78保护设置：
电流速断保护：2.9 A
过电流保护：0.83 A/0.5″
过负荷保护：0.44 A/6″

电流速断保护：14.5 A
过电流保护：6.5 A/1″
过负荷保护：3.58 A/6.0″

至龙风坝变电站

至近区

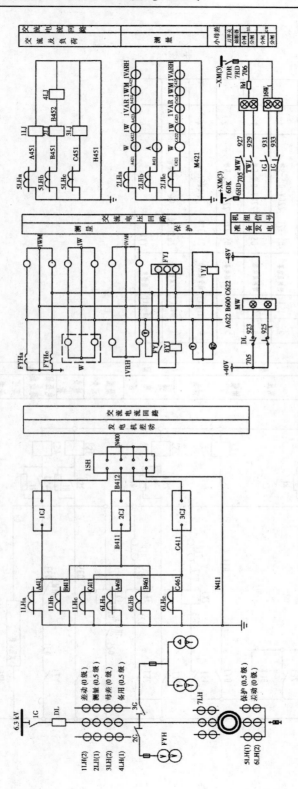

图 5-29 发电机常规保护接线图

序号	符号	名称	型式及技术特征		数量	备注
		安装在发电机保护屏上的器具				
1	1BCJ	中间继电器	DZY-210	220V	1	
2	YZJ	中间继电器	DZY-210	220V	1	
3	1SJ	时间继电器	DS-32C	220V 0.5-5秒	1	
4	2SJ	时间继电器	DS-32C	220V 0.5-5秒	1	
5	3-4SJ	时间继电器	DS-32C	220V 0.5-5秒	2	
6	1-4XJ	信号继电器	DX-31B	0.025A	4	
7	R1BCJ	电阻	ZG11-50	4K　50W	1	
8	1-6LP	连接片	YY1-0		6	

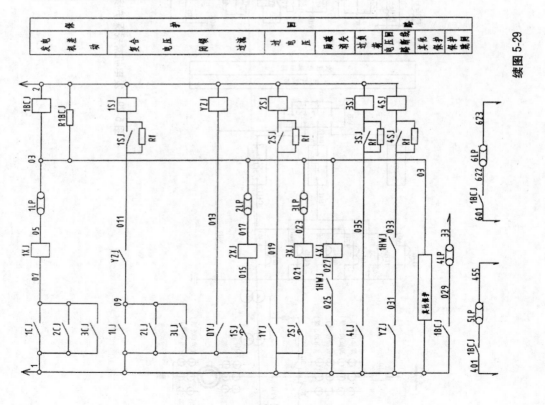

续图 5-29

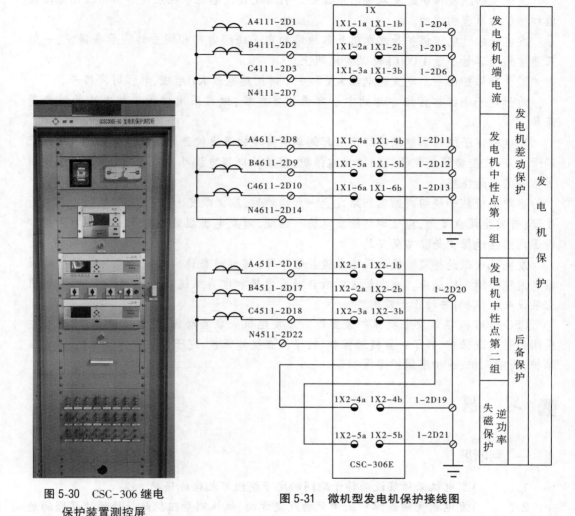

图 5-30 CSC-306 继电
保护装置测控屏

图 5-31 微机型发电机保护接线图

小 结

发电机故障主要是由定子绕组及转子绕组绝缘损坏引起的。短路电流产生的热、电动力或电弧可能烧坏发电机线圈、定子铁芯及破坏发电机结构。

发电机不正常运行状态有:外部短路或系统振荡引起的定子绕组过电流,过负荷,定子绕组过电压,励磁回路故障或强励时间过长而引起的转子绕组过负荷,水轮机主阀突然关闭而引起的发电机逆功率运行,发电机低频、失步、过励磁等。

发电机主要配置的保护有纵联差动保护,发电机定子绕组接地保护。发电机转子绕组一点接地保护,发电机转子绕组两点接地保护,过电流保护,过电压保护,过负荷保护,失磁保护,逆功率保护等。

发电机的纵差保护是发电机的主保护。利用比较发电机中性点侧和引出线侧电流幅值和相位的原理构成的。

发电机的过电流保护是发电机外部短路和定子绕组内部相间短路的后备保护,一般只能够用在容量小于 1 000 kW 的发电机上。

过负荷保护由一个电流继电器 KA 和一个时间继电器 KT 组成,动作时发信号。

对于定子绕组非直接冷却的中小容量的发电机,通常采用接于一相电流的过负荷保护。

发电机定子绕组因绝缘破坏而引起的单相接地故障比较普遍。当接地电容电流大于等于 5 A 时,应装设动作于跳闸的接地保护;当接地电容电流小于 5 A 时,一般装设作用于信号的接地保护。

当发电机转子绕组或励磁回路发生一点接地后,应立即发出信号,告知运行人员进行处理;若发生两点接地,应立即切除发电机。因此,对发电机组装设转子一点接地保护和转子两点接地保护是非常必要的。

发电机失磁是指发电机的励磁电流异常下降,超过静态稳定极限所允许的程度或励磁电流完全消失的故障。发电机失磁后会对发电机和电力系统产生不利影响,故发电机应装设失磁保护,并动作于跳闸。

CSC-306 数字式发电机保护装置配置了发电机纵联差动保护、过电流保护、复合电压闭锁过电流保护、转子一点接地保护、转子两点接地保护、定子绕组过负荷保护、过电压保护、失磁保护、逆功率保护等保护等。

习 题

一、判断题

1.(   )发电机必须装设动作于跳闸的定子绕组单相接地保护。

2.(   )发电机失磁故障可采用无功改变方向、机端测量阻抗超越静稳边界圆的边界、机端测量阻抗进入异步静稳边界阻抗圆为主要依据,检测失磁故障。

3.(   )发电机纵联差动保护没有动作死区。

4.(   )发电机转子一点接地保护动作后一般作用于停机。

5.(   )发电机端定子绕组接地,对发电机的危害比其他位置接地危害更大,这是因为机端定子绕组接地流过接地点的故障电流及非故障相对地电压的升高,比其他位置接地时要大。

二、单项选择题

1.发电机零序电压定子接地保护又称(   )。

　　A. 100%定子接地保护　　　　　B. 90%定子接地保护

　　C. 50%定子接地保护　　　　　　D. 10%定子接地保护

2.发电机定子单相接地时,故障点零序电压与 α 成(   )比,故障点离中性点越远,

零序电压越(　　)。

　　A. 正,高　　　　　　　B. 正,低　　　　　　C. 反,高　　　　　　D. 反,低

　　3. 发电机采用低电压过电流保护与采用复合电压过电流保护进行比较,低电压元件的灵敏系数(　　)。

　　A. 相同　　　　　　　　　　　　B. 低压过电流保护高

　　C. 复合电压启动过电流保护高

　　4. 发电机低电压过电流保护,电流元件应接在(　　)电流互感器二次回路上。

　　A. 发电机出口　　B. 发电机中性点　　C. 变压器低压侧　　D. 变压器高压侧

　　5. 发电机低电压过电流保护,电压元件应接在(　　)电压互感器二次回路上。

　　A. 发电机出口　　　　　　　　　B. 发电机母线

　　C. 变压器高压侧　　　　　　　　D. 发电机出口或母线

　　6. 发电机复合电压启动的过电流保护,低电压元件的作用是反映保护区内(　　)故障。

　　A. 相间短路　　B. 两相接地短路　　C. 三相短路　　　D. 接地短路

　　7. 发电机低电压启动的过电流保护,低电压元件的作用是反映保护区内(　　)故障。

　　A. 相间短路　　　　B. 单相接地　　　　C. 接地短路　　　　D. 三相短路

三、填空题

　　1. 发电机的主保护是_____保护。

　　2. 当接地电容电流_____5 A时,应装设动作于跳闸的接地保护;当接地电容电流_____5 A时,一般装设作用于信号的接地保护。

　　3. 复合电压启动过电流保护中,发电机正常运行时,电流继电器KA1～KA3常开触点_____,过电压继电器KV4常闭触点_____,低电压继电器KV5常闭触点_____,复合电压启动过电流保护装置不动作。发电机发生不对称短路时,电流继电器KA1～KA3常开触点_____,同时因负序电压滤过器输出电压,过电压继电器KV4常闭触点_____,造成低电压继电器KV5常闭触点_____,复合电压启动过电流保护装置延时动作于跳闸。

　　4. 发电机纵联差动保护是相间短路的主保护,其保护范围是_____。

　　5. 发电机的过电压保护,一般只在_____发电机上装设。

四、简答题

　　1. 发电机可能出现的故障和不正常状态有哪些?

　　2. 发电机应配置哪些保护?

　　3. 发电机纵联差动保护和过电流保护的整定方法是什么?

　　4. 发电机差动保护的不平衡电流比变压器差动保护的不平衡电流大还是小,为什么?

　　5. 发电机定子绕组接地有什么危害?保护应如何动作?

　　6. 发电机转子绕组发生一点接地保护和发生两点接地保护的区别?

　　7. 天楼地枕水力发电厂中失磁保护的判据有哪些?

项目六　母线保护的整定与调试

【知识目标】

掌握母线保护方式;

掌握母线电流差动保护;

掌握电流相位比相式母线保护;

掌握双母线同时运行时的母线差动保护;

掌握微机母线保护。

【技能目标】

初步具备发电厂、变电站母线保护配置及保护整定计算基本技能。

【思政目标】

养成严谨细致、实事求是的工作作风;

培养学生建立整体和全局的观念,具有顾全大局的精神;

引导学生树立"千里之堤,毁于蚁穴"的观念,及时消除电力系统运行过程中的各种事故隐患,防患于未然。

【项目导入】

本项目学习重点是母线电流差动保护,针对单母线及双母线同时运行的母线差动保护原理、保护动作整定值计算方法等。母线差动保护对电力系统的正常运行起着非常重要的作用,对母线保护原理的深刻理解和掌握,对于继电保护和发电厂、变电站值班人员有着重要的意义。

■ 任务一　母线故障及保护方式

母线的作用是汇集、分配和传送电能。母线可分为硬母线、软母线,材料大都采用铝制,有矩形或圆形截面的铝管、裸导线、绞线。母线发生故障的概率线路故障的低,但母线故障的影响面很大,因此对于母线必须装设相应的保护装置。

码 6-1　图片-
母线分类及短路故障

码 6-2　微课-
母线保护方式

码 6-3　音频-
专用母线保护

码 6-4　动画-
电流相位比较
式母线保护

【任务分析】

掌握母线的故障类型及保护方式。

【知识链接】

一、母线的接线方式

发电厂、变电所的电气主接线可分为有母线接线和无母线接线两种类型。其中有母线接线形式又分为单母线接线和双母线接线两种形式。单母线接线包含单母线、单母分段、单母分段带旁母等；双母线接线包含普通双母线、双母线分段、双母带旁母、3/2接线等。

各类有母线接线电气主接线形式对比如表6-1所示。

表6-1　各类有母线接线形式对比

接线形式	优点	不足
单母线	简单、清晰	可靠性差
单母线分段	故障影响范围缩小，可分段检修母线	母线及断路器检修影响供电
单母分段带旁母	实现了线路断路器的检修而不影响供电	母线故障时仍然影响供电
普通双母线	实现了母线检修而不影响供电	断路器检修仍需停电或短时停电
双母线分段	母线故障影响范围缩小，可分段检修	断路器检修仍需停电
双母线带旁母	母线及断路器检修均不影响供电，可靠性非常高	操作复杂，投资大
3/2接线	操作简单，环路供电可靠性极高，母线及断路器检修或故障均不影响供电	设备多，投资大

二、母线故障

在发电厂和变电所中，屋内和屋外配电装置中的母线是电能集中与分配的重要环节，它的安全运行对不间断供电具有极为重要的意义。虽然对母线进行着严格的监视和维护，但它仍有可能发生故障。

运行经验表面，大多数母线故障是单相接地，多相短路故障所占的比例很小。发生母线故障的原因主要有母线绝缘子及断路器套管闪络，电压互感器或装于母线与断路器之间的电流互感器故障，母线隔离开关在操作时绝缘子损坏，以及运行人员的误操作等。

母线发生故障的概率线路故障的低，但母线故障的影响面很大，这是因为母线上通常连有较多的电气元件，母线故障使这些元件停电，从而造成大面积停电事故，并可能破坏系统的稳定运行，使故障进一步扩大，可见母线故障是最严重的故障之一，因此利用母线保护清除和缩小故障造成的后果是十分必要的，必须装设相应的保护装置。

图6-1　母线保护方式

三、母线的保护方式

母线保护的主要方式有两种，见图6-1。

（一）利用供电元件的保护装置来保护母线

利用供电元件的保护装置切除故障母线,见图6-2。

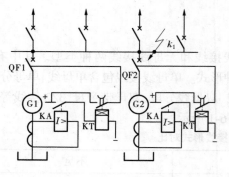

(a)利用发电机过电流保护切除母线故障

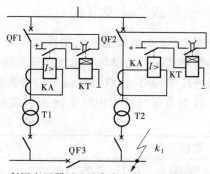

(b)利用变压器过电流保护切除母线故障

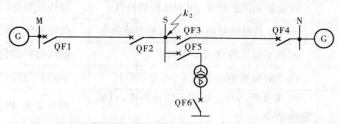

(c)利用供电电源线路的第Ⅱ、Ⅲ段保护切除母线故障

图6-2　利用供电元件保护装置切除故障母线

（二）装设母线的专用保护装置

利用供电元件的保护来保护母线的主要优点是简单、经济。但是,一般供电元件快速动作的主保护如差动保护,不能反应母线故障,应由其后备保护动作,而往往切除故障的时间很长。此外,当双母线同时运行或母线为分段单母线时,上述保护不能保证有选择性地切除故障母线。因此,在下列情况下,母线应装设专用保护装置:

（1）在110 kV 及以上电压等级电网的发电厂、变电所双母线和分段单母线。

（2）110 kV 及以上电压的单母线,重要发电厂35 kV 母线以及高压侧为110 kV 及以上重要降压变电所的35 kV 母线,若依靠供电元件的保护装置带有时限切除故障,会引起系统振荡、电力系统稳定性遭到破坏,母线应装设能快速切除故障的专用保护。

（3）3~10 kV 的情况也应该采用母线专用保护。此外,还必须考虑发电厂和变电所容量大小及在系统中的重要程度。

（4）在35~66 kV 电网中,对主要变电所的双母线或分段单母线快速有选择地切除故障。

母线的专用保护应该具有足够的灵敏性和工作可靠性。

对中性点直接接地电网,母线保护采用三相式接线,以反映相间短路和单相接地短路;对于中性点非直接接地电网,母线保护采用两相式接线,只需反映相间短路。

【任务实施】

（1）分组搜集发电厂或变电所母线故障案例,分析故障原因及故障后果。

（2）各小组成员之间、各小组之间互相检查,发现问题,提出意见。

（3）老师检查各小组及个人完成的任务,提出问题,给出成绩。

【课堂训练与测评】

简述母线的故障类型、保护方式。

【拓展提高】

母线的保护配置方法。

■ 任务二　母线电流差动保护

码 6-5　音频-
母线电流差动保护

母线保护按照其实现原理可分为电流差动原理、电流相位比较原理以及母联电流相位比较原理等。另外,按照差动电流回路的电阻大小,可分为低阻抗型、中阻抗型和高阻抗型母线差动保护。

【任务分析】

（1）理解母线电流差动保护基本原理。

（2）母线电流差动保护的测试。

【知识链接】

母线电流差动保护原理简单可靠,应用最广。该保护的原理按其保护范围可分为母线完全电流差动保护和不完全电流差动母线保护两种。

母线上一般连接着较多的电气元件(如线路、变压器、发电机、电抗器等),由于连接元件多,就不能像发电机的差动保护那样,只用简单的接线加以实现。但不管母线上元件有多少,实现差动保护的基本原则仍是适用的。即:

（1）在正常运行以及母线范围以外故障时,在母线上所有连接元件中,流入的电流和流出的电流相等,或表示为 $\sum I = 0$。

（2）当母线上发生故障时,所有元件都向故障点供给短路电流或流出残余负荷电流,按照基尔霍夫电流定律,所有电流的总和应等于故障点的短路电流,即 $\sum I = I_k$（短路点的总电流）。

一、母线完全电流差动保护

码 6-6　微课-
单母线完全
电流差动保护

码 6-7　动画-
母线完全
电流差动保护

母线完全电流差动保护是指连接在母线上的全部元件都接入差动保护回路。在母线的所有连接元件上装设具有相同变比和相同特性的电流互感器,因为在一次侧电流总和为零时,母线保护用电流互感器必须具有相同的变比 K_{TA},才能保证二次侧的电流总和也为零。所有互感器的二次线圈在母线侧的端子互相连接,另一侧的端子也互相连接,然后接入差动继电器。这样,继电器中的电流即为各个二次电流的相量和。

　　母线完全电流差动保护常用作单母线或只有一组母线经常运行的双母线的保护。母线完全电流差动保护是将母线上所有连接元件的电流互感器按同名相、同极性连接到差动回路,电流互感器的特性和变比均应相同。

　　母线完全电流差动保护按差动原理构成,其原理接线如图 6-3 所示。图 6-3 中,和母线连接的所有元件上,都装设变比和特性均相同的电流互感器(若变比不能一致,可采用补偿变流器,以降流方式进行补偿)。电流互感器的二次绕组,在母线侧的端子(与母线一次侧端子相对应)互相连接。差动继电器的绕组和电流互感器的二次绕组并联。各电流互感器之间的一次电气设备,即为母线差动保护的保护区。

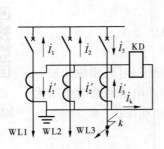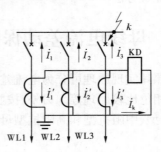

(a)外部故障时的电流分布　　　　　(b)内部故障时的电流分布

图 6-3　母线完全电流差动保护原理接线图

　　正常运行和外部故障时,如图 6-3(a)图中 k 点短路,在母线的所有连接元件中,流入母线的电流等于流出母线的电流,即

$$\dot{I}_k = \dot{I}_1 + \dot{I}_2 - \dot{I}_3 = 0$$

流入差动继电器的只是不平衡电流。

　　内部故障时,如图 6-3(b)图中 k 点短路,所有带电源的连接元件都会向短路点供给短路电流,这时流入继电器的电流即故障点的全部短路电流。

$$\dot{I}_k = \dot{I}_1 + \dot{I}_2 + \dot{I}_3$$

　　因此,母线完全电流差动保护不反映负荷电流和外部短路电流,只反应各电流互感器之间的电气设备故障时的短路电流,故该保护不必和其他保护作时限上的配合,因而可瞬时动作。

　　差动继电器的动作电流按以下两个条件考虑。

(一)按躲过外部故障时的最大不平衡电流整定

　　当母线所有连接元件的电流互感器都满足 10% 误差曲线的要求,且差动继电器具有速饱和铁芯时,差动继电器的动作电流可按下式计算:

$$I_{op.r} = K_{rel} \times 0.1 I_{k.max}/K_{TA} \tag{6-1}$$

式中　K_{rel}——可靠系数,取 1.3;

　　　$I_{k.max}$——保护范围外部故障时,流过母线完全电流差动保护用电流互感器中的最大短路电流;

码 6-8　音频-
母线完全电流差动
保护动作电流的整定

K_{TA}——母线保护用电流互感器的变比。

（二）按躲过电流互感器二次回路断线整定

由于母线差动保护电流回路中连接的元件较多,接线复杂,因此电流互感器二次回路断线的概率就比较大,为了防止在正常运行情况下,任一电流互感器二次回路断线时,引起保护装置误动作,启动电流应大于任一连接元件中最大的负荷电流 $I_{L.\max}$。

差动继电器的动作电流应大于流经最大负荷电流的连接元件的二次电流（考虑此时电流互感器二次回路断线）

$$I_{op.r} = K_{rel}I_{L.\max}/K_{TA} \tag{6-2}$$

当保护范围内部故障时,保护装置的灵敏系数校验如下式:

$$K_{s.\min} = \frac{I_{k.\min}^{(2)}}{I_{op.r}K_{TA}} \geqslant 2 \tag{6-3}$$

式中 $I_{k.\min}$ 应采用实际运行中可能出现的连接元件最少时,在最小运行方式下,母线上发生故障的最小短路电流值。母线保护范围内部短路时,要求保护元件的最小灵敏系数应大于2。

实现母线完全电流差动保护,必须在母线的全部连接元件上装设同样变比的电流互感器,这对于引出线很多的发电机电压母线来说是不宜采用的,其经济性差,接线也太复杂。这种保护方式一般适用于单母线或双母线经常只有一组母线运行的情况。也就是说,只适合于单母线方式。

二、母线不完全电流差动保护

母线不完全电流差动保护是在当母线所连接的元件较多,且每一元件的功率相差较大时,为了减少投资,仅将连接于母线上的有电源元件上的电流互感器接入差动回路,对无电源元件上的电流互感器,不接入差动回路,以免在母线和无电源元件上发生故障时动作。一般不接入差动回路的无电源元件是电抗器或变压器。通常用作发电厂或大容量变电站6~10 kV 母线保护。

码6-9　动画-
母线不完全
电流差动保护

三、母线电流差动保护的特点

母线电流差动保护接于差动回路的电流继电器阻抗很小,在内部短路时,电流互感器的负荷小,二次电压低,因而饱和度低,误差小。这种母线差动保护都是低阻抗型,所以也称为低阻抗型母线差动保护。在母线发生外部短路时,一般情况下,非故障支路电流不大,他们的 TA 不易饱和,但故障支路电流集各电源支路电流之和,非常大,使其 TA 高度饱和,相应励磁阻抗很小。这时虽然一次侧电流很大,但其几乎全部流入励磁支路,其二次电流近似为零。这时电流继电器将流过很大不平衡电流,使电流母线保护误动作。

为避免上述情况母线保护误动作,可采取母线的电压差保护。在各元件电流互感器变比相等的环流法接线的差动回路中,用高阻抗（2.5~7.5 kΩ）电压继电器作为执行元件,构成母线电压差保护,也称为高阻抗母线差动保护。其原理接线图如图 6-4 所示。

（1）当母线内部发生故障时,各元件的 TA 一次侧电流接近于同相位流向母线,TA 的

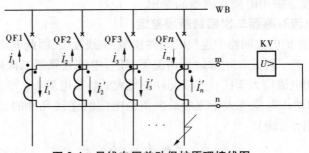

图 6-4　母线电压差动保护原理接线图

二次侧电流也接近于同相位流向高阻抗电压继电器 KV,在 KV 端产生高电压,使 KV 动作。

　　(2)在正常运行或外部故障时,由于流入母线和流出母线电流相等,理论上电压继电器端电压为零。实际上由于 TA 的励磁特性差别和非线性,继电器 KV 端有不平衡电压。

【任务准备】

　　(1)学生接受任务,熟悉单母线完全电流差动保护电路中的相关参数。

　　(2)学习单母线完全电流差动保护动作电流整定方法。

　　(3)准备相关工器具及试验设备。

【任务实施】

　　(1)学生分小组完成母线完全电流差动保护动作电流整定计算。

　　(2)学生分小组进行单母线完全电流差动保护试验。

【课堂训练与测评】

　　简述母线完全电流差动保护的原理及整定方法。

■ 任务三　电流比相式母线保护

码 6-10　微课-　　　码 6-11　动画-
电流比相式　　　　　母线保护范围
母线保护

　　电流比相式母线保护是根据母线在内部故障和外部故障时,各支路所连元件电流相位的变化来实现的。母线故障时,所有和电源连接的元件都向故障点供应短路电流,在理想条件下,所有供电元件的电流相位相同;而在正常运行或外部故障时,至少有一个元件的电流相位和其余元件的电流相位相反,也就是说,流入电流和流出电流的相位相反。因此,我们利用这一原理可以构成比相式母线保护。

　　图 6-5(a)示出了正常运行或外部故障时的电流分布。此时,流进母线的电流 $\dot{I}_1$ 和流出母线的电流 $\dot{I}_2$ 大小相等,相位相差 180°;而在内部故障时,电流 $\dot{I}_1$ 和 $\dot{I}_2$ 都流向母线,如图 6-5(b)所示,在理想情况下,两电流相位相同。

　　电流 $\dot{I}_1$ 和 $\dot{I}_2$ 经过电流互感器的变换,二次电流 $\dot{I}_1'$ 和 $\dot{I}_2'$ 输入中间电流变换器 UA1 和 UA2 的一次绕组。中间变流器的二次电流在其负载电阻上的电压降落造成其二次电压,

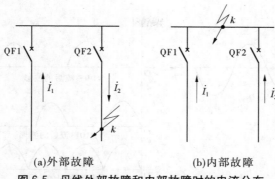

(a)外部故障　　　　　　　　　(b)内部故障

图 6-5　母线外部故障和内部故障时的电流分布

如图 6-6 所示。中间电流变换器 UA1 和 UA2 的二次输出电压分为两组,分别经二极管 VD9、VD10、VD11、VD12 半波整流,接至小母线 1、2、3 上。小母线输出再接至相位比较元件。下面就其在不同情况下的工作来进行分析。

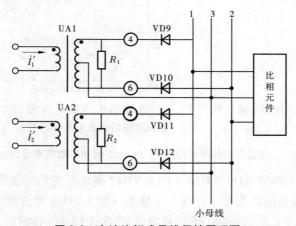

图 6-6　电流比相式母线保护原理图

(一)正常运行和外部故障情况

此时电流 i_1' 和 i_2' 相位相差 $180°$,电流 i_1' 和 i_2' 的波形如图 6-7(a)所示。当为负半周时,UA1 二次侧④端为 -,⑥端为 +,因此二极管 VD9 导通;而当为正半周时,④端为 +,⑥端为 -,因此二极管 VD10 导通。VD9、VD10 半波整流后的波形如图 6-7(b)所示。同理,当为负半周时,VD11 导通;为正半周时,VD12 导通。VD11、VD12 半波整流后的波形也示于图 6-7(b)中。由于二极管 VD9、VD11 的正极接于小母线 1 上,二极管的负极各经 UA1、UA2 的二次绕组接于小母线 3 上,因此经 VD9、VD11 半波整流后的波形在小母线 1 上叠加,如图 6-7(b)所示。同理 VD10、VD12 半波整流后的波形在小母线 2 上叠加,小母线 2 的波形也示于图 6-7(b)。由于此时小母线 1、2 上呈现连续的负电位,因此比相元件没有输出,保护不会动作于跳闸。

(二)母线内部故障时情况

此时电流 i_1 和 i_2 相位相同,i_1' 和 i_2' 的波形如图 6-8(a)所示。i_1' 和 i_2' 为负半周时,

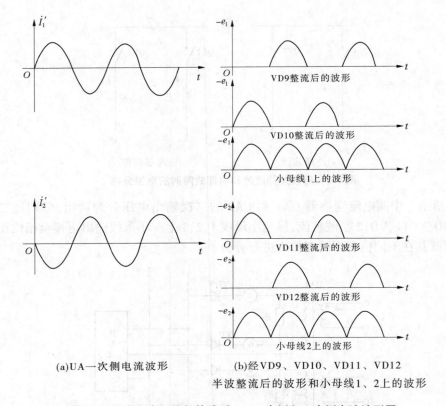

(a)UA一次侧电流波形

(b)经VD9、VD10、VD11、VD12
半波整流后的波形和小母线1、2上的波形

图 6-7 母线正常和外部故障时 UA 一次侧和二次侧电流波形图

VD10、VD12 导通。二极管 VD9、VD10、VD11、VD12 半波整流后的波形如图 6-8(b)所示。VD9、VD11 半波整流后的波形在小母线 1 上叠加;VD10、VD12 半波整流后的波形在小母线 2 上叠加。小母线 1、2 上呈现相间的断续负电位,一次比相元件有输出,保护动作于跳闸。

由上述分析可知,比相式母线保护能在母线内部故障时正确动作于跳闸;而在正常运行或外部故障时可靠不动作。

采用电流比相式母线保护的优点如下:

(1)保护装置的工作原理是基于相位的比较,而与幅值无关。因此,无须考虑不平衡电流的问题,这就提高了保护的灵敏性。

(2)由于这种母线保护的工作原理是基于电流相位比较,因而对电流互感器的变比和型号没有严格要求。当母线连接元件的电流互感器型号不同或变比不一致时,并不妨碍该保护动作的使用,这就极大地放宽了母线保护的使用条件。

采用电流比相式母线保护的缺点如下:

(1)比较相位是基于稳态原理,要求 TA 二次电流波形应基本保持为正弦(要等短路信号稳定为正弦才能准确判别),再考虑到 TA 有一定的角误差,因此该原理保护的动作相对较慢。

(2)当 TA 严重饱和时,二次回路电流变得很小,再加上二次回路中自由性直流分量的影响可能使二次电流的极性发生改变而导致保护误判。

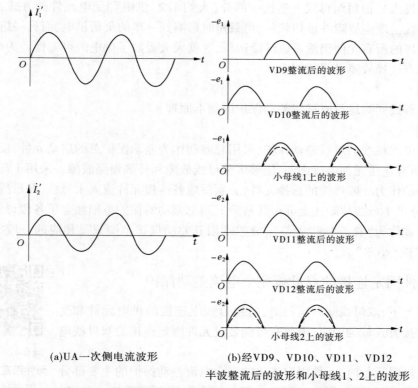

(a)UA一次侧电流波形

(b)经VD9、VD10、VD11、VD12
半波整流后的波形和小母线1、2上的波形

图6-8 母线内部故障时 UA 一次侧和二次侧的波形图

因此,现代电力系统已不再采用电流比相式母线保护。

【任务准备】

(1)学生接受任务,学习相关知识,查阅相关资料。

(2)工器具及备品备件、材料准备。

【任务实施】

(1)各小组完成单母线电流比相式母线差动保护接线与试验。

(2)各小组成员之间、各小组之间互相检查,发现问题,提出意见。

(3)老师检查各小组及个人完成的任务,提出问题,给出成绩。

【课堂训练与测评】

简述电流比相式母线差动保护的原理及整定方法。

■ 任务四 双母线同时运行时的母线差动保护

双母线是发电厂和变电所中广泛采用的一种接线方式。对于双母线经常以一组母线运行的方式,在母线上发生故障后,将造成全部停电,需把所连接的元件倒换至另一组母线上才能恢复供电,这是一个很大的缺点。

所以,在发电厂以及重要变电所的高压母线上,一般采用双母线同时运行(母线联络

断路器经常投入),而每组母线上连接一部分(大约1/2)供电和受电元件的方式。这样,当任一组母线上发生故障并被切除后,可只短时影响到一半的负荷供电,而另一组非故障母线及其连接的所有元件仍然可以继续运行,这就大大提高了供电的可靠性。为此,要求母线保护具有选择故障母线的能力。

【任务分析】

掌握双母线同时运行时母线差动保护的基本原理。

【知识链接】

对于双母线接线的母线差动保护,采用总差动作为差动保护总的启动元件,反应流入Ⅰ、Ⅱ母线所有连接元件电流之和,能够区分母线故障和外部短路故障。采用Ⅰ母分差动和Ⅱ母分差动作为故障母线的选择元件,分别反应各连接元件流入Ⅰ母线、Ⅱ母线电流之和,从而区分出Ⅰ母线故障还是Ⅱ母线故障。因总差动的保护范围涵盖了各段母线,因此总差动也常被称为"总差"或"大差";分差动因其差动保护范围只是相应的一段母线,常称为"分差"或"小差"。

一、元件固定连接的双母线完全电流差动保护

一般情况下,双母线同时运行时,每组母线上连接的供电元件和受电元件的连接方式较为固定,因此有可能装设元件固定连接的双母线电流差动保护。

码6-12　微课-元件固定连接的双母线完全电流差动保护

双母线同时运行时,元件固定连接的完全电流差动保护的主要部分由三组差动保护组成,如图6-9所示。第一组由电流互感器TA1、TA2、TA6和差动继电器KD1(Ⅰ母分差动)组成,1KD反应母线Ⅰ上所有元件电流之和,用以选择第Ⅰ组母线上的故障。差动继电器KD1动作时切除母线Ⅰ上的全部连接元件。第二组由TA3、TA4、TA5和差动继电器KD2(Ⅱ母分差动)组成,KD2反应母线Ⅱ上所有连接元件电流之和,用以选择第Ⅱ组母线上的故障。差动继电器2KD动作时切除母线Ⅱ上的全部连接元件。

第三组实际是由电流互感器TA1、TA2、TA3、TA4和差动继电器KD3组成的一个完全差动电流保护(总差动)。当任一组母线发生故障时,它都启动,而在外部故障时,它却不动作,在正常运行方式下,它作为整个保护的启动元件,当固定接线方式破坏且保护范围外部故障时,可防止保护的非选择性误动作。差动继电器KD3动作时直接作用母联断路器跳闸并供给选择元件正电源。

正常运行和母线差动保护范围外部故障时的电流分布,如图6-10所示。这时由于一次侧各连接元件中流入母线的电流等于流出母线的电流,故接于二次侧的三组差动继电器在理想情况下没有电流流过(实际上由于各电流互感器存在误差,会流过不大的不平衡电流),此时启动元件和选择元件都不会动作。

母线保护范围内部故障时,电流分布如图6-11所示。图中示出第Ⅰ组母线 k 点故障的情况。此时启动元件KD3和选择元件KD1中流过全部故障电流,而选择元件KD2中不流过故障电流,故KD1、KD3动作,KD2不动作。

由图6-9(b)可知,KD3动作后启动中间继电器KM3,使母联断路器QF5跳闸,KD3

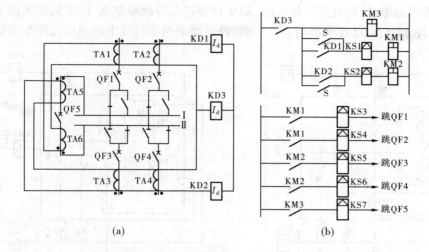

(a)   (b)

图 6-9   元件固定连接的双母线完全电流差动保护单相原理接线图

接通选择元件所在的正电源,待 KD1 动作后启动中间继电器 KM1,使第Ⅰ组母线的全部连接元件 QF1、QF2 跳闸。非故障母线Ⅱ由于其选择元件 KD2 没有动作,故仍继续运行。同理,第Ⅱ组母线故障时也只切除故障母线Ⅱ上的连接元件,而非故障母线Ⅰ上的连接元件仍继续运行。

码 6-13   图片-
大差和小差
保护范围

固定连接方式破坏时,由于差动保护的二次回路不能随着一次元件进行切换,故流过差动继电器 KD1、KD2、KD3 的电流将随着变化。图 6-12 所示为出线路 2 自母线Ⅰ经倒闸操作切换到母线Ⅱ后发生外部故障时的电流分布。

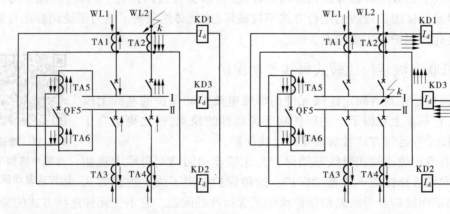

图 6-10   元件固定连接的母线差动保护范围   图 6-11   内部故障时电流分布
　　　　　外部故障时的电流分布

由图 6-12 可知,此时选择元件 KD1、KD2 中都有电流流过,因此 KD1、KD2 都可能动作。但启动元件 KD3 中没有故障电流流过,不动作,故可以防止外部故障时保护误动作。

固定连接破坏后,保护范围内部故障时电流分布如图 6-13 所示。此时启动元件 KD3

中流过全部短路电流,而选择元件 KD1、KD2 仅流过部分故障电流,因此启动元件 KD3 动作,选择元件 KD1、KD2 也会同时动作,无选择性地把两组母线上的连接元件全部切除。

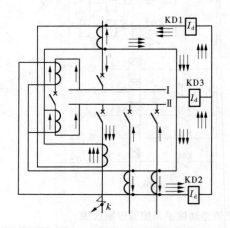 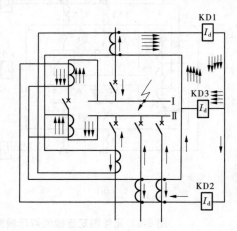

图 6-12　固定连接破坏后外部故障时电流分布　　　图 6-13　固定连接破坏后内部故障时电流分布

　　为了避免流过 KD1、KD2 的电流过小,以致选择元件不能可靠动作而使故障母线上的连接元件不能切除,特在固定连接方式破坏时投入刀闸开关 S,把选择元件 KD1、KD2 的触点短接,如图 6-9(b)所示。这样启动元件 KD3 动作时就能将两组母线上的连接元件无选择性地切除。

　　综上所述,当母线按照固定连接方式运行时,完全差动电流保护装置可以保证有选择性地只切除发生故障的一组母线,而另一组母线可继续运行;但是当固定接线方式破坏时,任一母线上的故障都将导致切除两组母线,即保护失去选择性。因此,从保护的角度看,希望尽量保证固定接线的运行方式不被破坏,这就必然限制了电力系统调度运行地灵活性,这是此种保护的主要缺点。

二、母联电流相位比较式母线差动保护

　　这种保护是在具有固定连接元件的母线电流差动保护的基础上改进的成果,它基本上克服了上述保护缺乏灵活性的缺点,使之更适合于作母线连接元件运行方式常常改变的母线保护。

码 6-14　微课-母联电流相位比较式差动保护

　　母联电流相位比较式母线差动保护是比较差动回路与母联电流相位关系而取得选择性的一种差动保护。这种保护解决了固定连接方式破坏时,固定连接的全母线差动保护动作无选择性的问题。它不受元件连接方式的影响。

　　保护的工作原理是基于比较母联断路器回路中电流相位和母线完全电流总差动回路中电流相位来选择故障母线的。

　　在一定运行方式下,无论哪一组母线短路,流过差动回路的电流相位恒定,而流过母联回路的电流,在Ⅰ母线上短路时,与在Ⅱ母线上短路时的相位有 180° 变化。若以电流从Ⅱ母线流向Ⅰ母线为母联回路电流的正方向,则Ⅰ母线短路时,母联回路电流与差动回路电流同相,Ⅱ母线短路时,母联回路电流与差动回路电流相位差 180°。因此,可以通过

比较这两个电流的相位来选择故障母线。无论母线运行方式如何改变,只要每组母线上有一个电源支路,母线短路时,有短路电流通过母联回路,保护都不会失去选择性。该保护装置的原理接线图如图 6-14 所示。

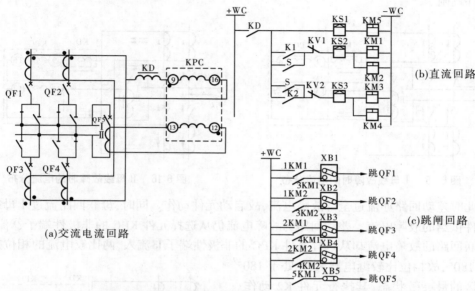

图 6-14 母联电流相位比较式母线差动保护原理接线图

图 6-14 中保护的主要部分由启动元件和选择元件组成。启动元件是一个接在差动回路的差动继电器 KD,它在母线保护范围内部故障时动作,而在母线保护范围外部故障时不动作。用它可以防止外部故障时保护误动作。选择元件 KPC 是一个电流相位比较继电器,它的两组绕组⑨-⑯和⑫-⑬分别接入差动电流和母联断路器的电流。它比较两电流的相位而动作。实际上它是一个最大灵敏角为 0°和 180°的双方向继电器。不同的母线故障时,反应母线总故障电流的差动回路的电流电相位是不变的,而母联断路器上电流的相位却随故障母线的不同而变化 180°,因此比较母联断路器电流和差动回路电流相位,可以选择出故障母线。

下面分别分析Ⅰ、Ⅱ母线故障和外部故障时的电流分布。

图 6-15 表示Ⅰ母线故障时的电流分布。此时差动回路流过全部故障电流,故启动元件 KD 动作。它一方面经信号继电器 KS1 启动母线联络断路器的跳闸继电器 KM5,另外为启动跳闸继电器 KM1~KM4 准备好正电源。同时,母联回路的故障电流分别从选择元件 KPC 的极性端子⑨和⑫流入,两个进行比较的电流的相位差接近于 0°,故相位比较继电器 KPC 处于 0°动作区的最灵敏状态,其执行元件 K1 动作,K1 的触点经电压闭锁继电器的触点 KV1 和信号继电器 KS2 去启动Ⅰ母线连接元件的跳闸继电器 KM1 和 KM2,使Ⅰ母线上所有连接元件跳闸。

图 6-16 表示Ⅱ母线故障时的电流分布。此时差动回路亦流过全部故障电流,故启动元件动作。同时,母联回路流过Ⅰ母线连接元件供给的故障电流。差动回路的故障电流仍从选择元件 KPC 的非极性端子⑨流入,但母联回路的故障电流却从选择元件 KPC 的

非极性端子13流入,两比较电流的相位差接近于180°,故相位比较继电器 KPC 处于 180°动作区的最灵敏状态,其执行元件 K2 动作。K2 触点经电压闭锁继电器的触点 KV2 和信号继电器 KS3 去启动 Ⅱ 母线上连接元件的跳闸继电器 KM3 和 KM4,使 Ⅱ 母线上所有连接元件跳闸。

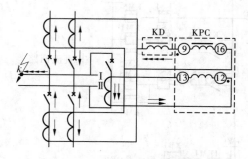

图 6-15　Ⅰ 母线故障时的电流分布

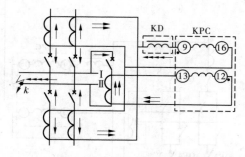

图 6-16　Ⅱ 母线故障时的电流分布

　　此时差动回路亦流过全部故障电流,故启动元件动作。同时,母联回路流过 Ⅰ 母线连接元件供给的故障电流。差动回路的故障电流仍从选择元件 KPC 的非极性端子⑨流入,但母联回路的故障电流却从选择元件 KPC 的非极性端子⑬流入,两比较电流的相位差接近于180°,故相位比较继电器 KPC 处于 180°动作区的最灵敏状态,其执行元件 K2 动作。K2 触点经电压闭锁继电器的触点 KV2 和信号继电器 KS3 去启动 Ⅱ 母线上连接元件的跳闸继电器 KM3 和 KM4,使 Ⅱ 母线上所有连接元件跳闸。

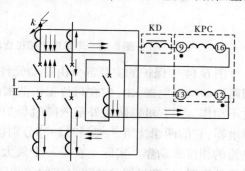

图 6-17　母线保护区外部故障时的电流分布

　　母线保护区外部故障时的电流分布如图 6-17 所示,此时差动电流回路仅流过很小的不平衡电流,故启动元件不会动作,整套母线保护不会动作。

　　由上可见,对母线联络断路器上电流与差动回路电流相位比较,可以选择出故障母线。基于这种原理,当母线故障时,不管母线上的元件如何连接,只要母线联络断路器中有足够大的电流通过,选择元件就能正确动作。因此,对母线上的元件不必提出固定连接的要求。母线上连接元件进行倒闸操作时,只需将图 6-14(c)中的连接片切换至相应母线的跳闸继电器触点回路即可。例如,当断路器 QF1 由 Ⅰ 母线切换至 Ⅱ 母线时,只需将连接片 XB1 从 1KM1 触点侧切换至 3KM1 触点侧即可。

　　由于本保护的动作原理是基于母联电流与差电流相位的比较,因此正常运行时,母联断路器必须投入运行。当母联断路器因故断开或单母线运行时,为了使整套母线保护仍能动作,可以将图 6-14(b)中的刀闸开关 S 投入,以短接选择元件 K1 和 K2 的触点,解除K1 和 K2 的作用。在这种情况下,可利用电压闭锁元件作为选择元件,以选出发生故障的母线。低电压闭锁元件为两组低电压继电器,如图 6-14(b)中的 KV1 和 KV2 分别为它们的触点,其绕组分别接到两组母线的电压互感器的二次侧线电压上,以反应相应母线上的故障,当母联断开运行时,如某一组母线发生故障,该组母线电压就会降低,而没有故障的另一组母线的电压则较高,因此利用低电压继电器可以选出故障母线。

母联电流相位比较式母线差动保护优点:

当母线上故障时,不管母线上的连接元件如何连接,只要母联中有电流流过,则选择元件就能够正确工作,因此对母线上的元件就无须提出固定连接的要求。

母联电流相位比较式母线差动保护缺点:

(1)正常运行时母联断路器必须投入运行。

(2)当母线故障,母线保护动作时,如果母联断路器拒动,将造成由非故障母线的连接元件通过母联供给短路电流,使故障不能切除。

(3)当母联断路器和母联电流互感器之间发生故障时,将会切除故障母线,而故障母线反不能切除。

(4)两组母线相继发生故障时,只能切除先发生故障的母线,后发生故障的母线因这时母联断路器已跳闸,选择元件无法进行相位比较而不能动作,因而不能切除。

【任务准备】

(1)学生接受任务,学习相关知识,查阅相关资料。

(2)工器具及备品备件、材料准备。

【任务实施】

(1)各小组完成双母线电流差动保护接线与试验。

(2)各小组成员之间、各小组之间互相检查,发现问题,提出意见。

(3)老师检查各小组及个人完成的任务,提出问题,给出成绩。

【课堂训练与测评】

元件固定连接的双母线电流差动保护,当元件固定连接破坏后,母线保护如何动作?

■ 任务五　微机母线差动保护

鉴于微机母线差动保护强大的计算分析能力,可实现电流互感器饱和的识别及保护的可靠闭锁,因此目前微机母线差动保护在我国电力系统中应用很广。

微机母线差动保护主要采用完全电流差动保护原理,将母线上所有单元(包括母联或分段)的三相电流通过各自的模拟量输入通道、数据采集变换,形成相应的数字量,按各相别实现分相式微机母线差动保护。

一、比率制动原理的母线差动保护

码 6-15　视频-
比率制动原理的
母线差动保护

码 6-16　音频-
比率制动原理的
母线差动保护

码 6-17　音频-
微机母线保护的
主要特点

比率制动原理的母线差动保护,由于制动电流的存在,可以克服区外故障时电流互感器饱和等因素引起的不平衡电流,同时又能可靠保证母线内部故障时的灵敏度,在高压电网中得到广泛的应用。普通比率制动特性的电流差动保护中,决定母线是否动作的电流量分别为动作电流和制动电流。动作电流取母线上所有连接元件电流的相量和的绝对值,制动电流取母线上所有连接元件电流的绝对值之和。即

动作电流　　　　　　　　$I_{\mathrm{d}} = \left| \sum\limits_{i=1}^{n} \dot{I}_i \right|$

制动电流　　　　　　　　$I_{\mathrm{res}} = \sum\limits_{i=1}^{n} \left| \dot{I}_i \right|$

式中　$\dot{I}_i$——各元件电流二次值(相量);

　　　n——出线回路数。

在母线正常运行和外部故障情况下,$I_{\mathrm{d}} \leqslant I_{\mathrm{res}}$。

母线差动保护动作判据如下

$$\begin{cases} I_{\mathrm{d}} > I_{\mathrm{op.min}} \\ I_{\mathrm{d}} - K_{\mathrm{res}} I_{\mathrm{res}} > 0 \end{cases}$$

式中 K_{res} 为比率制动系数,应按能够躲过外部故障产生的最大不平衡电流来整定,且应该保证内部故障时有足够的灵敏度,通常取值为 0.3~0.7。

$I_{\mathrm{op.min}}$ 为差动保护的最小动作电流,应该躲过正常情况下的不平衡电流,以及电流互感器二次侧断线引起的差电流,一般可取$(0.4 \sim 0.5)I_{\mathrm{L.max}}$,$I_{\mathrm{L.max}}$ 是支路上的最大负荷电流。其动作特性如图 6-18 所示。

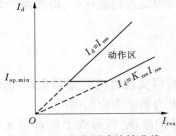

码 6-18　动画-
母线差动保护的
比率制动特性

图 6-18　比率制动特性曲线

当任一相的差动判据满足时,即位于图 6-18 中动作区内,母线差动保护可动作于出口跳闸。

二、微机母线差动保护动作电流取得方式

对于单母线,微机母线差动保护动作电流取得方式如图 6-19 所示,考虑范围是连接于母线上的所有元件电流。微机母线差动保护要求各支路的电流互感器变比相同、极性一致。若变化不一致,微机母线差动保护可在差动判据中将各支路电流乘以各自相应的平衡系数,使所有支路的传变比相同。

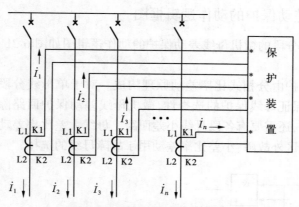

图 6-19 微机母线差动保护接线图

对于双母线的差动保护,采用总差动作为差动保护的启动元件,反映流入Ⅰ、Ⅱ母线所有连接元件电流之和,能够区分母线短路故障和外部短路故障。在此基础上,采用Ⅰ母分差动作和Ⅱ母分差动作为故障母线的选择元件,分别反映各连接元件流入Ⅰ母线电流、Ⅱ母线电流之和,从而区分出Ⅰ母线故障还是Ⅱ母线故障。

如图 6-20 所示的双母接线图中,以 $\dot{I}_1$、$\dot{I}_2$、$\cdots$、$\dot{I}_n$ 代表连接于母线的各出线二次电流,以 $\dot{I}_c$ 代表流过母联断路器二次电流(设极性朝向Ⅱ母),以 S11、S12、$\cdots$、S1n 表示各出线与Ⅰ母所连隔离开关位置,以 S21、S22、$\cdots$、S2n 表示各出线与Ⅱ母所连隔离开关位置,以 Sc 代表母联断路器两侧隔离开关位置,"0"代表分,"1"代表合。

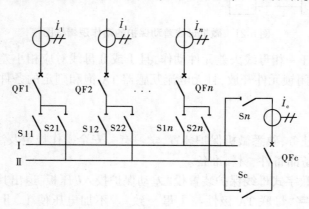

图 6-20 双母接线

则差动电流可表示为

大差动电流: $$I_d = |\dot{I}_1 + \dot{I}_2 + \cdots + \dot{I}_n|$$

Ⅰ母小差动电流: $$I_{d.1} = |\dot{I}_1 S11 + \dot{I}_2 S12 + \cdots + \dot{I}_n S1n - \dot{I}_c Sc|$$

Ⅱ母小差动电流: $$I_{d.\text{Ⅱ}} = |\dot{I}_1 S21 + \dot{I}_2 S22 + \cdots + \dot{I}_n S2n + \dot{I}_c Sc|$$

三、微机母线差动保护的动作逻辑框图

双母线或单母线分段的微机母线差动保护的动作逻辑图如图6-21所示。

微机母线差动保护由分相式比率差动原理构成。对于单母线分段或双母线的情况,为保证母线保护的选择性,微机母线差动保护回路除包括母线大差回路外,还需要有各段母线小差回路。母线大差比率差动用于判别母线区内和区外故障,小差比率差动用于故障母线的选择。

码6-19　动画-微机母线差动保护的动作逻辑

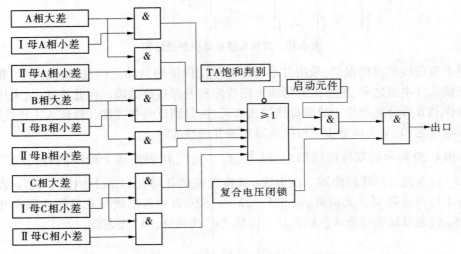

图6-21　微机母线差动保护的动作逻辑框图

图6-21中,当任一相母线大差元件动作,且Ⅰ或Ⅱ母线对应相小差元件动作,以及相应母线的复合电压闭锁元件开放,且无电流互感器TA饱和判定的条件下,母线差动保护动作于出口跳闸。

【任务准备】

(1)学生接受任务,熟悉微机保护装置,学习有关安全操作规定及注意事项。

(2)工器具及备品备件、材料准备。

(3)CSC-150数字式母线保护装置投"差动保护投入"压板,退出其他保护功能压板。设置系统定值控制字"母联TA极性与Ⅰ母一致"。不加电压使Ⅰ、Ⅱ母差动电压开放。差动保护实验按相进行。

【任务实施】

母线电流差动保护动作值测试。

实验接线:在这里用三路电流法,即继电保护试验仪输出A、B、C三相电流。A相电流接入母联支路A相,B相电流接入支路1A相,C相电流接入支路2A相。IA—1D1;IB—1D7;IC—1D113,IN—1D5,利用短路线将1D5、1D11、1D17短接。

任选Ⅰ母线上的一条支路通入A(B、C)电流,模拟母线区内故障,Ⅰ母线差动保护应瞬时动作,切除母联及Ⅰ母上的所有支路,Ⅱ母上所有支路不应跳闸,要求:所加电流在

0.95 倍定值时,差动保护应可靠不动作;在 1.05 倍定值时,差动保护应可靠动作。用相同方法检验Ⅱ母差动动作情况。差动动作信号灯应亮。

【课堂训练与测评】

简述母线完全电流差动保护的原理及整定方法。

■ 任务六　断路器失灵保护

断路器失灵保护是指当系统发生故障,继电保护装置已经向断路器发出跳闸命令,但断路器拒绝动作(产生断路器失灵的原因如断路器跳闸线圈断线、断路器的操动机构失灵等)时,它能够以较短时限,切除与拒动断路器连接在同一母线上得所有有电源支路的断路器,使停电范围限制到最小程度。

码 6-20　视频-
断路器失灵保护

码 6-21　动画-
断路器失灵保护

码 6-22　音频-
断路器失灵故障原因

【任务分析】

进行断路器失灵保护装置的检验。

【知识链接】

一、保护原理

从三段式保护配置来看,第Ⅲ段的后备作用中包括了断路器失灵的后备保护。但是,由于后备保护的动作时间较长,容易引起系统失稳。为此,对于重要的 220 kV 及以上电网,可配置专门的失灵保护。

实际上,失灵保护也是一种后备保护。

下面以图 6-22 所示线路为例来说明保护工作原理。

当出线 1 发生短路时,出线 1 的保护发出跳闸命令,由 QF1 断开,切除故障。此时,若 QF1 拒动(失灵),那么,就由失灵保护发出命令,断开与 QF1 所连接母线上的所有断路器,如图为 QF1、QF2、QF3 、QF6。图示的母线Ⅱ可继续供电。

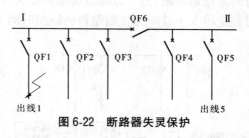
图 6-22　断路器失灵保护

二、动作条件

(1)跳闸脉冲已经发出。

(2)断路器却没有跳开。

(3)经延时故障依然存在,可用电流或母线电压来确定。

三、断路器失灵保护的逻辑框图

断路器失灵保护的构成逻辑框图如图 6-23 所示。当 K 处发生故障时,QF5 的保护动作,若 QF5 拒动,而且母线电压下降,低电压元件($U<$)动作,则"与"门开放,延时 t 跳开 QF2、QF3 断路器切除故障。

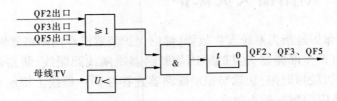

图 6-23　断路器失灵保护逻辑框图

各个元件的作用如下。

(1)启动元件:由该组母线上所有引出线(QF2、QF3、QF5)的保护装置出口继电器构成。其作用是在发生断路器失灵时启动断路器失灵保护。

(2)低电压元件 $U<$:辅助判别元件,其作用是判断故障是否已消除,防止启动失灵保护。

(3)延时元件 t:鉴别是短路故障还是断路器失灵。其时间大于断路器工作时间,通常取 $t=0.3\sim0.5$ s。

断路器失灵保护通常在断路器确有可能拒动的 220 kV 及以上的电网(以及个别重要的 110 kV 电网)中装设。

四、断路器失灵保护的原理接线图

单母线分段接线的断路器失灵保护的原理接线图如图 6-24 所示。图中 KM1、KM2 为连接在单母线分段 I 段上的元件保护的出口继电器。这些继电器动作时,一方面使本身的断路器跳闸,另一方面启动断路器失灵保护的公用时间继电器 KT。时间继电器的延时整定得大于故障元件断路器的跳闸时间与保护装置返回时间之和。

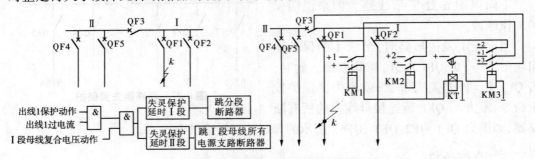

图 6-24　断路器失灵保护的原理接线图

因此,断路器失灵保护在故障元件保护正常跳闸时不会动作,而是在故障切除后自动返回。只有在故障元件的断路器拒动时,才由时间继电器 KT 启动出口继电器 KM3,使接在Ⅰ段母线上所有带电源的断路器跳闸,从而代替故障处拒动的断路器切除故障(如图中 k 点故障),起到了断路器 QF1 拒动时后备保护的作用。

由于断路器失灵保护动作时要切除一段母线上所有连接元件的断路器,而且保护接线中是将所有断路器的操作回路连接在一起,因此保护的接线必须保证动作的可靠性,以免保护误动作造成严重事故。为此,要求同时具备下述两个条件时保护才能动作。

(1)故障元件保护的出口中间继电器动作后不返回。

(2)在故障元件的被保护范围内仍存在故障。当母线上连接的元件较多时,一般采用检查故障母线电压的方式以确定故障仍然没有切除;当连接元件较少或一套保护动作于几个断路器(如采用多角形接线时)以及采用单相合闸时,一般采用检查通过每个或每相断路器的故障电流的方式,作为判别断路器拒动且故障仍未消除之用。

【课程思政】

母线失灵保护案例分析:某 220 kV 变电站采用双母接线,配置某公司的 BP-2CS 型母差保护。母线失灵保护动作逻辑如图 6-25 所示。

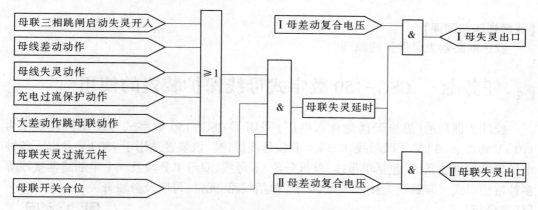

图 6-25　母线失灵保护动作逻辑

该站一条母线故障跳闸,母联失灵保护动作,另一条母线接连跳闸,造成该站全站停电。此次事故原因是整定计算人员将定值项"母联失灵延时"整定时间过短,整定时间只有 0.01 s(一般应为 0.2 s),导致一条母线故障,母联开关正在跳开过程中,而母差保护又根据此延时判断母联失灵,从而跳开另一条无故障母线。

从该事故案例中,我们可以看到一个小小的整定计算错误,引起的事故后果是全站大面积、大范围的停电,造成的损失和影响无法估量,我们应该从中汲取教训,以严谨、仔细的态度对待继电保护工作中的每一项小事。

【任务准备】

(1)学生接受任务,学习相关知识,查阅相关资料。

(2)CSC-150 数字式母线保护装置投"断路器失灵保护投入"压板,并设置控制字选择失灵保护模式。

【任务实施】

断路器失灵保护的检验。

1. 自带电流模式

在保证失灵保护电压闭锁条件开放的前提下,短接任一分相失灵启动触点,并在对应元件的对应相别中加入电流使之大于 $0.2I_n$,失灵保护启动后经跟跳延时再次动作于该断路器。延时确认仍没有跳开后,经跳母联延时动作于母联断路器,经失灵母线延时切除该元件所在母线上的其他连接元件。检验断路器失灵保护电流门槛的误差应在±5%以内。

2. 无电流模式

在保证失灵保护电压闭锁条件开放的前提下,短接各元件的失灵开入,断路器失灵保护启动后经跟跳延时再次动作于该断路器。延时确认仍没有跳开后,经跳母联延时动作于母联断路器,经失灵母线延时切除该元件所在母线上的其他连接元件。

3. 电压闭锁元件

在满足失灵电流元件动作的条件下,分别检验断路器失灵保护电压闭锁元件中相电压、负序和零序电压定值,误差应在±5%以内。相电压 = _____ ,负序电压 = _____ ,零序电压 = _____ 。

【课堂训练与测评】

叙述断路器失灵保护的原理。

■ 任务七　　CSC-150 数字式母线保护装置的使用

校外实训基地(恩施天楼地枕水电厂)采用了 CSC-150 数字式母线保护装置作为 110 kV 母线、6.3 kV Ⅰ 段母线、6.3 kV Ⅱ 段母线保护。该装置适用于 750 kV 及以下各种电压等级的母线系统,包括单母线、单母分段、双母线、双母单分段及一个半断路器接线等多种接线形式。装置最大接入单元 24 个(包括线路、元件、母联及分段开关)。

【任务分析】

掌握 CSC-150 数字式母线保护装置基本原理及调试。

【知识链接】

一、装置外观及特点

码 6-23　图片-
CSC-150 母线保护
装置及保护调试

装置外观见图 6-26。

具有完善的电压闭锁解决方案。比率制动式电流差动保护及断路器失灵保护,均具有复合电压闭锁功能。双母线运行方式在通过母联/分段断路器或非母联/分段支路刀闸双跨互联运行时,当某段母线 TV 出现异常,电压闭锁元件能自动切换到另一段母线 TV 上。

二、装置原理

(一)电流差动保护(主保护)

装置的主保护采用比率制动式电流差动保护原理,设有大差启动元件、小差选择元件和电压闭锁元件。大差启动元件和小差选择元件中有反映任意一相电流突变或电压突变

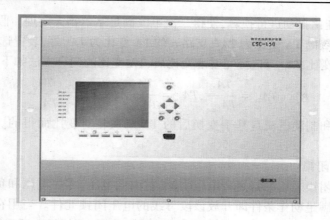

图 6-26　装置外观图

的启动量,它和差动动作判据一起在每个采样中断中实时进行判断,以确保内部故障时电流保护正确动作,在同时满足电压闭锁开放条件时跳开故障母线上所有断路器。其出口逻辑如图 6-27 所示。

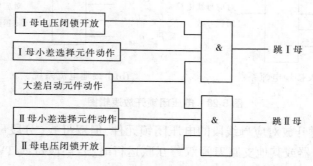

图 6-27　双母线方式的差动保护出口逻辑图

　　比率制动式电流差动保护基于电流采样值构建,采取持续多点满足动作条件才开放母线保护电流元件方式实现。下面的原理分析对于每一个采样时刻均成立,因此在部分公式中省去了采样时刻标识。装置的稳态判据采用常规比率制动原理。在正常工作或其保护范围外部故障时,所有流入及流出母线的电流之和为零(差动电流为零),而在内部故障情况下所有流入及流出母线的电流之和不再为零(差动电流不为零)。基于这种前提,差动保护可以正确地区分母线内部和外部故障。

　　比率制动式电流差动保护的基本判据为:

$$|i_1 + i_2 + \cdots + i_n| \geqslant I_0 \tag{6-4}$$

$$|i_1 + i_2 + \cdots + i_n| \geqslant K(|i_1| + |i_2| + \cdots + |i_n|) \tag{6-5}$$

式中　i_1、i_2、$\cdots$、i_n——支路电流;

　　　　K——制动系数;

　　　　I_0——差动电流门坎值。

(二)TA 变比的自动调整

　　母线保护因所连接的支路负载情况不同,所选 TA 也不尽相同。本装置根据用户整

定的一次 TA 变比自动进行换算,使得二次电流满足基尔霍夫定理。假设支路 1 的 TA 变比为 TA_1,支路 2 的 TA 变比为 TA_2,支路 n 的 TA 变比为 TA_n 等,装置选取最大变比或指定变比作为基准变比 TA_{base},选择完基准变比后,TA 变比的归算方法如下:

$$TA_{1r} = \frac{TA_1}{TA_{base}}, TA_{2r} = \frac{TA_2}{TA_{base}}, \cdots, TA_{nr} = \frac{TA_n}{TA_{base}} \tag{6-6}$$

差动电流和制动电流是基于变换后的 TA 二次相对变比而得的。TA_{1r}、TA_{2r}、$\cdots$、TA_{nr} 为折算系数。

(三)电压闭锁

装置电压闭锁采用的是复合电压闭锁,它由低电压、零序电压和负序电压判据组成,其中任一判据满足动作条件即开放该段母线的电压闭锁元件。当用在大接地系统时,低电压闭锁判据采用的是相电压。当用在小接地电流系统时,低电压闭锁判据采用线电压,并且取消零序电压判据。电压闭锁开放逻辑图如图 6-28。

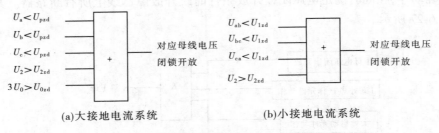

(a)大接地电流系统　　　　　　　(b)小接地电流系统

图 6-28　电压闭锁开放逻辑图

母线 TV 断线时开放对应母线段的电压闭锁元件,但双母线(分段母线)接线形式在通过母联/分段断路器或其他支路刀闸双跨互联运行时,若某段母线 TV 断线,电压闭锁元件自动切换使用正常母线段电压决定是否开放电压闭锁。

(四)TA 断线判别

装置的 TA 断线判别分为两段:告警段和闭锁段。告警段差动电流越限定值低于闭锁段差动电流越限定值,用户可以根据需要,通过设置控制字进行各段功能投退。告警段和闭锁段均经固定延时 10 s 发信号,在闭锁段投入时判断 TA 断线后按相按段闭锁装置,TA 断线消失后,自动解除闭锁。母联 TA 断线后,只告警不闭锁装置。TA 断线逻辑图如图 6-29 和图 6-30 所示。

(五)TV 断线判别

中性点直接接地系统(大接地电流系统)TV 断线判据为:

(1)三相 TV 断线:三相母线电压均小于 8 V 且运行于该母线上的支路电流不全为 0;

(2)单相或两相 TV 断线:自产 $3U_0$ 大于 7 V。

中性点不直接接地系统(小接地电流系统)TV 断线判据为:

(1)三相 TV 断线:三相母线电压均小于 8 V 且运行于该母线上的支路电流不全为 0;

(2)单相或两相 TV 断线:自产 $3U_0$ 大于 7 V 且线电压两两模值之差中有一者大于 18 V。

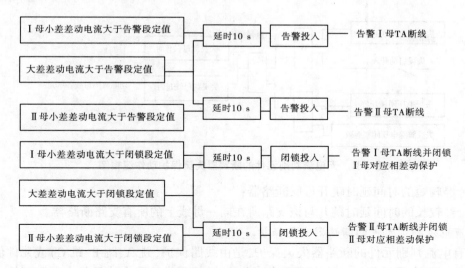

图 6-29 TA 断线逻辑图

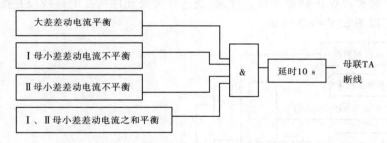

图 6-30 母联 TA 断线逻辑图

持续 10 s 满足以上判据确定母线 TV 断线，TV 断线后电压闭锁元件对电压回路自动进行切换，并发告警信号，但不闭锁保护。

（六）断路器失灵保护

装置在应用于 110 kV 及以上母线时，配置了两种启动方式的断路器失灵保护：

（1）无电流元件的断路器失灵保护，由外部失灵启动装置启动本装置失灵保护，本装置无电流元件，不进行电流判别。

（2）有电流元件的断路器失灵保护，由线路保护装置或元件保护装置跳闸接点启动本装置失灵保护，电流判别及失灵逻辑由本装置自身完成。用户可以根据需要通过设置控制字选择断路器失灵保护电流判别元件是否投入。

断路器失灵保护具有独立的复合电压闭锁元件，该元件在双母线运行方式母线互联运行，TV 异常时自动进行 TV 切换。此外，断路器失灵保护还具有失灵启动开入超时告警并闭锁失灵保护功能。

1. 无电流判别元件的断路器失灵保护

无电流元件的断路器失灵保护本身只完成选择失灵元件所在的母线段以及复合电压闭锁功能。断路器失灵保护检查有失灵启动开入且复合电压闭锁元件开放时按如下逻辑出口，其出口逻辑图如图 6-31 所示。

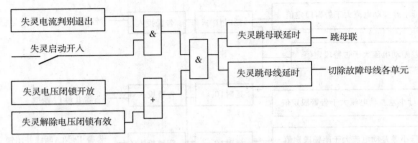

图 6-31　无电流判别元件的断路器失灵保护动作逻辑图

(1)经较短的时间延时跳开母联断路器;

(2)经较长的时间延时跳开与该支路所在同一母线上的所有支路断路器。

2.有电流判别元件的断路器失灵保护

具有电流判别元件的断路器失灵保护,是由线路保护(跳 A、跳 B、跳 C)或元件保护(三跳)出口继电器动作启动的。开入持续有效、跳闸相有故障电流且复合电压闭锁元件开放时,断路器失灵保护确定失灵元件、完成选择失灵元件所在的母线段并按如下逻辑出口,其出口逻辑图如图 6-32 所示。

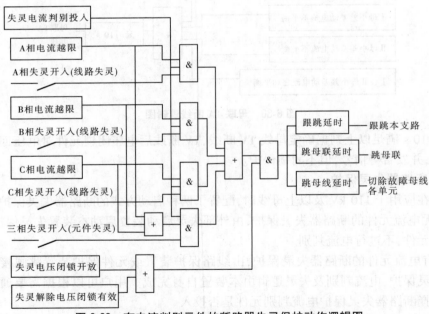

图 6-32　有电流判别元件的断路器失灵保护动作逻辑图

(1)在整定的时间内跟跳本断路器;

(2)若经延时确定故障还未切除,则以较短的时间跳开母联断路器,以较长的时间跳开与该支路所在同一母线上的所有支路断路器。

(七)母联过流保护

母联过流保护可以作为母线解列保护,也可以作为线路(变压器)的临时应急保护。

装置设置了两段母联过流保护和两段母联零序过流保护,每段可以独立整定。

当母线任一相电流大于母联过流定值,或母联零序电流大于母联零序过流定值,经整定延时,跳开母联开关。其逻辑如图 6-33 所示。I_{ka} 为母联 A 相电流,I_{kc} 为母联 C 相电流,$3I_{k0}$ 为母联零序电流,I_k 母联过流定值,$3I_{0k}$ 为母联零序过流定值。

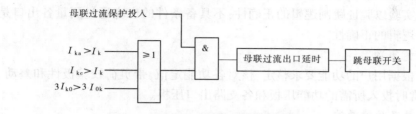

图 6-33 母联过流保护逻辑图

【任务实施】

学员根据所学相关知识,分组进行 CSC-150 数字式母线保护装置的调试。

1. CSC-150 数字式母线保护装置调试

(1)检查组屏接线是否正确,各连线是否连接可靠,装置内部各插件的插入位置和插入深度是否合适(因装置重量较重,在运输过程中可能会出现异常,建议实验前进行该步操作)。

(2)装置上电检查。在确认无需更换各插件软件的情况下,检查装置编码,查看各软件版本是否为工程有效版本,否则根据软件更改通知单更换相应软件,固化完软件后重新上电,然后检查装置编码,查看各软件版本是否为工程有效版本。

(3)在各压板退出时检查模拟量、开入量和开出量。

1)零漂

查看各支路零漂大小,在零漂越限时,建议断开外部模拟量输入源,逐个 CPU 进行调整。因母线差动保护受支路零漂综合效应影响较大,因此零漂调整相对重要。零漂单个采样点电流值小于 $0.02I_n$ 且差流小于 $0.1I_n$,电压小于 0.2 V 即判别为合格。

注意:MMI 菜单中的"查看零漂"菜单不能真实的反映 CSC-150 的零漂!

2)刻度

测量各支路所加入的量是否正确。

CSC-150 系列在"运行工况"菜单下提供了"模入量"和"测量量"两个子菜单,"模入量"中显示的是主 CPU 和冗余 CPU 的实测量的大小,而"测量量"中显示的仅是主 CPU 所测电压的大小和相角、经过 TA 变比折算后的各单元电流大小和相角以及各相各段差动电流和制动电流的大小。因此,建议在进行刻度检查时查看"模入量"菜单以确定各通道是否完好。

3)极性检查

极性检查包括电压极性检查和电流极性检查。电压、电流极性检查可以通过"运行工况"菜单下的"测量量"菜单来实现,所有量的方向都以 U_{A1} 为基准。对母线保护来说电压必须满足正序关系,电流除母联电流的极性可设置外,其余的 TA 极性应完全一致。

4)开入量检查

接通对应开入量的正电源,查看变位报文。注意 24 V 和强电开入的端子定义。

5）开出量检查

进行开出传动实验，检查各出口是否导通和返回，检查对应的面板灯是否正确。

6）功能测试

根据现场所需功能要求逐项进行功能测试。在有条件的情况下（未投运站）应尽可能带出口进行实验以验证跳闸逻辑的正确性；不具备条件的也应通过测量各出口是否导通来验证跳闸逻辑的正确性。

7）投运注意事项

投运前应根据用户的功能要求整定、核对各功能定值，带负荷校验极性和差动、制动电流，在无异常时投入所需的功能压板和各支路出口压板。

2. 信息记录及故障录波

报文分为四种：启动报文、动作报文、告警报文、操作报文。大容量的故障录波，可保存不少于 24 次，掉电不丢失，将保护内部的测量元件、动作行为和逻辑过程完整地记录下来，使动作过程"透明化"，有利于现场事故分析。

■ 工程实例　天楼地枕水力发电厂母线保护的配置

天楼地枕水力发电厂于 1994—2004 年采用传统的常规继电保护装置（电磁性继电器），2005 年继电保护装置进行改造工程，母线采用了四方 CSC-150 数字式保护测控装置，灵敏性、可靠性得到了很大提高。

一、天楼地枕水力发电厂改造前母线常规保护

电厂未改造前 110 kV 母线、6.3 kV 母线的常规继电保护原理图分别如图 6-34、图 6-35 所示。主保护是母线差动保护，由图中电流继电器 1LJS、电压继电器 1YJ、1YJ0、差动继电器 1CJ、2CJ、3CJ 等元件构成。

码 6-24　视频-
天楼地枕水力
发电厂母线保护

学员根据所学相关知识，仔细阅读图纸，分组讨论并记录母线常规保护配置情况。

二、改造后母线的微机保护装置

改造后电厂母线保护采用北京四方 CSC-150 数字式成套母线保护装置。110 kV 母线（天 11、12、13、14 开关）、6.3 kV Ⅰ 段母线（天 71、72、75、77、11 开关）、6.3 kV Ⅱ 段母线均采用 CSC-150 数字式保护测控装置。母线配置了复合闭锁纵联差动保护、TA 断线警告、TA 断线闭锁及充电保护、断路器失灵保护等。

码 6-25　图片-
天楼地枕水力发电厂
母线保护装置示意

屏布置图、交流电压回路图、交流电流回路图、直流电压回路与网络对时系统图分别如图 6-36、图 6-37、图 6-38、图 6-39 所示。

学员根据所学相关知识，仔细阅读图纸，分组讨论并记录母线微机保护配置情况。

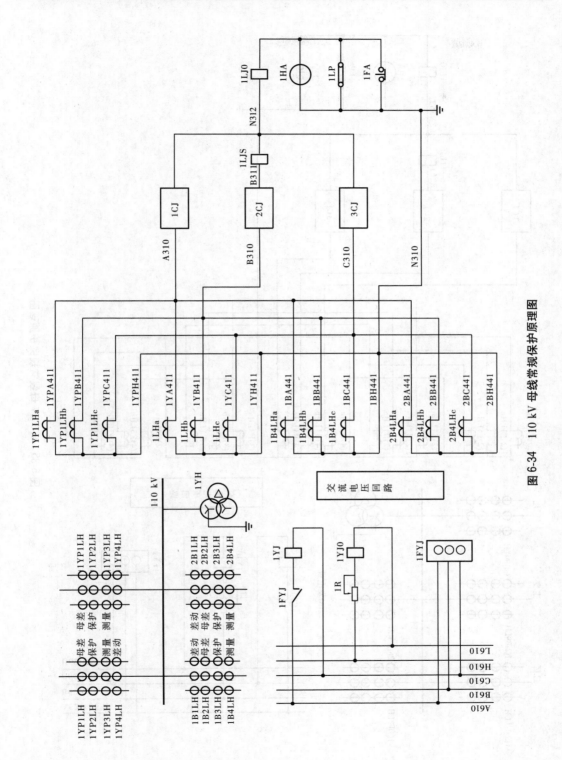

图 6-34 110 kV 母线常规保护原理图

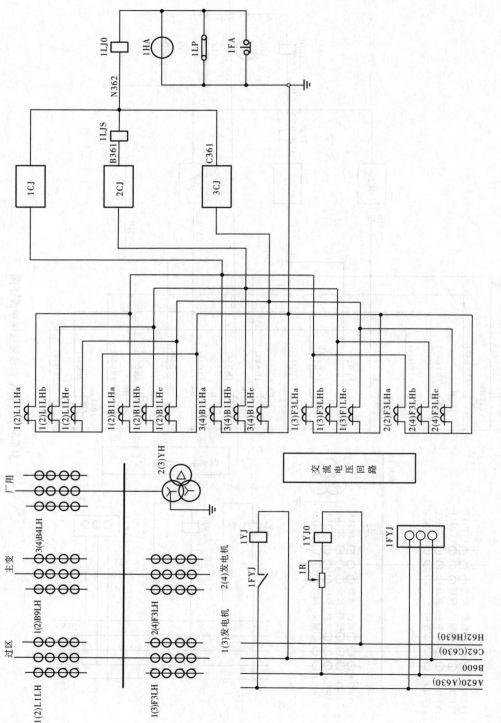

图 6-35 6.3 kV 母线常规保护原理图

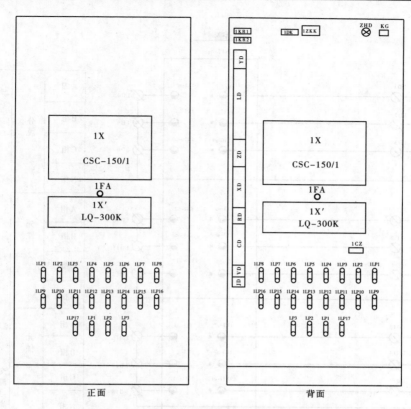

图 6-36　CSC-150 母线保护装置屏布置图

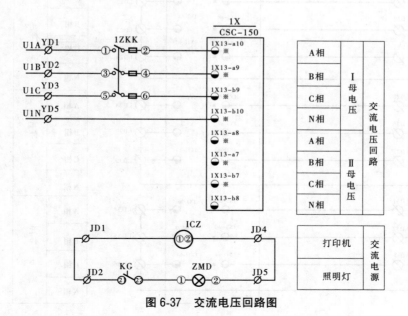

图 6-37　交流电压回路图

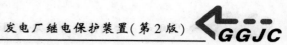

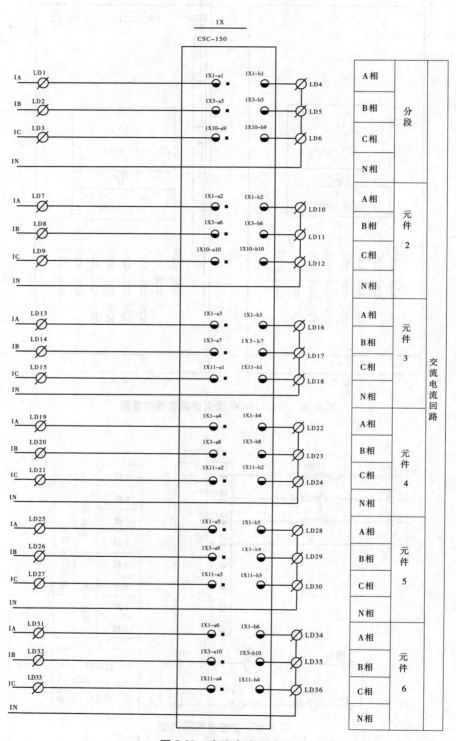

图 6-38　交流电流回路图

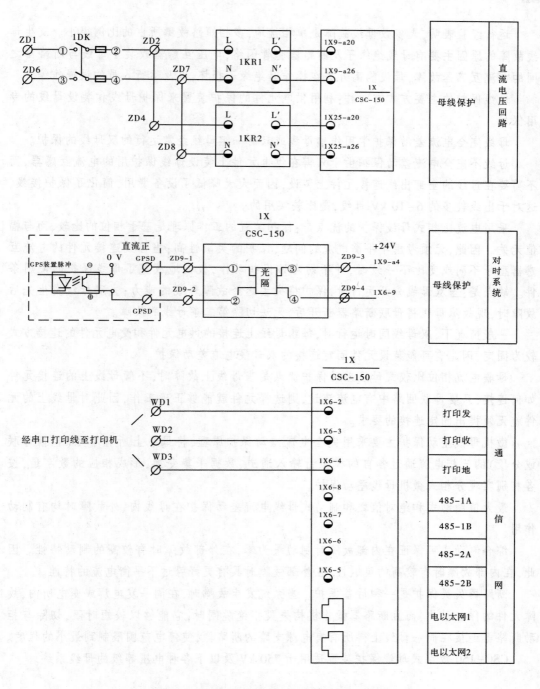

图 6-39　直流电压回路与网络对时系统图

■ 小 结

运行经验表明,大多数母线故障是单相接地,多相短路故障所占的比例很小。发生母线故障的原因主要有母线绝缘子及断路器套管闪络,电压互感器或装于母线与断路器之间的电流互感器故障,母线隔离开关在操作时绝缘子损坏,以及运行人员的误操作等。

母线保护的主要方式有两种:利用供电元件的保护装置来保护母线和装设母线的专用保护。

母线完全电流差动保护常用作单母线或只有一组母线经常运行的双母线的保护。

母线不完全电流差动保护由于只需在供电元件上装设母线保护用的电流互感器,而不需要在母线的全部出线连接元件上装设,因而大大降低了设备费用,简化了保护接线,这对于出线较多的 6~10 kV 母线,是比较实用的。

采用电流比相式母线保护的优点是:保护装置的工作原理是基于相位的比较,而与幅值无关。因此,无须考虑不平衡电流的问题,保护的灵敏性高;当母线连接元件的电流互感器型号不同或变比不一致时,并不妨碍该保护动作,极大地放宽了母线保护的使用条件。缺点是:当双母线分开运行时,保护将失去选择故障母线的能力;当双母线发生先后故障时,现故障母线将母联断路器断开后,无法切除第二条母线的故障。

一般情况下,双母线同时运行时,每组母线上连接的供电元件和受电元件的连接方式较为固定,因此有可能装设元件固定连接的双母线电流差动保护。

母联电流相位比较式母线差动保护优点是当母线上故障时,不管母线上的连接元件如何连接,只要母联回路中有电流流过,则选择元件就能够正确工作,因此对母线上的元件就无须提出固定连接的要求。

微机母线差动保护主要采用完全电流差动保护原理,将母线上所有单元(包括母联或分段)的三相电流通过各自的模拟量输入通道、数据采集变换,形成相应的数字量,按各相别实现分相式微机母线差动保护。

最大值制动式和绝对值之和制动式母线电流差动保护在母线内、外故障时均有制动作用。

综合制动式可保证在内部故障时制动量为零,在外部故障时有较高的制动特性。因此,在内部故障时有较高的灵敏性,在外部故障时具有更好躲过不平衡电流的特性。

断路器失灵保护是一种后备保护。当系统发生故障时,在同一发电厂或变电所内,故障元件的保护动作,而且断路器操作机构失灵拒绝跳闸时,它能够以较短时限,切除与拒动断路器连接在同一母线上得所有有电源支路的断路器,使停电范围限制到最小的程度。

CSC-150 数字式母线保护装置适用于 750 kV 及以下各种电压等级的母线系统。

习　题

一、判断题

1.（　　）母线必须装设专用的保护。

2.（　　）微机母线差动保护的实质就是基尔霍夫第一定律,将母线当作一个节点。

3.（　　）电压差动保护优点是保护接线简单、选择性好、灵敏度高;缺点是用于双母线系统的 TA 二次回路不能随一次回路切换。

4.（　　）母线电流差动保护采用电压闭锁元件可防止差动元件误动造成母线电流差动保护误动。

二、单项选择题

1.完全电流差动母线保护,连接在母线上所有元件应装设具有(　　)的电流互感器。

　　A.同变比　　　　　　B.同变比和同特性 C.不同变比　　　　　D.同等级

2.比相原理只适用于比较两(　　)之间的相位关系。

　　A.交流量　　　　　　B.直流量　　　　　　C.同频率交流量　　D.绝对值

3.微机母线完全电流差动保护,连接在母线上所有元件可装设具有(　　)的电流互感器。

　　A.同变比　　　　　　B.同变比、同特性　 C.不同变比　　　　　D.不同等级

三、填空题

1.完全母线差动保护,每一支路上电流互感器应选用_____。

2.电流比相式母线差动保护,它是利用_____来区分母线短路、正常运行及区外短路。

3.元件固定连接的双母线电流保护主要的缺点是_____。

4.微机母线保护可分差动原理和相位原理,差动原理保护实质就是_____定律,将母线当做一个节点。

四、简答题

1.试述母线保护的装设原则。

2.试述母线不完全差动保护的工作原理。

3.母线完全电流差动和不完全电流差动在接线上有何差别?

4.完全电流差动母线保护有何缺点?

5.元件固定连接的双母线电流差动保护,当元件固定连接破坏后,母线保护如何动作?

6.断路器失灵保护的作用是什么?

项目七　发电厂自动装置

【知识目标】

了解发电厂常用自动装置的种类及作用;理解输电线路自动重合闸装置的工作原理、作用、基本要求;了解重合闸的类型,掌握三相一次重合闸的工作逻辑、参数整定,以及重合闸与继电保护的配合;熟悉备用电源自动投入装置的备用方式、基本要求,掌握不同备用方式下的运行逻辑、软件原理及参数整定。

【技能目标】

掌握重合闸装置二次接线方法,微机型重合闸装置的逻辑条件设定、参数整定方法、重合功能调试以及与继电保护配合调试等;掌握备用电源自动投入装置的二次接线方法、微机型备自投装置不同备用方式、逻辑条件设定、参数整定方法、基本功能调试等。

【思政目标】

引导学生养成宏观思维和大局观念;

培养学生良好的职业责任感,养成认真谨慎、全面细致的敬业精神;

培养学生合理分工、密切协作的团队精神。

【项目导入】

发电厂自动装置是除继电保护之外的另一类重要的二次设备,又称自动控制装置,主要包括输电线路重合闸装置、备用电源自动投入装置、按频率自动减负荷装置、同步发电机自动并列装置、发电机励磁调节装置、电压无功综合调压装置、小电流接地选线装置、故障录波装置等。电力系统自动装置通过自身的自动化控制,实现了电力系统安全、经济、稳定运行和电能质量合格,是电力系统重要的控制类二次设备。限于篇幅,本章主要介绍输电线路自动重合闸装置、备用电源自动投入装置两种。

■ 任务一　输电线路自动重合闸装置

在电力系统中,由于输电线路架设高、距离长、运行环境恶劣等,最容易发生故障。所以想办法提高输电线路供电可靠性是提高整个电力系统安全稳定性的重要一环。自动重合闸装置就是一种能明显提高输电线路供电可靠性的一种自动装置。同时,因为其本身结构简单,工作可靠,投资很低,效益可观,在电力系统中得到了广泛应用。

【任务分析】

在继电保护实训室 YHB-Ⅳ型微机继电保护装置中完成以下实训项目:

1. 调试输电线路的三相一次自动重合闸功能。

2. 调试重合闸加速保护与三段式电流保护的配合使用功能。

【知识链接】

一、自动重合闸装置的作用和要求

(一) 自动重合闸装置的作用

自动重合闸装置是指输电线路在发生故障,继电保护使断路器跳闸后,重新合上断路器使线路恢复供电的一种自动装置,简称 AAR 装置。

输电线路的故障可分为瞬时性故障和永久性故障两种。

瞬时性故障是指线路在断电后故障能自行消失的故障,如雷电引起的线路绝缘子闪络、大风引起的导线碰线、鸟类触碰、树枝掉落导致的线路放电等。此类故障在继电保护断开电源后,故障点的绝缘水平可自动恢复,故障随即消失,此时如果重新合上线路断路器,就能恢复正常供电,这也是重合闸装置的基本思路。

永久性故障是指线路断电后仍然存在的故障,如导线断线、绝缘子损坏等,此类故障即使重新合上断路器,也会被继电保护再次断开。

运行经验表明,线路故障中90%以上属于瞬时性故障,因此重合闸的成功率是很高的,一般可达到70%~90%。因此,采用重合闸装置可以将大部分故障的停电时间缩短到几秒之内,从而大大提高了线路的供电可靠性。

输电线路重合闸提高了线路的供电可靠性,由此带来了一系列好处,具体有:

(1)提高线路的供电可靠性,减少因瞬时性故障所造成的损失。

(2)提高电力系统并列运行的稳定性,从而提高线路的输送容量。

(3)弥补线路耐雷水平降低的影响,降低线路造价。

(4)提高电力系统故障后电压恢复速度。

(5)可纠正断路器的误跳闸。

重合闸装置弥补了线路因瞬时性故障跳闸引起的停电。但对于永久性故障,重合闸也将带来一些不利影响,如使电力系统又一次受到短路故障的冲击,可能造成电力系统振荡;断路器在很短时间内连续两次切断短路电流,对断路器提出更高要求等。

(二) 对重合闸装置的基本要求

重合闸装置应满足以下基本要求:

(1)动作应迅速。重合闸时间越短,对用户停电时间也就越短,故时间越短越好,但应考虑重合时故障点去游离及绝缘恢复、断路器操动机构复归及准备好再次合闸的时间等,否则会导致重合失败。

(2)运行人员手动操作断路器时不应重合。手动分闸时显然不应重合。

手动合闸时如果出现断路器跳闸也不应重合,因为此时一般是永久性故障(刚一合闸就出现瞬时性故障,发生这种情况的概率极低)。

(3)重合闸装置重合后一定时间应自动复归,为下次动作做好准备。

（4）应与继电保护配合动作。AAR 装置应能在重合闸动作前或动作后加速继电保护动作（前加速或后加速），以减小永久性故障二次跳闸带来的危害。

（5）选择合适的启动方式。重合闸的启动方式有两种：

继电保护启动：即继电保护装置动作时启动重合闸。

"位置不对应"启动：即控制开关与断路器位置不对应时启动重合闸，具体为控制开关 SA 在合闸位而断路器在分闸位时，启动重合闸。

"位置不对应"启动方式可纠正各种因素造成的断路器误跳闸，方式简单可靠，在各级电网中有着良好的运行效果。

（6）重合次数应符合规定。即 AAR 的重合次数应按预先的规定进行，不能超过规定次数，否则可能使断路器损坏或使系统稳定性破坏等。

（7）方便调试和监视。

（三）自动重合闸装置的类型

（1）按其构成原理可分为电气式 AAR、微机式 AAR 等。

电气式 AAR 一般采用重合闸继电器，用于配电线路中。微机式重合闸可集成在微机继电保护装置中，目前的线路微机保护中一般都带有自动重合闸功能。

（2）按允许的重合次数，分为一次 AAR、二次 AAR 和多次 AAR。

（3）按其应用的线路结构分为单侧电源线路 AAR 和双侧电源线路 AAR。

双侧电源线路通常需要考虑两侧电源的同步问题，因此比单侧电源重合闸复杂。双侧电源线路的重合闸又分为检同步重合闸、快速重合闸等。

（4）按其功能可分为三相重合闸、单相重合闸和综合重合闸。

三相重合闸是指不管线路发生哪种故障，断路器均按三相跳闸、三相重合，如为永久性故障，再跳开三相。三相重合闸应用更为广泛。

单相重合闸是指单相接地故障时，只有故障相断路器单相跳闸，然后再单相重合。如为永久性故障，再次跳闸时则三相一起跳闸（如为一次重合闸）。单相 AAR 只用于 220 kV 及以上具有分相断路器的线路中。

综合重合闸是指线路发生单相接地故障时，按单相重合闸方式进行；如线路发生相间故障，按三相重合闸进行。综合 AAR 一般只用于 220 kV 及以上的重要联络线路中。

二、输电线路的三相一次重合闸

三相一次重合闸是指线路跳闸和重合均为三相断路器一起动作，并且只重合一次。具体为：无论本线路发生何种类型的故障，继电保护都将三相断路器断开，然后重合闸启动，经预定延时（一般在 0.5～1.5 s）发重合脉冲将三相断路器合上。若是瞬时性故障，则重合成功，线路恢复供电；若是永久性故障，继电保护再次跳开三相断路器，不再重合。

三相一次重合闸根据线路结构不同区分为单侧电源线路的三相一次重合闸和双侧电源线路的三相一次重合闸。双侧电源线路的三相一次重合闸需要考虑双侧电源的同步问题，较为复杂，限于篇幅本书仅介绍较为简单的单侧电源线路三相一次重合闸。

三相一次重合闸可以用重合闸继电器采用硬接线的方式实现,也可以利用微机保护装置的软件来完成。图 7-1 所示为微机软件实现的三相一次重合闸程序流程图。下面介绍其工作原理:

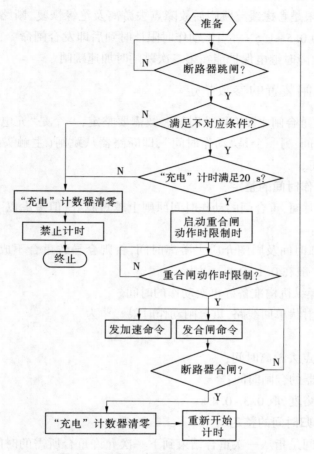

图 7-1 三相一次重合闸的程序流程图

线路投运开始,程序做好重合闸准备。

当检测到断路器跳闸时,先判断是否满足不对应条件。不对应条件是重合闸的启动方式之一(另一种为保护启动,此图未采用),可防止手动跳闸时闭锁重合闸,也可在断路器误跳闸实现重合。具体为:如控制开关在分位,断路器也在分位,则属位置对应,说明是手动断开断路器,此时重合闸不应动作,程序将"充电"计数器清零,并退出运行。如控制开关在合位,断路器在分位,则属位置不对应,应启动重合闸,程序继续执行。

"充电"计时满 20 s 这一条件主要是为了保证装置只重合一次,防止多次重合,也保证了在手动合闸后又跳闸时不会重合。原理是这样的:断路器合闸后,充电计数器开始计时。如果发生的是瞬时性故障引起的跳闸或断路器误跳闸,重合成功后计数器清零重新开始计时,经 20 s 计时结束,做好下次重合准备。如果发生的是永久性故障,断路器跳闸、重合后,计数器清零重新开始计时。而由于是永久性故障,重合后很快(几秒)继电保

护再次使断路器跳闸,此时由于充电计数器计时不足 20 s,程序将充电计数器清零,并禁止重合,因此保证了只重合一次。手动合闸后又跳闸时,从合闸开始计时到跳闸也仅几秒钟,计数器计数未满 20 s,故也不会重合。

重合闸动作时限是考虑线路跳闸后故障点去游离及绝缘恢复、断路器复归做好合闸准备等时间,一般为 0.5~1.5 s。当该动作时限计时到后即发合闸命令,同时也发出加速命令,以便永久性故障时继电保护能在第二次跳闸时加速跳闸。

三、自动重合闸装置的参数整定

从图 7-1 可见,重合闸主要有两个时间参数需要整定,一个是"充电时间",可理解为 AAR 装置的复归时间;另一个是"动作时间",即断路器从跳闸(主触头断开)到重合(收到合闸脉冲)的时间。

(一)重合闸动作时间的整定

为了缩短停电时间,重合闸的动作时间原则上越短越好,但考虑以下两方面原因,又必须带一定的延时:

(1)故障点灭弧时间及周围介质去游离时间,否则会导致重合不成功。对不同电压等级线路,该时间一般在 0.1~0.4 s 以上。

(2)断路器及操纵机构准备好再次动作的时间。

对单侧电源辐射状单回线路,重合闸动作时限 t_{op}^{AAR} 为

$$t_{op}^{AAR} = t_{dis} + t_{on} + \Delta t$$

式中　t_{dis}——故障点去游离时间;

　　　t_{on}——断路器的合闸时间;

　　　Δt——时间裕度,取 0.3~0.4 s。

(二)重合闸复归时间的整定

重合闸复归时间是指从一次重合结束到下一次允许重合所需的时间间隔,对应程序中的"充电时间",其整定需考虑以下两方面:

(1)保证当重合到永久性故障,由最长时限的保护切除故障时,断路器不会再次重合。考虑到最严重的情况下,断路器辅助触点可能先于主触点切换,提前时间为断路器的合闸时间,于是重合闸的复归时间为:

$$t^{AAR} = t_{op.max} + t_{on} + t_{op}^{AAR} + t_{off} + \Delta t$$

式中　$t_{op.max}$——保护最长动作时限;

　　　t_{on}——断路器的合闸时间;

　　　t_{op}^{AAR}——重合闸的动作时间;

　　　t_{off}——断路器的跳闸时间;

　　　Δt——时间裕度。

(2)保证断路器切断能力的恢复。当重合闸动作成功后,复归时间不小于断路器第二个"跳闸—合闸"的时间间隔。

综合以上两方面，重合闸复归时间一般取 15~25 s，即可满足上述要求。

四、自动重合闸与继电保护的配合

对于瞬时性故障，重合闸装置减少了停电时间，大大提高了供电可靠性。但对于永久性故障，重合闸也带来一些不利影响，其中最主要的是使电力系统连续两次受到短路故障的冲击，可能引起系统振荡，破坏系统的稳定运行。对此，可以采用重合闸与继电保护的配合动作，来减少两次短路总的持续时间，从而减小对电力系统稳定运行的不利影响。

重合闸与继电保护的配合，根据重合闸与加速保护的动作先后顺序，分为重合闸前加速保护和重合闸后加速保护。

（一）重合闸前加速保护

重合闸前加速保护一般用于单侧电源辐射形电网中，重合闸装置仅装设在靠近电源线路的一侧。当线路发生故障时，靠近电源侧的保护首先无选择性地瞬时动作跳闸，而后借助重合闸纠正这种非选择性动作。当重合于永久性故障时，第二次跳闸保护按原有选择性要求动作。

如图 7-2（a）所示的单电源辐射形电网，线路 1WL、2WL、3WL 装设了按阶梯原则整定的过电流保护，同时电源侧线路 1WL 还装设 AAR 装置以及前加速保护，各保护的保护范围和动作时限如图 7-2（b）所示，其中 $t_1 > t_2 > t_3 > t_0$，t_0 为前加速保护动作时限，为 0 秒。当任意段线路发生故障时，首先都由 AAR 的前加速保护以 t_0 时限瞬时动作断开 WL1 断路器，而后 AAR 重合，如故障为瞬时性，则重合成功，恢复供电；如故障为永久性，则前加速保护不再动作，由过电流保护有选择性切除故障。

若图 7-2 中 k_3 点发生故障时，线路 1WL 的 AAR 前加速保护使 QF1 瞬时跳闸，随后 1WL 的 AAR 再重合 QF1，如故障为瞬时性，则恢复供电；如故障为永久性，则根据三段线路保护的选择性，线路 3WL 经 t_3 时限使 QF3 跳闸切除故障，1WL、2WL 继续运行。k_1、k_2 点发生故障时于此相似，请自行分析。

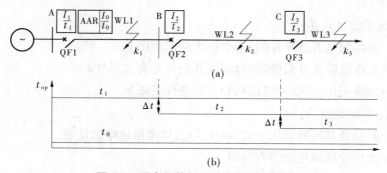

图 7-2　重合闸前加速动作原理说明图

前加速保护的优点是：

（1）能够快速切除瞬时性故障。

（2）因第一次切除故障快，故障点发展成永久性故障的可能性很小，从而提高了重合

成功率；

（3）使用设备少，只需靠近电源端线路装设一套重合闸装置，简单、经济。

前加速保护的缺点是：

（1）靠近电源侧断路器工作条件恶化，分合闸次数多。

（2）在重合闸过程中，除 A 母线外，其他线路都要暂时停电。

（3）如 AAR 拒动或断路器 QF1 拒绝合闸，将扩大停电范围。

（4）重合于永久性故障时，故障切除的时间可能较长。

重合闸前加速保护主要用于 35 kV 以下由发电厂或重要变电所引出的不太重要的直配线上。

（二）重合闸后加速保护

重合闸后加速保护是当线路发生故障时，首先按继电保护选择性的要求，经保护设定时限动作于跳闸，后重合闸动作合上断路器，若重合于永久性故障，第二次跳闸则不再根据保护整定延时，而是加速保护瞬时动作切除故障。

图 7-3 所示的单侧电源辐射形电网，三段线路均装设了 AAR 装置，任意线路发生短路故障时，由本线路断路器按选择性要求断开故障，如故障为瞬时性，则重合成功，恢复供电；如故障为永久性，则本线路的 AAR 后加速保护动作，瞬时跳开本线路断路器切除故障。

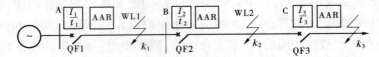

图 7-3　重合闸后加速动作原理说明图

如图 7-3 中 k_3 点发生故障，首先根据继电保护的选择性，保护经 t_3 时限将 QF3 跳开，故障切除，随后 QF3 的 AAR 装置使其重合，如为瞬时性故障，则重合成功。如为永久性故障，则重合后 QF3 的 AAR 后加速保护动作，瞬时跳开 QF3，并不再重合。k_1、k_2 点发生故障时与此类似。

后加速保护的优点是：

（1）第一次跳闸是有选择性的，不会扩大停电范围。

（2）对永久性故障重合后能瞬时切除，并仍然是有选择性的。

（3）和前加速相比，不受网络结构和负荷条件的限制。

后加速保护的缺点是：

（1）每个断路器都需要装设一套 AAR，与前加速相比略微复杂。

（2）第一次切除故障可能带有延时。

重合闸后加速保护广泛应用于 35 kV 及以上的线路中。

【任务准备】

（1）学员接受任务，学习相关知识以及查阅相关资料。

（2）工器具及备品备件、材料准备（见项目三中任务五表3-1 ）。

（3）熟悉测试原理接线图，如项目三中任务五图 3-39 所示。

【任务实施】

（1）按项目三中任务五图 3-39 原理接线图接线。

（2）在 YHB-Ⅳ型微机保护装置中设置：将"重合闸"打开 ON（在距离保护界面）。电流保护Ⅰ段 ON,5.15A,1.0 s；Ⅱ段 ON,2.71A,2.0 s；Ⅲ段 ON,1.72A,3.0 s；为便于观察动作过程，重合闸时间设为 5.0 s。其他功能全部 OFF。

（3）把故障转换开关选择在"线路"挡。

（4）常规出口连接片退出，微机保护出口连接片投入。

（5）合三相电源开关、直流电源开关，对应电源指示灯亮。

（6）合上变压器两侧的模拟断路器 1 KM、2 KM。

（7）缓慢调节三相调压器输出，使并入 PT 测量处的电压表显示值从 0V 慢慢升到 100 V 为止，此时负载灯全亮。

（8）将短路电阻调节到 80%处，短路故障选择为三相短路。

（9）在微机保护中将重合闸加速保护功能 OFF，即"不加速"。

（10）模拟系统发生瞬时性短路。按下短路按钮，待保护跳开开关后即松开按钮，观察保护及重合闸动作情况。

（11）模拟系统发生永久性故障。待系统稳定运行 30 s 后，长时间按下短路按钮，观察保护及重合闸动作情况。

（12）将上述试验现象记录于表 7-1 中"不加速"一行中。

（13）在微机装置中将重合闸加速保护分别设为"前加速""后加速"分别重复（10）～（11）步骤，将观察到的试验过程分别记录在表 7-1 中"前加速""后加速"一行中。

表 7-1　重合闸及加速保护试验数据记录

加速方式	暂时性故障			永久性故障		
	第一次跳闸的保护	是否重合闸	是否恢复正常供电	第一次跳闸的保护	是否重合闸	第二次跳闸的保护
不加速						
前加速						
后加速						

注：方格中填写由哪个保护跳闸（Ⅰ段/Ⅱ段/Ⅲ段/AAR 加速保护）。

（14）将调压器输出电压归零，断开所有电源开关。

【课堂训练与测评】

（1）思考并通过试验验证三相一次重合闸是如何保证故障时只重合一次的。

（2）试验验证三相重合闸在不同故障类型下，动作过程是否是一样的。

【拓展提高】

在实训室利用电磁重合闸继电器采用硬接线方式完成上述实训内容。

任务二　备用电源自动投入装置

备用电源自动投入装置是电力系统中工作电源因故障断电后,能迅速、自动地将备用电源投入工作,使用户恢复供电的一种自动控制装置,简称"备自投"装置,缩写为 AAT 或 BZT 装置。备自投装置广泛应用于发电厂、变电站以及生产车间的重要母线中,以提高供配电母线的供电可靠性。

【任务分析】

在自动装置实训室 NRYB1540C 型微机备自投装置中完成一、二次接线,完成装置的参数设置,并利用微机保护测试仪,调试备自投在不同备用方式、动作逻辑下的各项功能。

【知识链接】

一、备用电源的配置方式

备用电源的配置一般分为明备用和暗备用。正常运行时,备用电源不工作,称为明备用,如图 7-4(a)所示;正常运行时,备用电源也投入运行,称为暗备用(实际为两电源互为备用),如图 7-4(b)所示。

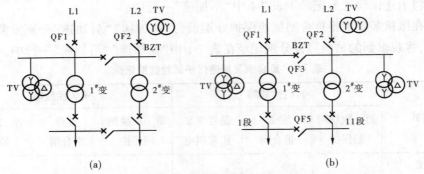

图 7-4　备用电源的配置方式

(一)明备用的控制

如图 7-4(a)所示,正常运行时 QF1 闭合,QF2 断开,BZT 控制的是备用电源进线 QF2。当 L1 因故障被 QF1 断开后,备用 QF2 自动合闸,保证变电站的正常供电。明备用也称为"进线备用",图 7-4(a)所示为进线 2 备用,当然也可以采用进线 1 作备用,此时进线 2 为工作电源。

(二)暗备用的控制

如图 7-4(b)所示,正常运行时 QF3 断开,QF1 和 QF2 闭合。当 L1 因故障被 QF1 断开后,BZT 动作,将 QF3 合上;当 L2 因故障被 QF2 断开后,BZT 动作,将 QF3 合上。暗备用是通过母联开关实现两路电源互为备用,也称"母联备用"。

二、对备自投装置的基本要求

(1)工作电源确实断开后,备用电源才投入。

若故障点未被切除就投入备用电源,实际上就是将备用电源投入到故障元件上,将造成事故扩大。

(2)备自投动作时间应尽可能短,但应考虑电动机残压的影响。

备自投动作时间越短,则母线停电的时间越短,越有利于母线电压恢复和电动机自启动。但中断供电的时间过短,电动机的残压可能很高,当备用电源电压与电动机残压间存在较大相角差时会产生很大的冲击电流,造成电动机损坏。对大容量电动机,因其残压衰减慢,幅值又大,备自投动作时间应在 1 s 以上,低电压场合可减小到 0.5 s。

(3)手动跳开工作电源时,备自投装置不应动作。

(4)应具有闭锁备自投装置的功能。

(5)备用电源不满足有压条件,备自投装置不应动作。

(6)工作母线失压时还必须检查工作电源无流,才能启动备用电源自动投入,以防止 TV 二次断线造成误投。

(7)备用电源自动投入装置一般只允许动作一次。

三、备用电源自动投入装置的软件原理

在图 7-5 所示的一次接线中,有 4 种备用方式,备用方式 1 和备用方式 2 是变压器 T1和 T2 各带一组母线分列运行,分段断路器 QF5 断开,备用电源自动投入装置控制 QF5 的合闸,属暗备用方式;备用方式 3 和备用方式 4 是一台变压器带母线Ⅲ和母线Ⅳ运行,分段断路器 QF5 闭合,而另一台变压器作为备用电源,属明备用方式。

(一)暗备用方式的 AAT 软件原理

图 7-6 为暗备用方式下 AAT 装置的软件逻辑框图。备用方式 1 即图 7-6(a)中 T1、T2分列运行,QF2 跳开后 QF5 由 AAT 装置动作自动合上的过程;备用方式 2 即图 7-6 中 T1、T2 分别运行,QF4 跳开后 QF5 由 AAT 装置动作自动合上的过程。读者可自行分析。

1. AAT 装置的启动方式

(1)方式一:由图 7-6(c)分析可知,当 QF2 在跳闸状态,并满足母线无进线电流,母线Ⅳ有电压的条件,Y9 动作,H4 动作,在 Y11 满足另一输入条件时合 QF5,此时 QF2 处于跳闸位置,而其控制开关仍处于合闸位置,即当二者不对应就启动备用电源自动投入装置,这种方式为装置的主要启动方式。

(2)方式二:当电力系统侧各种故障导致工作母线Ⅲ失去电压时,分析图 7-6(a)可知,在满足母线Ⅲ进线无电流,备用母线Ⅳ有电压的条件,Y2 动作,经过延时,跳开 QF2,再由方式一启动 AAT 装置,使 QF5 合闸。这种方式可看做是对方式一的辅助。

以上两种方式保证无论任何原因导致工作母线Ⅲ失去电压均能启动 AAT 装置,并且

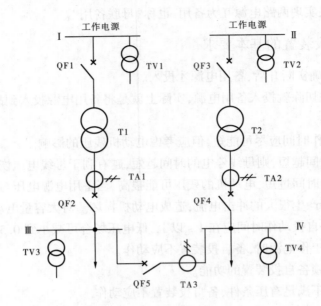

图 7-5　一次主接线

保证 QF2 跳闸后 QF5 才合闸的顺序,从逻辑框图可知,工作母线 Ⅲ 与备用母线 Ⅳ 同时失去电压时,装置不会动作;备用母线 Ⅳ 无电压,装置同样不会动作。

 2. AAT 装置"充电"功能

 从图 7-6(c)中看到,当满足 QF2、QF4 在合闸状态,QF5 在跳闸状态,工作母线 Ⅲ 有电压,备用母线 Ⅳ 也有电压,并且无装置"放电"信号,则 Y5、Y7 动作,使 t_3"充电",经过 10~15 s 的充电过程,为 Y11 的动作做好了准备,一旦 Y11 的另一输入信号满足条件,装置即动作,合上 QF5。

 AAT 装置的"充电"条件是:

 (1)变压器 T1 和 T2 分列运行,即 QF2 处于合闸位置,QF4 处于合闸位置,QF5 处于跳闸位置,所以与门 Y1 动作。

 (2)母线 Ⅲ 和母线 Ⅳ 均有三相电压,与门 Y6 动作。

 3. AAT 装置的"放电"功能

 当满足 QF5 在合闸状态或者工作母线及备用母线 Ⅳ 无电压时,则 t_3 瞬时"放电",Y1 不能动作,即闭锁 AAT 装置。

 AAT 装置的"放电"条件是:

 (1) QF5 处于合闸位置。

 (2)母线 Ⅲ 和母线 Ⅳ 三相均无电压。

 (3)备用方式 1 和备用方式 2 闭锁投入。

 4. AAT 装置的动作过程

 (1)若工作变压器 T1 故障,T1 保护动作信号经 H1 使 QF2 跳闸。

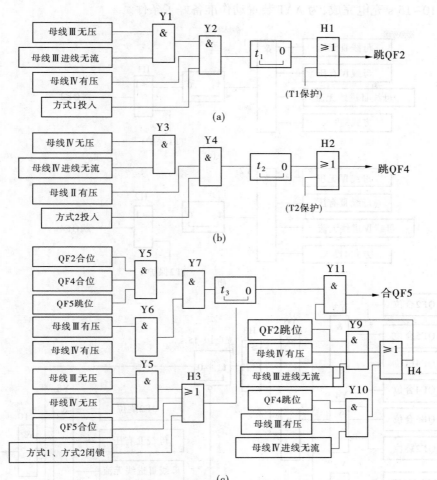

图 7-6 暗备用方式的 AAT 装置软件逻辑框图

（2）工作母线Ⅲ发生短路故障，T1 后备保护动作信号经 H1 使 QF2 跳闸。

（3）工作母线Ⅲ出线上发生短路故障而没有被该出线断路器断开时，同样由 T1 后备保护动作经 H1 使 QF2 跳闸。

（4）电力系统内故障使母线Ⅲ失压，在母线Ⅲ进线无流，母线Ⅳ有压情况下经时间 t_1 使 QF2 跳闸。

（5）QF1 误跳闸时，母线Ⅲ失压且进线无流，母线Ⅳ有压情况下经时间 t_1 使 QF2 跳闸，或是 QF1 跳闸时联跳 QF2。

（6）QF2 跳闸且确认已跳开，备用母线有电压情况下，Y11 动作，QF5 合闸。当合于故障时，QF5 保护加速动作，QF5 跳开，AAT 不再动作。

（二）明备用方式下 AAT 装置的软件原理

如图 7-7 所示，在母线Ⅰ、母线Ⅱ均有电压的情况下，QF2、QF5 处于合位，QF4 处于跳位（备用方式 3）；或者 QF4、QF5 处于合位，而 QF2 处于跳位（备用方式 4）时，时间元件 t_3

充电,经 10～15 s 充电完成,为 AAT 装置动作准备好了条件。

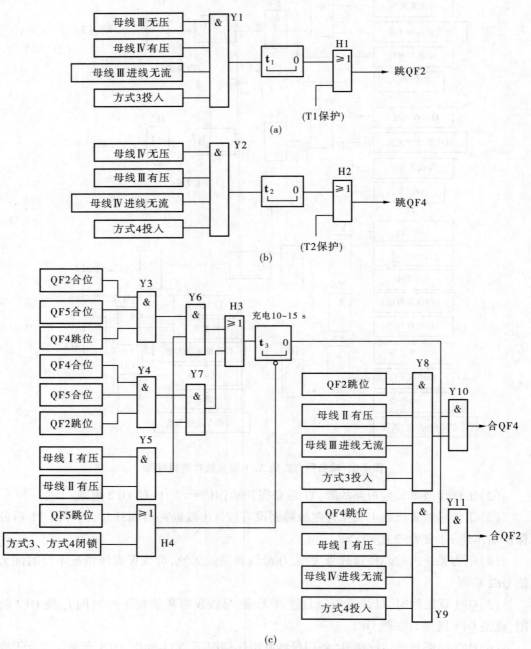

图 7-7　明备用方式的 AAT 装置软件逻辑框图

当 QF5 处于跳位或备用方式 3、备用方式 4 闭锁投入时,t_3 瞬时放电,闭锁 AAT 装置。

当出现任何原因使得工作母线失压时,在确认工作母线受电侧断路器跳开、备用母线有电压、备用方式 3 或 4 投入的情况下,AAT 装置动作,负荷由备用电源供电。

四、备用电源自动投入装置的参数整定

AAT 装置需要整定的参数有低电压元件动作值（对应"母线无压"条件）、过电压元件动作值（对应"母线有压"条件）、低电流元件动作值（对应"进线无流"条件）、充电时间（对应时限 t_3）、动作时间（对应时限 t_1、t_2）等。

（一）低电压元件动作值的整定

低电压元件用于监视工作母线失压，当工作母线失压时应可靠动作。低电压元件的动作电压应考虑短路故障切除后电动机自启动时的最低母线电压，一般低电压元件动作值取额定工作电压的 25%。

（二）过电压元件动作值的整定

过电压元件用来监测备用母线是否有电压。一般过电压元件的动作电压 U_{op} 应不低于额定电压的 70%。

（三）低电流元件动作值的整定

低电流元件用来防止电压互感器二次回路断线时 AAT 误启动，兼做断路器跳闸的辅助判据。低电流元件的动作值可取电流互感器二次额定电流的 8%。

（四）充电时间的整定

设置 AAT 充电时间是为了保证在一次故障中，AAT 装置只动作一次。AAT 装置的充电时间应不小于断路器第二个"合闸→跳闸"的时间间隔，一般间隔时间取 10~15 s。

（五）动作时间的整定

AAT 动作时间是指由于电力系统内的故障使工作母线失压，跳开工作母线进线断路器的延时时间，如图 7-6 中的 t_1、t_2。因为网络中短路故障时低电压元件可能动作，显然此时 AAT 不能动作，所以设置动作时延是保证 AAT 选择性的重要措施。AAT 的动作时间 t_{op} 为：

$$t_{op} = t_{max} + \Delta t$$

式中　t_{max}——工作母线上各元件继电保护动作时限的最大值；

　　　Δt——时限级差，取 0.4 s。

【任务准备】

（1）学员接受任务，学习微机备自投装置接线、使用与测试指导书。

（2）学习微机保护测试仪的使用方法。

（3）工器具及备品备件、材料准备（见表 7-2）。

表 7-2　工器具及备品备件、材料准备

序号	名称	单位	数量
1	自动装置实验台	台	5
2	微机保护测试仪	台	5
3	电气移动小车	台	5
4	接线图纸	套	10

(4)熟悉实训原理接线图,如图7-8所示。

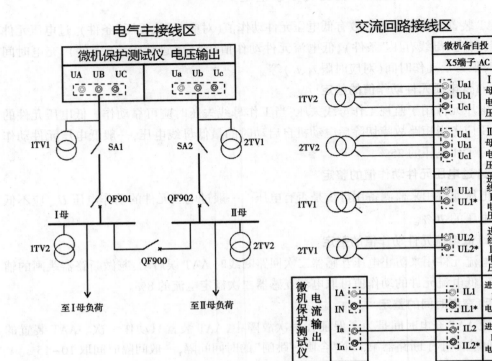

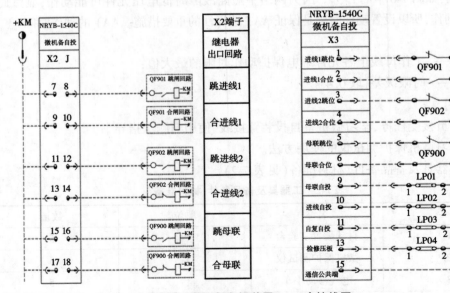

图 7-8　微机备自投装置一、二次接线图

【任务实施】

（1）准备好微机保护测试仪，放置在小车上，插上电源。

（2）按照图 7-8 在自动装置实训台柜左侧接线区，接好一次主接线、交流回路和直流回路接线，并检查各部分接线的正确性。

（3）送上自动装置实训台总电源、备自投装置电源，备自投装置开机。

（4）设置微机保护测试仪：开机后进入测试仪主界面，选择交流试验、12P 模式，根据表 7-3 设置好输出电压、电流值，然后点击运行。此时微机保护测试仪为一次主回路提供两路电源（工作电源和备用电源）。

表 7-3　微机保护测试仪参数设定值表

项目	数值	项目	数值
U_A	58	I_A	1 A
U_B	58	I_B	1 A
U_C	58	I_C	1 A
U_a	58	I_a	1 A
U_b	58	I_b	1 A
U_c	58	I_c	1 A

（5）按表 7-4 对微机备自投装置进行初始参数设定（进线 1 备用方式）。

表 7-4　微机备自投装置参数整定

序号	整定类型	整定项目	设定值
1	自投条件	母线有压	30.0 V
		母线无压	5.0 V
		进线有压	30.0 V
		进线无压	5.0 V
		进线无流	0.10 A
		进线电压判断	投
		进线电流判断	退
		本侧进线有压闭锁	投
2	母联备自投	Ⅰ母备用Ⅱ母时限	2.00 s
		Ⅱ母备用Ⅰ母时限	2.00 s
		母联备自投	退
3	进线备自投	进线 1 备用时限	2.00 s
		进线 2 备用时限	2.00 s
		进线 1 备自投	投
		进线 2 备自投	退
4	其他保护	Ⅰ母 PT 断线	投
		Ⅱ母 PT 断线	投

（6）压板 LP01/LP02/LP03 投入，其他压板退出。依次进行进线 1 备用、进线 2 备用、母联备用等三种备用方式的功能调试。首先将 QF901、QF902, QF900 打至与备用方式对应的开关状态。如进线 1 备用时，则 QF901 分, QF902、QF900 合。其余方式自行分析后操作。

（7）将主回路中 SA1、SA2 手动开关分别打到 ON 侧，查看微机备自投装置监视界面，检查两母线电压正常为 100 V，进线 1 与进线 2 电压为 100 V。

（8）带备自投充满电（充电标志非 0）时，将 SA1 或 SA2 断开，模拟工作母线失压，观察备自投动作情况，并将动作过程记录在表 7-5 中。

（9）改变备自投动作逻辑（如加入进线无流判断条件，按表 7-5 第 2 列设置），其他设定值不变，重复试验，观察并记录动作过程。

表 7-5　备用电源自动投入装置功能调试记录表

备用方式	设置情况 列出的项"投入"； 其余项均"退出"	操作前开关状态					记录动作情况 备自投动作情况以及 QF901/QF902/QF900 三个开关的跳合闸情况及顺序。备自投未动作则记录报警信息
		SA1	SA2	QF901	QF902	QF900	
明备用	进线 1 备自投						
	进线 1 备自投 进线电流判断						
	进线 2 备自投						
	进线 2 备自投 进线电流判断						
暗备用	母联备自投						
	母联备自投 进线电流判断						

（10）试验结束，停止微机保护测试仪运行，关闭各电源，拆除接线。

【课堂训练与测评】

根据实训室设备数量将学生分成 5 组，每组再细分为若干小组，如接线小组、测试仪操作小组、备自投整定设置小组、功能调试操作小组、记录小组等，进行以上各部分调试训练，根据各环节小组表现测评打分。

【拓展提高】

对 NRYB1540C 型微机备自投装置自带的"自复自投"功能作进一步的调试。

■ 小　结

　　自动装置是电力系统中除继电保护外的另一类重要的二次设备,可实现对电力系统的操作、控制、调节,为系统安全稳定运行提供有力支撑。本章主要介绍了输电线路自动重合闸和备用电源自动投入装置两种自动装置。

　　重合闸装置简称 AAR,是实现输电线路因故障跳闸后自动重合的装置。AAR 可以弥补线路因瞬时性故障引起的停电,从而大大提高输电线路供电可靠性。三相一次重合闸是输配电线路中广泛应用的一种 AAR,其特点是不管线路出现何种故障,均三相跳闸、三相重合,且只重合一次。除基本重合功能外,还要满足手动跳合闸时闭锁、与继电保护配合快速切除二次故障等要求。

　　备用电源自动投入装置简称备自投,简写为 AAT 或 BZT,是实现母线工作电源失去时,备用电源自动投入,以提高母线供电可靠性的自动装置。其主要用于 110 kV 以下的发电厂或变电站等重要供电场合。备用电源一般有明备用和暗备用之分,BZT 的工作逻辑需根据不同备用方式进行对应设置。备自投工作时需满足一些基本要求,如工作电源断开后,备用电源才能投入、具有闭锁功能等,理解这些基本要求是掌握其软件原理的关键。

■ 习　题

一、判断题

1.(　　)输电线路的故障大部分属于瞬时性故障。

2.(　　)三相一次重合闸是指不论线路发生哪种故障,继电保护均将三相断路器同时断开,然后重合闸重合三相,重合次数为一次。

3.(　　)手动断开线路断路器时,AAR 可以动作。

4.(　　)手动合闸于故障线路,继电保护跳开线路断路器后,AAR 应动作。

5.(　　)工作电源确实断开后,备用电源才能投入。

6.(　　)手动跳开工作电源时,备用电源自动投入装置不应动作。

7.(　　)正常运行时,备用电源处于断开状态的备用方式是明备用。

8.(　　)备自投采取进线无流条件是为了防止 PT 断线时装置不误动。

二、单项选择题

1.重合闸装置若返回时间太短,可能出现(　　　　)。

　　A.多次重合　　　　B.非同步重合　　　　C.拒绝合闸　　　　D.同步重合

2.自动重合闸可按控制开关位置与断路器位置不对应的方式启动,即(　　　　)时启动

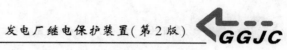

重合闸。

　　A. 控制开关在跳闸位而断路器实际在合闸位置

　　B. 控制开关在跳闸后位置而断路实际在合闸位置

　　C. 控制开关在合闸位置而断路器实际在断开位置

　　D. 控制开关在合闸后位置而断路器实际在断开位置

　3. 在(　　　)情况下,自动重合闸装置不应动作。

　　A. 用控制开关或通过遥控装置将断路器跳开

　　B. 主保护动作将断路器跳开

　　C. 后备保护动作将断路器跳开

　　D. 某种原因造成断路器误断开

　4. 关于自动重合闸的动作次数,(　　　　)。

　　A. 当装置元件损坏时可以变化

　　B. 当装置内部继电器触点粘住时可以变化

　　C. 在任何情况下应符合预先的规定

　　D. 在有些情况下应符合预先的规定

　5. 备自投装置的动作时间一般为(　　　　)。

　　A. 以 1~1.5 s 为宜　　　B. 0 s　　　　　　　　C. 5 s　　　　　　　　D. 较长时限

　6. AAT 装置的暗备用方式为(　　　)。

　　A. 正常工作时有接通的备用电源或备用设备

　　B. 正常工作时有断开的备用电源或备用设备

　　C. 正常工作时备用电源也投入运行,靠母联断路器取得互为备用

　　D. 正常工作时分段断路器在合闸装填,取得备用

　7. AAT 装置的低电压继电器的动作电压一般整定为(　　　　)。

　　A. 额定工作电压的 25%　　　　　　　　　　B. 额定工作电源的 50%

　　C. 额定工作电压的 70%　　　　　　　　　　D. 不低于额定工作电压的 70%

　8. AAT 装置的过电压继电器的动作电压一般整定为(　　　　)。

　　A. 额定工作电压的 25%　　　　　　　　　　B. 额定工作电源的 50%

　　C. 额定工作电压的 70%　　　　　　　　　　D. 不低于额定工作电压的 70%

三、填空题

1. 三相一次重合闸装置在_____故障时,可通提高供电可靠性。

2. 重合闸装置与继电保护的配合方式有_____和_____两种。

3. 三相一次重合闸用_____来保证只重合一次。

4. 备自投允许的动作次数为_____。

5. BZT 装置的备用方式有_____和_____两种。

6. 为提高备自投的动作成功率,应保证工作电源_____,备用电源_____。

四、简答题

1. 输电线路采用自动重合闸的作用是什么?

2. 当线路发生永久性故障时,为什么三相一次重合闸只重合一次?

3. 重合闸前加速和后加速的作用是什么? 各有什么特点?

4. 备用电源自动投入装置有什么用途?

5. 对 AAT 装置有哪些基本要求?

6. AAT 装置明备用方式和暗备用方式有何区别?

参考文献

［1］张励.发电厂继电保护装置［M］.郑州:黄河水利出版社,2019.

［2］刘学军.继电保护原理［M］. 北京:中国电力出版社,2012.

［3］黄少锋 . 电力系统继电保护［M］. 北京:中国电力出版社,2015.

［4］祝敏,许郁煌. 电气二次部分［M］. 北京:中国水利水电出版社,2004.

［5］张晓春,李家坤 . 电力系统继电保护［M］. 武汉:华中科技大学出版社,2009.

［6］常国兰,支崇珏 . 继电保护装置运行与调试［M］. 成都:西南交通大学出版社,2017.

［7］张保会,尹项根.电力系统继电保护［M］.北京:中国电力出版社,2006.

［8］许建安,路文梅.电力系统继电保护技术［M］.北京:机械工业出版社,2017.

［9］许建安.电力系统微机继电保护［M］.北京:中国水利水电出版社,2001.

［10］韩笑.电力系统继电保护［M］.北京:机械工业出版社,2015.

［11］中华人民共和国人力资源和社会保障部.国家职业技能标准 继电保护员:6-28-01-15［S］.北京:
中国电力出版社,2019.